Sexl/Schmidt

Raum − Zeit − Relativität

vieweg studium
Grundkurs Physik

Diese Reihe wendet sich an den Studenten der mathematischen, naturwissenschaftlichen und technischen Fächer. Ihm — und auch dem Schüler der Sekundarstufe II — soll die Vorbereitung auf Vorlesungen und Prüfungen erleichtert und gleichzeitig ein Einblick in die Nachbarfächer geboten werden. Die Reihe wendet sich aber auch an den Mathematiker, Naturwissenschaftler und Ingenieur in der Praxis und an die Lehrer dieser Fächer.

Zu der Reihe gehören die Abteilungen:

Basiswissen, Grundkurs und Aufbaukurs
Mathematik, Physik, Chemie, Biologie

Roman Sexl
Herbert Kurt Schmidt

Raum – Zeit – Relativität

2., durchgesehene Auflage

Mit 110 Abbildungen

Friedr. Vieweg & Sohn
Braunschweig/Wiesbaden

Prof. Dr. Roman Sexl ist Vorstand am
Institut für Theoretische Physik der Universität Wien und
Abteilungsleiter am Institut für Weltraumforschung der
Österreichischen Akademie der Wissenschaften

Prof. Dr. Herbert Kurt Schmidt lehrt Physik an der
Pädagogischen Hochschule Flensburg

(Eine Kurzbiographie der Autoren steht auf Seite 200)

1.– 5. Tausend Juli 1978
6.– 9. Tausend Oktober 1979
10.–12. Tausend September 1981

Alle Rechte vorbehalten
© Friedr. Vieweg & Sohn Verlagsgesellschaft mbH, Braunschweig 1979

Die Vervielfältigung und Übertragung einzelner Textabschnitte, Zeichnungen oder
Bilder, auch für Zwecke der Unterrichtsgestaltung, gestattet das Urheberrecht nur,
wenn sie mit dem Verlag vorher vereinbart wurden. Im Einzelfall muß über die Zahlung
einer Gebühr für die Nutzung fremden geistigen Eigentums entschieden werden. Das
gilt für die Vervielfältigung durch alle Verfahren einschließlich Speicherung und jede
Übertragung auf Papier, Transparente, Filme, Bänder, Platten und andere Medien.

Satz: Friedr. Vieweg & Sohn, Braunschweig
Druck: E. Hunold, Braunschweig
Buchbinder: W. Langelüddecke, Braunschweig
Printed in Germany

ISBN 3-528-17236-3   (Paperback)

Vorwort

In diesem Buch haben wir versucht, die vielfache Bedeutung aufzuzeigen, welche die Relativitätstheorie heute hat: Sie ist zunächst — zusammen mit der Quantentheorie — eine der wichtigsten Grundlagen der modernen Physik, die vor allem in den Laboratorien der Hochenergiephysik ständige Anwendung findet. Die Messung räumlicher und zeitlicher Abstände stellt aber auch eine für die Praxis wichtige Aufgabe dar. 60 Jahre nach der Aufstellung der Relativitätstheorie durch Einstein ist heute die Meßtechnik so weit vorgeschritten, daß die Ergebnisse der Relativitätstheorie für die Technik der Zeitmessung und für Ortungsaufgaben von Bedeutung sind. Raum und Zeit gehören ferner zu den ältesten Anliegen philosophischen Denkens. Über die Verknüpfung dieser Ideenwelt mit den Aussagen der Physik gibt es ein Spektrum von Ansichten, das wir nur andeuten konnten. Schließlich war die berühmte Formel $E = mc^2$ einer der ausschlaggebenden politischen Faktoren unseres Jahrhunderts, so daß die Ergebnisse der Physik hier in besonders direkter Weise technische und politische Bedeutung erlangten.

Sie können dieses Buch auf drei Arten benützen: Wenn Sie sich für einfache Herleitungen der wichtigsten Ergebnisse der Relativitätstheorie interessieren, dann sollten Sie die Kapitel 1 bis 7, 13.1 bis 13.3, 14, 15 und 16.1 lesen. Darin werden die physikalischen Aussagen der Theorie mit elementaren Methoden abgeleitet. Wollen Sie tiefer in die Ergebnisse der Theorie eindringen, dann ergänzen Sie diese Studien durch die Lektüre der Kapitel 8 bis 11. Wollen Sie noch weiter in das Raum-Zeit Denken eindringen, das für die Relativitätstheorie charakteristisch ist, dann sollten Sie in Kapitel 12 den Umgang mit Vierervektoren und Linienelementen erlernen. Diese Methoden werden Ihnen ein besseres Verständnis der relativistischen Mechanik und Elektrodynamik ermöglichen, welche Inhalt der Kapitel 13 und 16 sind. Weitere Anwendungen dieser Methoden, vor allem auf die Physik der Elementarteilchen, enthält *R. U. Sexl* und *H. Urbantke,* Relativität, Gruppen, Teilchen, Springer 1976. Den Ausbau der speziellen Relativitätstheorie zur allgemeinen Relativitätstheorie finden Sie auf elementarem Niveau in *R. und H. Sexl,* Weisse Zwerge — schwarze Löcher, rororo Vieweg 1975, und mit den Mitteln der Riemannschen Geometrie dargestellt in *R. Sexl* und *H. Urbantke,* Gravitation und Kosmologie, Bibliographisches Institut 1975.

Die Arbeit an diesem Buch wurde wesentlich durch Forschungsaufenthalte eines der Autoren (R.S.) am CERN, Genf, gefördert, dem wir für die Gastfreundschaft danken wollen. Dank schulden wir auch Herrn Prof. *C. Alley* für die Überlassung unpublizierter Daten über Atomuhren und Dr. *G. Becker* (Physikalisch Technische Bundesanstalt Braunschweig) für viele Informationen über Zeitmessung.

Wien — Flensburg, Herbst 1977

R. U. Sexl   *H. K. Schmidt*

Inhaltsverzeichnis

Vorwort   V

Warum interessiert uns die Relativitätstheorie?   X

Raum und Zeit

1 Raum, Zeit und Äther   1
  1.1 Das Weltbild der Antike und des Mittelalters   1
  1.2 Die Kopernikanische Revolution   2
  1.3 Descartes und Newton   4
  1.4 Äther, Licht und Feld   6
  1.5 Die Suche nach dem Äther   7
  Aufgaben   12

2 Vom Äther zur Relativitätstheorie   12
  2.1 Das Relativitätsprinzip   12
  2.2 Die Konstanz der Lichtgeschwindigkeit   13
  2.3 Theorie und Experiment   14
  Aufgaben   15

3 Zeit und Uhr   15
  3.1 Was ist Zeit?   15
  3.2 Von der Sonnenuhr zur Atomuhr   16
  Aufgaben   20

4 Atomuhr und Weltzeit   21
  4.1 Atomuhren   21
  4.2 Gleichzeitigkeit   23
  4.3 Die Atomzeit TAI und die Weltzeit UTC   27
  4.4 Das LORAN-C Netzwerk   29
  Aufgaben   30

5 Bewegte Uhren und die Zeitdilatation   31
  5.1 Die bewegte Lichtuhr   31
  5.2 Experimente mit Atomuhren   35
  5.3 Experimente mit Elementarteilchen   43
  5.4 Das Zwillingsparadoxon   45
  5.5 Uhren im Schwerefeld   48
  Aufgaben   52

6 Relative Gleichzeitigkeit — 54
  6.1 Die Definition der Gleichzeitigkeit — 54
  6.2 Die Relativität der Gleichzeitigkeit — 56
  Aufgaben — 59

Relativistische Kinematik

7 Die Lorentz-Transformation — 60
  7.1 Raum-Zeit-Diagramme — 61
  7.2 Die Galilei-Transformation — 63
  7.3 Minkowski-Diagramme — 68
  7.4 Die Lorentz-Transformation — 73
  Aufgaben — 75

8 Die Lorentz-Kontraktion — 77
  8.1 Bewegte Körper sind verkürzt — 77
  8.2 Schein oder Wirklichkeit? — 80
  8.3 Die Unsichtbarkeit der Lorentz-Kontraktion — 84
  Aufgaben — 85

9 Lichtkegel und Kausalität — 86
  9.1 Die Lichtgeschwindigkeit als Grenze — 86
  9.2 Vergangenheit, Gegenwart und Zukunft — 89
  Aufgaben — 92

10 Der relativistische Doppler-Effekt — 92
  10.1 Der bewegte Sender — 93
  10.2 Der Doppler-Effekt und das Zwillingsparadoxon — 97
  Aufgaben — 99

11 Das Geschwindigkeitsadditionstheorem — 100
  11.1 Die relativistische Addition von Geschwindigkeiten — 100
  11.2 Der π^0-Mesonen-Zerfall — 103
  11.3 Das Fizeau-Experiment — 103
  11.4 Vorwärtsstrahlung schnell bewegter Teilchen — 106
  Aufgaben — 109

Relativistische Dynamik

12 Die invariante Raum-Zeit — 110
  12.1 Das Linienelement — 110
  12.2 Vierervektoren — 115
  12.3 Vierergeschwindigkeit und Viererbeschleunigung — 119
  Aufgaben — 122

13 Masse und Energie ... 123

   13.1 Die relativistische Massenzunahme ... 123
   13.2 Hochenergiephysik ... 127
   13.3 Materie und Antimaterie ... 139
   13.4 Die Erhaltungssätze ... 141
   13.5 Photonen und der Compton-Effekt ... 146
   Aufgaben ... 149

14 Der Massendefekt ... 151

   14.1 Der Atomkern in Zahlen ... 151
   14.2 Kernfusion ... 155
   14.3 Kernspaltung ... 156
   Aufgaben ... 160

15 Grenzen der Weltraumfahrt ... 161

   15.1 Die konstant beschleunigte Rakete ... 161
   15.2 Die relativistische Rakete ... 165

16 Die relativistische Elektrodynamik ... 168

   16.1 Magnetismus als relativistischer Effekt ... 168
   16.2 Beschleunigung, Kraft und Energie ... 175
   16.3 Das elektromagnetische Feld ... 177
   Aufgaben ... 181

Epilog: Albert Einstein und das 20. Jahrhundert ... 182

   1 Relativitätstheorie und Physik ... 182
   2 Physik und Philosophie ... 184
   3 Einstein und die Politik ... 187

Anmerkungen ... 189

Lösungen der Aufgaben ... 194

Kurzbiographie der Autoren ... 200

Personenregister ... 201

Sachregister ... 202

Bildquellenverzeichnis ... 205

Warum interessiert uns die Relativitätstheorie?

Albert Einstein war Anfang 1916 unter den Besuchern der „Literarischen Gesellschaft" in Berlin. Einer der Literaturfreunde wandte sich an ihn und bat um Aufklärung:

„Also bitte, Herr Professor Einstein, was bedeutet Potential, invariant, kontravariant, Energietensor, skalar, Relativitätspostulat, hypereuklidisch und Inertialsystem? Können Sie mir das ganz kurz erklären?" „Gewiß", sagte Einstein, *„das sind Fachausdrücke!"* Damit war dieser Kursus beendet.[1]

Damals war die Relativitätstheorie nur einem kleinen Kreis von Fachleuten bekannt und verständlich. Selbst Einstein schien es unmöglich, seine Ideen in knapper Form zu erläutern. Heute ist die Relativitätstheorie dagegen einer der Grundpfeiler unseres Naturverständnisses und ohne große Anstrengung in wenigen Wochen erlernbar.

Die grundlegende Rolle der Einsteinschen Ideen für die Physik erklärt sich daraus, daß die Relativitätstheorie die Anschauungen über Raum und Zeit, die die Menschheit in Jahrtausenden entwickelt hatte, völlig verändert hat.

So glaubte man beispielsweise an die Existenz einer „absoluten Zeit", die im gesamten Universum gleichmäßig vergeht. Aus der Relativitätstheorie folgt dagegen, daß schnell bewegte Uhren langsamer als ruhende Uhren gehen, so daß es keine Zeit gibt, die überall und für jedermann gleichschnell verstreicht. Dieser Effekt, die „Zeitdilatation", schien lange unmeßbar. Heute kann man die Zeitdilatation einfach aus der Arbeit des Uhrennetzes ersehen, von dem die Zeitsignale unserer Radiosender ausgehen (siehe Kapitel 4). Selbst im Flugzeug kann man heute die Verlangsamung des Uhrengangs mit Hilfe von Atomuhren messen.

Die spezielle Relativitätstheorie sagt auch voraus, daß Maßstäbe umso kürzer sind, je rascher sie sich bewegen. Sowohl der Abstand zwischen zwei Punkten, als auch die Zeit, die zwischen zwei Ereignissen vergeht, hängen somit vom Beobachter ab.

Diese Vorhersagen Albert Einsteins, deren Beweis die folgenden Kapitel gewidmet sind, haben die Physik in ihren Grundfesten erschüttert. Mehr als 200 Jahre lang waren doch für den Physiker die Definitionen maßgebend gewesen, die Isaac Newton 1687 in seinem Hauptwerk „Philosophiae Naturalis Principia Mathematica" niedergelegt hatte. Sie hatten den absoluten Raum und die absolute Zeit, die für alle Beobachter überall gleichermaßen vergeht, zu Grundbegriffen der Physik gemacht. Auf diesen Grundlagen war von Generationen von Physikern ein riesiges Lehrgebäude errichtet worden, das nicht nur die Mechanik, sondern auch die Elektrizitätslehre, Optik, Wärmelehre, kurz die gesamte klassische Physik umfaßte. Es schien nur eine Frage weniger Jahre, bis die letzten noch offenen Fragen zufriedenstellend gelöst werden konnten.

Als zum Beispiel der spätere Physiknobelpreisträger Max Planck im Jahre 1875 überlegte, ob er vielleicht Physik studieren solle, riet ihm ein Professor der Physik der Universität München ab. In der Physik sei doch im wesentlichen schon alles erforscht, es gelte nurmehr geringe Lücken auszufüllen![2] Max Planck ließ sich allerdings nicht abschrecken und schuf 25 Jahre später die ersten Grundlagen der

Quantentheorie, die eine radikale Abwendung von der klassischen Physik und eine völlige Neuerung bedeuteten.

Aber nicht nur die Physik war von einer Veränderung zweier ihrer Grundbegriffe betroffen. Auch die Philosophie hatte sich seit altersher mit Raum und Zeit auseinandergesetzt und viele Konzepte geschaffen, die später in die Physik eingingen. Mit einigen Höhepunkten dieser großen kulturellen Tradition werden wir uns in Kapitel 1 und 2 auseinandersetzen um zu erkennen, welcher Ausgangspunkt um die Jahrhundertwende vorhanden war und wie die traditionellen Begriffe in der Relativitätstheorie neu erfaßt wurden.

Während die Veränderung des Raum- und Zeitbegriffs durch die Relativitätstheorie lange Zeit unbeobachtbar blieb und auch heute noch von geringer technischer Bedeutung ist, erwies sich eine andere Folgerung der Einsteinschen Theorie als einer der ausschlaggebenden politischen Faktoren unseres Jahrhunderts: Es ist dies die Umwandelbarkeit von Masse in Energie, die in der berühmten Relation $E = mc^2$ ihren Ausdruck findet (dabei bedeutet c = 300 000 km/s die Lichtgeschwindigkeit).

Wie die Verwandlung von Raum und Zeit durch die Relativitätstheorie, so schien auch die Umwandlung von Masse in Energie zunächst ein sehr theoretisches Konzept ohne praktische Auswirkung. Selbst Albert Einstein glaubte anfänglich nicht an praktische Folgerungen seiner Theorie und bemerkte im Jahre 1920 gesprächsweise:[3]

„Es existiert vorläufig nicht der leiseste Anhalt dafür, ob und wann jemals diese Energiegewinnung erzielt werden könnte."

Doch knapp zwei Jahrzehnte später, am 2. August 1939, schrieb Einstein einen der entscheidenden Briefe unseres Jahrhunderts an den amerikanischen Präsidenten Franklin D. Roosevelt. Er beginnt mit den Worten:[4]

„Einige neuere Untersuchungen von Enrico Fermi und Leo Szilard, die mir im Manuskript zugänglich wurden, lassen mich erwarten, daß das Element Uran zu einer neuen und wichtigen Energiequelle in der unmittelbaren Zukunft werden kann ... "

Dieser Brief löste eine Kette von Ereignissen aus, die die politischen Geschicke unserer Welt unwiderruflich veränderten. Die Freisetzung von Kernenergie durch Umwandlung eines Teils der Masse von Urankernen wurde bereits am 2. Dezember 1942 Wirklichkeit. Unter der Leitung des italienischen Physikers Enrico Fermi begann damals der erste Atomreaktor der Welt in Chicago zu arbeiten. Das „Zeitalter der Atomenergie" hatte begonnen.

Wenig später vollzog sich die Umwandlung von Masse in Energie, $E = mc^2$, auf eine andere schreckliche Art: am 6. August 1945 explodierte eine Atombombe über Hiroshima und verwüstete fast die gesamte japanische Stadt. Drei Tage darauf erlitt Nagasaki ein ähnliches Schicksal.

In Kernreaktor und Atombombe erschloß die Menschheit eine Energiequelle, die in der Natur seit Jahrmilliarden wirksam ist: In Sternen wandeln Kernreaktionen seit jeher Masse in Energie um. Die Relativitätstheorie erwies sich somit auch als Schlüssel zum Verständnis der Sterne als riesiger Kernkraftwerke. Sie ist somit eine der Grundlagen der Physik der Sterne, der „Astrophysik", die in den letzten Jahren zu einem der wichtigsten und aktuellsten Themen physikalischer Forschung geworden ist.

Auch die moderne Elementarteilchenphysik baut auf der Relativitätstheorie auf. In riesigen Beschleunigeranlagen, wie dem Synchrotron des Europäischen Kernforschungszentrums CERN in Genf, versucht man die kleinsten Bausteine der Materie soweit zu beschleunigen, daß sie beim Aufprall auf andere Teilchen tief in deren Inneres eindringen und uns so Kunde vom Aufbau der Materie geben. Dabei wird die Umwandlung von Masse in Energie und umgekehrt zur alltäglichen Erscheinung. Bremst man nämlich ein rasch bewegtes Teilchen durch einen Stoß plötzlich ab, so wandelt sich seine Energie in Masse um und neue Formen und Elementarteilchen entstehen. Diesen neuen und meist sehr kurzlebigen Elementarteilchen gilt das Interesse der „Hochenergiephysik", da man in ihnen einen Schlüssel zu unserem zukünftigen Verständnis der Materie sieht.

Diese Beispiele zeigen, daß die Relativitätstheorie die philosophische, wissenschaftliche und auch die politische Entwicklung des 20. Jahrhunderts in höchstem Maße beeinflußt hat. Zusammen mit der Quantentheorie bildet die Relativitätstheorie die wichtigste Grundlage moderner Physik und des gesamten darauf aufbauenden Naturverständnisses.

Raum und Zeit

1 Raum, Zeit und Äther

Es wird Sie vielleicht überraschen, daß ein Lehrbuch der Relativitätstheorie mit den Raumkonzepten der klassischen Antike beginnt. Wenn wir aber verstehen wollen, wie die Grundbegriffe der heutigen Physik entstanden sind, so müssen wir weit in der Geschichte zurückgehen. Verändert doch jeder Forscher jeweils nur einen kleinen Teil der großen Ideenwelt, die in Jahrtausenden geistesgeschichtlicher und naturwissenschaftlicher Tradition entstanden ist. So konnte auch die Relativitätstheorie nur entstehen, da Einstein auf die Arbeiten vieler Vorgänger zurückgreifen konnte, über deren Bedeutung wir uns zunächst klar werden müssen.

1.1 Das Weltbild der Antike und des Mittelalters

Ausschlaggebend für den Beginn neuzeitlicher Physik im 16. Jahrhundert war das physikalische Weltbild der Griechen, das uns in den Schriften des Aristoteles (384–322 v. Chr.) überliefert wurde. In diesen Schriften war das Wissen der Antike in ein wohlgeordnetes großes Gesamtsystem gebracht, das mehr als zweitausend Jahre lang überwältigenden Einfluß ausübte.

Nach Aristoteles bildete die kugelförmige Erde den ruhenden Mittelpunkt des Weltalls. Die Erde war von kristallenen Himmelssphären umgeben. Die innerste Kugel trug den Mond, die folgenden waren Sitz der Sonne und der verschiedenen Planeten. Die äußerste Sphäre war das Himmelsgewölbe, an dem die Fixsterne befestigt waren. Außerhalb dieser Sphäre war nichts, nicht einmal Raum. Denn eine der Grundlagen des Aristotelischen Systems besagte, daß es keinen leeren Raum gäbe. Raum war nur zusammen mit Materie denkbar, und so konnte es außerhalb der Fixsternkugel weder Raum noch Materie geben. Den Radius des Weltalls schätzte man auf 130 Millionen Kilometer (Bild 1.1).[1]

Einmal am Tag drehte sich die Fixsternkugel um die Erde. Durch Reibungskräfte bewegte sie auch die inneren Himmelskugeln, die ohne Zwischenraum aneinander anschlossen. Auf diese Art versuchte man eine mechanische Erklärung der Himmelserscheinungen zu gewinnen.

Die kristallenen Himmelssphären bestanden aus einem besonders leichten und durchsichtigen Material, dem „Äther", der sie ewig und unvergänglich machte. Dadurch unterschieden sie sich wesentlich von der irdischen Welt, die aus den vier Elementen Erde, Wasser, Luft und Feuer aufgebaut war. Jedes dieser Elemente strebte seinem „natürlichen Ort" zu. So fielen Steine nach unten, weil der natürliche Ort von Erde, Sand und Steinen in der Nähe des Mittelpunktes der Welt war. Die Reibung der kristallenen Mondsphäre an der irdischen Welt wirbelte jedoch die Elemente stets aufs Neue durcheinander und sorgte so für die Aufrechterhaltung des vergänglichen irdischen Treibens.

Es war ein vollständiges Weltbild, das Aristoteles der Nachwelt gab. Sowohl die irdische, als auch die „himmlische" Physik waren darin qualitativ ausgearbeitet. Gerade

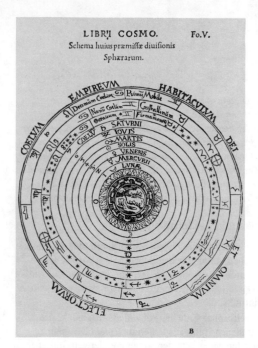

Bild 1.1 Der Aristotelische Kosmos bestand aus ineinander gelagerten kristallenen Sphären, in deren Mittelpunkt die Erde steht. Auf dieses Weltbild bauend, gab Ptolemäus später eine überaus komplizierte Theorie der Planetenbewegungen (Epizykeltheorie).

diese Vollständigkeit machte es in der Folge schwer, das Aristotelische System zu überwinden, denn jede Abänderung eines Details zerstörte das Gesamtsystem. Derartige Bedeutung wollte man aber der Naturbeobachtung gerade im Mittelalter nicht zuerkennen, das völlig im Zeichen des Glaubens stand.

> Die Physik des Aristoteles ging von einem kugelförmigen Universum aus, in dessen Mittelpunkt die Erde ruhte. Das Universum sollte völlig von Materie erfüllt sein, wobei Aristoteles zwischen den vier Elementen der irdischen Welt und dem kristallenen Äther der Himmelssphären unterschied.

1.2 Die Kopernikanische Revolution

„Stellen Sie sich einen Mann namens Kopernikus vor, der alles durcheinanderbrachte, die geliebten Kreise der Antike in Stücke zerriß und ihre kristallenen Himmelskugeln wie Fensterglas zerschmetterte. Vom Taumel der Astronomie ergriffen riß er die Erde aus dem Zentrum des Universums und stellte die Sonne in den Mittelpunkt der Welt, wo sie auch richtigerweise hingehörte. Nicht länger drehten sich die Planeten in Kreisen um die Erde, und wenn sie uns Licht zusenden, dann nur bei gelegentlicher Begegnung auf ihrem Pfade. Alles dreht sich nun um die Sonne, sogar die Erde selbst, und um sie für ihre frühere Faulheit büßen zu lassen, läßt sie Kopernikus nun soviel wie möglich zur Bewegung der Planeten und des Himmels beitragen."[2]

So beschreibt der französische Philosoph und Physiker Bernard de Fontenelle (1657–1757) die Erschütterung des Aristotelischen Weltbildes, die im Jahre 1543 mit der Veröffentlichung des Hauptwerkes von Nikolaus Kopernikus, „De Revolutionibus Orbium Celestium" (Über die Drehung der Himmelssphären), begonnen hatte. Kopernikus hatte entdeckt, daß sich die Planetenbewegungen wesentlich einfacher darstellen lassen, wenn man nicht die Erde, sondern die Sonne in den Mittelpunkt des Universums stellt. In vielen anderen Beziehungen hat er aber Aristotelische Ideen beibehalten. So war auch er von Kristallsphären ausgegangen, deren Drehung die Planeten in perfekten Kreisbahnen mitnimmt. Wiederum bildete die Himmelkugel die Grenze des Universums, das sich von Aristotelischen Vorstellungen eben nur in einem Punkt zu entfernen wagte. Mit der Bewegung der Erde war aber die große Einheit des alten Weltbildes zerstört. Sollte die Drehung der Erde und ihre Bahnbewegung um die Sonne nicht ungeheure Stürme auf der Erde hervorrufen? Sollten nicht die Fixsterne durch die Erdbewegung von stets wechselnden Gesichtspunkten erscheinen und so die Sternbilder im Laufe des Jahres ihre Form wechseln? Diese Effekte waren nicht zu beobachten. Warum sollten Körper auf eine Erde fallen, die nicht den Mittelpunkt des Weltalls bildete? Erst mehr als hundert Jahre später fand man Antworten auf diese Fragen, die Kopernikus ungelöst hinterließ. Sein Interesse galt nur den Himmelsbewegungen (Bild 1.2).

Kopernikus' Ideen setzten sich nur zögernd durch. Sein Buch war mathematisch sehr schwierig und zunächst nur in Astronomenkreisen bekannt. Erst fünfzig Jahre

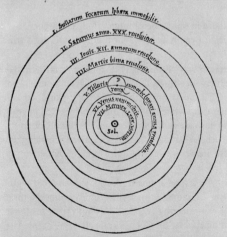

Bild 1.2 Das Heliozentrische Weltsystem des Kopernikus ordnet die Planeten auf Kreisbahnen rund um die Sonne an.

später, zur Zeit von Galileo Galilei und Johannes Kepler, wurde die Bedeutung, aber auch die Problematik der Kopernikanischen Ansichten breiten Kreisen bewußt. Besonders die Kirche hatte schwerwiegende Einwände, da seine Lehre der Bibel zu widersprechen schien. Vor allem als das Fernrohr um 1600 eine unübersehbare Menge von Sternen in einem anscheinend unbegrenzt großen Raum zeigte, wuchsen die kirchlichen Bedenken. Wenn die Sonne nur ein Stern unter vielen, die Erde nur einer unter den Planeten war, welche Bedeutung kam dann dem Erdenleben Christi zu?

Erst im Jahre 1822 wurde das kirchliche Verbot der Kopernikanischen Lehre aufgehoben. Bis dahin wurde an vielen Universitäten (zumindest offiziell) das alte Weltbild gelehrt.

> Im Mittelpunkt des Kopernikanischen Universums steht die Sonne. Um sie drehen sich die Planeten auf kristallenen Sphären.
>
> Die Erfindung des Fernrohres ließ um 1600 allmählich die Unbegrenztheit des Weltalls ahnen.

1.3 Descartes und Newton

„Ein Franzose, der in London ankommt, findet dort die Philosophie ebenso verändert wie alle übrigen Dinge vor. Er verläßt eine erfüllte Welt, er findet eine leere Welt. In Paris sieht man das Universum aus Wirbeln feinster Materie zusammengesetzt, in London sieht man nichts davon. Bei uns ist es der Druck des Mondes, der die Gezeiten verursacht; bei den Engländern ist es das Meer, das vom Monde angezogen wird. ... Für Euch Cartesianer geschieht alles durch einen Druck, den niemand versteht, für Herrn Newton durch eine Anziehung, deren Grund man auch nicht besser kennt."[3]

Mit diesen Worten beschreibt Voltaire in seinen berühmten „Philosophischen Briefen" die beiden Ansichten, die zu Beginn des 18. Jahrhunderts in Europa vorherrschten.[4]

Im Jahre 1644 hatte René Descartes in den "Principia Philosophiae" versucht, das Kopernikanische System wieder zu einem vollständigen Bild der Welt zu ergänzen. Descartes Weltall war nach Aristotelischer Art mit Äther erfüllt, der allerdings keine Kristallkugeln bildete. Der Äther war vielmehr flüssig und bewegte sich in großen Wirbeln um die Planeten. Die Erde bewegte sich nun zwar um die Sonne, doch ruhte sie zugleich inmitten eines Wirbels. Dadurch konnte Descartes Schwierigkeiten mit der Bibel umgehen. Auch sollte die Schwerkraft durch Druck im Äther von Körper zu Körper übertragen werden.

Descartes Deutung des Weltgeschehens war zwar phantasievoll, jedoch nicht mathematisch ausgearbeitet. Dies gelang erst Isaac Newton. Seine "Philosophiae Naturalis Principia Mathematica" sind in vieler Beziehung eine Antwort auf Descartes Buch "Principia Philosophiae". Newton führte hier die Schwerkraft als gemeinsame Ursache der Planetenbewegung und der irdischen Fallgesetze ein. Alle Beobachtungen lassen sich durch eine Kraft erklären, die mit dem Quadrat der Entfernung zweier Körper abnimmt (Bild 1.3).

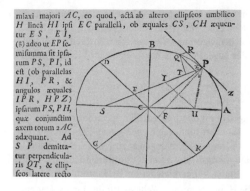

Bild 1.3 Isaac Newton verdanken wir die mathematisch ausgearbeitete Theorie der Planetenbewegungen. Er war damit in der Lage, die Ellipsenbahnen der Himmelskörper exakt herzuleiten. Newton versuchte nicht die Kraftübertragung durch eine Hypothese zu deuten – „hypotheses non fingo" (ich erfinde keine Hypothesen).

Newton versuchte aber nicht zu erklären, auf welche Weise zwei Körper wie Erde und Sonne Kräfte aufeinander ausüben können. Weder reibende Kristallsphären noch Ätherwirbel sorgen für die Kraftübertragung. *Er mache keine Hypothesen,* ist alles, was Newton dazu äußert.

Die Grundlegung der Mechanik führte auch zu einer genaueren Bestimmung des physikalischen Raumbegriffes. Der Raum wird zum „Bezugssystem", in dem die Bewegungen der Körper beschrieben werden. Besonders ausgezeichnete Bezugssysteme sind die **Inertialsysteme**, in denen das erste Newtonsche Axiom gilt:[5]

„Jeder Körper verharrt im Zustand der Ruhe bzw. der geradlinig-gleichförmigen Bewegung, solange keine äußere Kraft auf ihn wirkt."

Wie die Mechanik zeigt, gibt es viele derartiger Inertialsysteme. Newton nannte sie „relative Räume". Jedes dieser Systeme eignet sich gleichermaßen zum Aufbau der Mechanik.

Dennoch sollte ein „absoluter Raum" vor allen anderen Inertialsystemen ausgezeichnet sein: *Im absoluten Raum sollte der Äther ruhen,* den Newton als außerordentlich dünnes Medium ansah, das den gesamten Raum erfüllte. Dabei ergab sich ein eigentümliches Problem: Wieso bewegen sich die Planeten ungehindert durch den ruhenden Äther? Newton meinte dazu:

„Nimmt man an, der Äther sei 700 000 mal elastischer und dabei 700 000 mal dünner als unsere Luft, so würde sein Widerstand über 600 Millionen mal geringer sein als der des Wassers. Ein so geringer Widerstand würde selbst in 10 000 Jahren an der Bewegung der Planeten keine merkliche Änderung hervorrufen."[6]

> Im 17. Jahrhundert herrschten zwei Ansichten über Raum und Äther vor:
> **Descartes** versuchte die Schwerkraft durch Wirbelbildungen in einem den ganzen Weltraum erfüllenden Äther zu erklären.
> **Newton** präzisierte den physikalischen Raumbegriff durch die Einführung von Inertialsystemen. Der Äther sollte in einem dieser Systeme, dem „absoluten Raum" ruhen. Die Suche nach dem absoluten Raum war fortan ein wesentliches Anliegen der Physik.

Sie werden sich vielleicht fragen, warum Newton des Äthers bedurfte. Newton war bekanntlich der Ansicht, daß Licht keine Welle sei, sondern aus kleinen Teilchen bestehe. Diese Teilchen hätten sich auch ohne Äther im Raum ausbreiten können. Dennoch war Newton nicht in der Lage, sich vom überkommenen Ätherbegriff zu lösen.

1.4 Äther, Licht und Feld

Isaac Newton hatte die Grundlagen der modernen, mathematisch formulierten Physik gelegt. Das ganze 18. Jahrhundert hindurch bemühte man sich, die neu formulierte Physik auf eine Fülle von Naturerscheinungen anzuwenden. So war die Ausarbeitung von Details die Hauptaufgabe dieser Zeit, und wesentliche Änderungen in den Vorstellungen von Raum finden wir erst wieder im 19. Jahrhundert.[7]

Damals häuften sich nämlich die Hinweise auf die Wellennatur des Lichts. Der englische Physiker Thomas Young zeigte im Jahre 1801, daß sich Lichtbündel genau wie Wasserwellen gegenseitig verstärken, aber auch auslöschen können. Dieses „Interferenzprinzip" führte wenig später zu einer exakten Theorie der Beugungserscheinungen, die man beim Durchgang von Licht durch Spalte oder Gitter beobachtet. Damit schien die Wellentheorie des Lichtes gesichert.

Um so größer war die Überraschung, als man zu Beginn des 20. Jahrhunderts erkannte, daß Licht auch Teilcheneigenschaften aufweist. Diese Entdeckung wurde zum Ausgangspunkt der Quantentheorie, die − neben der Relativitätstheorie − die zweite grundlegende physikalische Theorie unserer Zeit ist.

Beugungserscheinungen beobachtet man aber nicht nur bei Licht, sondern auch bei Schall. Diese Analogie führte in der Folge zu einer „mechanischen Lichttheorie". Genau wie Schall eine Luftschwingung ist, so sollte Licht eine Schwingung des Äthers sein. Da Licht ja selbst von den entferntesten Sternen zu uns gelangt, konnte es nur eine Schwingung eines überall vorhandenen Mediums, also des Äthers, sein. So galt die Optik zu dieser Zeit als „Physik des Äthers".

Der weitere Ausbau der Äthervorstellungen im 19. Jahrhundert hängt mit der Entwicklung der Elektrizitätslehre zusammen. Sie kennen sicher die Linienmuster die sich ausbilden, wenn man Eisenfeilspäne zwischen zwei Magnetpole streut. In diesen Mustern sah der englische Physiker Michael Faraday einen Hinweis auf „Spannungen im Äther" in der Umgebung der Magnetpole. Faraday vermutete, daß die Kraft durch Druck und Zug im Äther von einem Pol zum anderen übertragen wird. Er hoffte, so das Problem der Kraftübertragung zwischen entfernten Körpern zu lösen, das Newton offen gelassen hatte. Nicht nur den Magnetismus, sondern auch Elektrizität und Schwerkraft versuchte Faraday als Spannungsfelder im Äther zu deuten.

Bei der mathematischen Ausarbeitung dieser Ideen machte wenig später James C. Maxwell eine großartige Entdeckung. Wenn Elektrizität und Magnetismus tatsächlich Spannungserscheinungen im Äther waren, dann mußte der gespannte Äther − wie eine gespannte Feder − auch schwingen können. Die Rechnung zeigte, daß sich diese Schwingungen mit Lichtgeschwindigkeit ausbreiten. Licht war demnach als elektromagnetische Welle anzusehen! Als es Heinrich Hertz im Jahre 1888 gelang, elektromagnetische Wellen auch experimentell herzustellen, war damit sowohl die Grundlage der Radio- und Fernsehtechnik gelegt, als auch eine weitere, triumphale Bestätigung der Maxwellschen Theorie gefunden.

Sowohl die gesamte Optik, als auch Elektrizität und Magnetismus schienen sich als „Physik des Äthers" zu erweisen. Der Äther wurde damit zu einem zentralen Begriff der gesamten Physik und die Berechnung seiner Dichte, Elastizität etc. zu einer Hauptaufgabe physikalischer Forschung.

Die Diskussion in dieser Zeit erinnert in mancher Beziehung an die Physik des Mittelalters. Damals hatte man erörtert, ob die „Himmel" kristallin oder flüssig seien. Nun diskutierte man, ob der Äther als elastischer Festkörper zu denken sei, oder ob er die Struktur einer Flüssigkeit habe. In jedem Land und fast schon an jeder Universität gab es eine eigene Ansicht über die Eigenschaften des Äthers. Eine Schule war der Ansicht, daß die Dichte des Äthers 10^{-14} kg/m³ betrage, eine andere Schule errechnete die Dichte zu 10^{10} kg/m³.

In den letzten Jahrzehnten des 19. Jahrhunderts sah man im Äther eines der wichtigsten Konzepte der Physik.

Elektrische, magnetische und Schwerkräfte sollten durch Spannungen im Äther übertragen werden.

Licht sah man als Schwingung des Äthers an.

Die Bestimmung der Eigenschaften des Äthers schien eine der Hauptaufgaben damaliger Physik.

1.5 Die Suche nach dem Äther

Die grundlegende Bedeutung des Äthers für die gesamte Physik machte die Suche nach dem absoluten Raum, in dem der Äther ruht, zu einem vordringlichen Problem. Man versuchte daher, die Bewegung der Erde durch den absoluten Raum experimentell zu bestimmen. Wegen der Bahnbewegung der Erde um die Sonne konnte man ja nicht annehmen, daß die Erde im Äther ruhte. Dies wäre nur zufällig für einen einzigen Punkt der Umlaufbahn möglich (Bild 1.4).

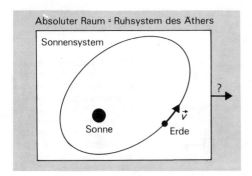

Bild 1.4 Wegen der Bahnbewegung der Erde um die Sonne kann man nicht annehmen, daß die Erde im Äther ruht. Ferner sollte sich vermutlich auch das gesamte Sonnensystem im Äther bewegen.

Viele Experimente wurden erdacht, um die Bewegung der Erde im absoluten Raum zu messen. Dabei ging man zunächst von der Vorstellung aus, daß elektrische und magnetische Kräfte durch Spannungen im Äther übertragen werden. Eine Bewegung der Erde durch den Äther sollte daher zu meßbaren Veränderungen elektrischer und magnetischer Effekte führen.

Beispielsweise erwartete man, daß sich die Platten eines elektrisch geladenen Kondensators stets senkrecht zur Richtung der Erdbewegung durch den Äther einstellen, falls der Kondensator frei drehbar aufgehängt ist. Ein entspechendes Experiment von Trouton und Nobel konnte keine Drehung eines Kondensators entdecken. Auch sollte sich der Brechungsindex von Gläsern ändern, wenn man die Orientierung des Glases relativ zur Richtung der Erdbewegung wechselt. Dieser Effekt wurde 1860 von Fizeau, 1872 von Mascart und schließlich 1902 von Lord Rayleigh vergeblich gesucht.[8]

Alle Experimente ergaben negative Ergebnisse. Die gesuchten Veränderungen elektrischer und magnetischer Effekte stellten sich nicht ein. Jedes dieser Experimente konnte man aber schließlich mit einiger Mühe erklären. Man änderte einfach die unbekannten Eigenschaften des Äthers solange ab, bis man für den jeweils vorliegenden Versuch eigentlich keinen Effekt mehr erwarten durfte.

Schließlich glaubte der amerikanische Physiker und spätere Nobelpreisträger Albert Michelson ein Experiment gefunden zu haben, das allen Einwänden standhielt. Die Grundidee dieses Experiments läßt sich leicht einsehen.

Licht ist — nach damaliger Ansicht — eine Welle, die sich *im Äther* in allen Richtungen mit der Geschwindigkeit $c = 300\,000$ km/s ausbreitet (Bild 1.5 und 1.6). Bewegt sich die Erde mit der Geschwindigkeit v durch den Äther, so sollte das Licht in einer Richtung der Erdbewegung entgegeneilen, während es in der Gegenrichtung mit der Erde mitläuft. Die auf der Erde gemessenen Werte der Lichtgeschwindigkeit betragen daher in diesen beiden Richtungen $c + v$ bzw. $c - v$. Aus Bild 1.7 liest

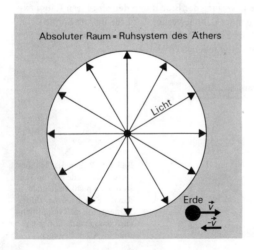

Bild 1.5 Im Äther breitet sich Licht in allen Richtungen mit der Geschwindigkeit c aus. Bewegt sich die Erde mit der Geschwindigkeit v durch den Äther, so müssen wir $-v$ zu allen Geschwindigkeiten addieren, um zum Ruhsystem der Erde überzugehen, das in Bild 1.6 gezeigt ist.

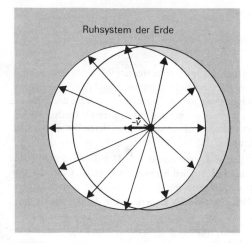

Bild 1.6 Infolge der Erdbewegung durch den Äther sollte sich Licht auf der Erde in verschiedenen Richtungen mit unterschiedlicher Geschwindigkeit ausbreiten. Diesen Effekt wollte Michelson zur Bestimmung der Erdbewegung im Äther benützen.

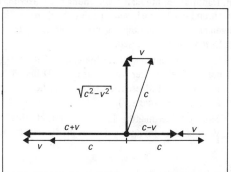

Bild 1.7 Die Lichtgeschwindigkeit in bzw. entgegen der Richtung der Erdbewegung ist durch $c - v$ bzw. $c + v$ gegeben. Senkrecht dazu beträgt die Lichtgeschwindigkeit $\sqrt{c^2 - v^2}$

man ferner ab, daß sich die Lichtgeschwindigkeit senkrecht zur Richtung der Erdbewegung durch den Äther zu $\sqrt{c^2 - v^2}$ ergibt.

Diese Unterschiede in der Lichtgeschwindigkeit wollte Michelson zur Bestimmung der Erdbewegung folgendermaßen ausnützen. Lichtsignale durchlaufen zwei aufeinander senkrecht stehende Arme eines „Michelson Interferometers" und werden dort von Spiegeln wieder zum Ausgangspunkt zurückreflektiert.

Falls ein Arm der Länge D in Richtung der Erdbewegung durch den Äther steht, benötigt das Licht für den Hin- und Herweg die Zeit

$$t_1 = \frac{D}{c-v} + \frac{D}{c+v} = \frac{2Dc}{c^2 - v^2} = \frac{2D}{c} \frac{1}{1 - v^2/c^2}$$

Für einen senkrecht zur Erdbewegung stehenden Arm ist die Lichtlaufzeit dagegen durch

$$t_2 = \frac{2D}{\sqrt{c^2 - v^2}} = \frac{2D}{c} \frac{1}{\sqrt{1 - v^2/c^2}}$$

gegeben. Der Laufzeit-Unterschied

$$\Delta t = t_2 - t_1 = \frac{2D}{c} \left(\frac{1}{\sqrt{1 - v^2/c^2}} - \frac{1}{1 - v^2/c^2} \right)$$

wechselt sein Vorzeichen, wenn man das Interferometer um 90° dreht. Dabei werden nämlich die beiden Arme des Interferometers vertauscht und derjenige, der zunächst in Richtung der Erdbewegung gelegen war, steht nun senkrecht dazu und umgekehrt. Diese Veränderung von Δt bei der Drehung des Apparats versuchte Michelson mit Hilfe einer „Interferenzmethode" zu bestimmen (auf deren Details wir hier nicht näher einzugehen brauchen).

Nach einem ersten Vorversuch, den Michelson im Jahre 1881 in Berlin durchführte, begannen 1886 an der Chase School of Applied Science in Cleveland, Ohio, die Vorbereitungen zu dem entscheidenden Experiment, das Michelson mit seinem Kollegen Morley durchführte. Es ist als **Michelson-Morley Experiment** in die Geschichte der Physik eingegangen (Bild 1.8).[9]

Das Michelson Interferometer wurde auf einer großen Steinplatte aufgebaut, die in einem Quecksilbertrog schwamm. Dadurch konnte man die Drehung erschütterungsfrei ausführen. Außerdem stand während des Versuches der gesamte Verkehr in Cleveland still. Eine Reihe von Messungen größter Bedeutung begann, galt es doch, das uralte Problem der Bewegung der Erde im Äther zu lösen.

Das Experiment erwies sich, wie Michelson es enttäuscht ausdrückte, als Fehlschlag. Die Zeitdifferenz Δt änderte sich bei der Drehung der Apparatur nicht. Dabei hätte die Meßgenauigkeit ausgereicht, um selbst eine Erdgeschwindigkeit im Äther von wenigen Kilometern pro Sekunde festzustellen (Bild 1.9).

In der Folge wurde das Michelson-Morley Experiment mehrfach wiederholt. Mit Lasern ist es heute sogar möglich, Versuchsanordnungen aufzubauen, die selbst eine

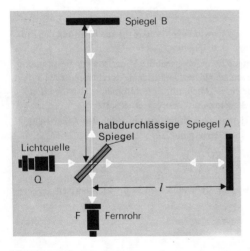

Bild 1.8 Im Michelson Interferometer wird das Licht der Quelle Q von der planparallelen Platte P in zwei Strahlen gespalten, die die Arme A und B in beiden Richtungen durchlaufen und dann im Fernrohr F beobachtet werden. Interferenzmessungen gestatten es, kleine Veränderungen von Δt festzustellen.

Bild 1.9 Albert Michelson (links) bei einem Treffen mit Albert Einstein und Robert Millican (rechts), der die elektrische Elementarladung bestimmte. Michelson erhielt im Jahre 1907 als erster amerikanischer Physiker den Nobelpreis. Er war berühmt für seine experimentellen Präzisionsmessungen.

Erdgeschwindigkeit von nur 3 cm/s im Äther registrieren würden. Mit keiner derartigen Anordnung ist es jemals gelungen, die Bewegung der Erde im Äther zu messen.

Ruht die Erde im Äther? Wäre das Michelson-Morley Experiment einige Jahrhunderte früher ausgeführt worden, so hätte es eine triumphale Bestätigung der Ansichten des Aristoteles bedeutet, wonach die Erde im Mittelpunkt des Weltalls ruht. Inzwischen zweifelte aber niemand mehr an der Bewegung der Erde um die Sonne, und zumindest diese Bewegung hätte das Experiment aufweisen müssen.

Ruht die Erde vielleicht in einem großen Ätherwirbel, wie dies Descartes behauptet hatte? Auch diese Annahme erwies sich als unmöglich, da daraus Gesetze der Lichtausbreitung folgten, die den Experimenten widersprachen.

Zahlreiche Hypothesen wurden so um die Jahrhundertwende entworfen und wieder verworfen, um den negativen Ausgang aller Experimente zur Bestimmung der Erdbewegung im Äther zu erklären. Fast alle führenden Wissenschaftler dieser Zeit beteiligten sich an dieser Debatte.

Schließlich trat im Jahre 1905 ein technischer Experte dritter Klasse des Eidgenössischen Patentamtes Bern mit einer neuen Idee an die Öffentlichkeit. Sein Name war Albert Einstein, und der Artikel *„Zur Elektrodynamik bewegter Körper"*, den er in der Zeitschrift „Annalen der Physik" veröffentlichte, ging von der Idee aus, daß man die Erdbewegung durch den Äther vielleicht deswegen nicht messen könne, weil der Äther gar nicht existiert![10]

Zur Bestimmung der Erdbewegung im Äther wurden im 19. Jahrhundert zahlreiche Versuche unternommen, von denen das Michelson-Morley Experiment am bekanntesten ist.

Das Scheitern dieser Versuche führte Einstein zur Annahme, daß der Äther nicht existiert.

Aufgaben

1.1 Berechnen Sie die Geschwindigkeit, mit der sich die Erde um die Sonne bewegt. Nähern Sie dabei die Erdbahn durch einen Kreis mit Radius $r = 1,5 \cdot 10^{11}$ m an.

1.2 Nennen Sie einige Beispiele von Bezugssystemen, die (annähernd) Inertialsysteme sind!

1.3 Zeigen Sie, daß Anziehung und Abstoßung zweier Magnetpole qualitativ durch die Annahme erklärt werden, daß längs der Feldlinien Zug, quer dazu Druck wirkt.

1.4 Welche Zeitunterschiede Δt erwartet man beim Michelson-Morley Experiment für $D = 1$ m, $v = 30$ km/s? Wie groß sind diese Zeitunterschiede im Vergleich zur Schwingungsdauer einer Lichtwelle, die $\simeq 10^{-15}$ s beträgt?

2 Vom Äther zur Relativitätstheorie

Die Verbannung des Äthers aus dem Kreis der Grundbegriffe der Physik war ein kühner Schritt. War doch dem Äther im Laufe der Jahrhunderte eine immer weitreichendere Bedeutung zugeschrieben worden. Die Physik mußte nunmehr ohne Ätherbegriff völlig neu aufgebaut werden, wobei sich die Tragweite der neuen Konzepte erst zu erweisen hatte. Grundlage der weiteren Entwicklung waren zwei Prinzipe, die Einstein an die Spitze seiner Theorie setzte.

2.1 Das Relativitätsprinzip

Wie Einstein in seinem Artikel „*Zur Elektrodynamik bewegter Körper*" einleitend feststellt, waren alle Versuche gescheitert, die Bewegung der Erde im Äther festzustellen:[1]

„*Die mißlungenen Versuche, eine Bewegung der Erde relativ zum „Lichtmedium" zu konstatieren, führen zu der Vermutung, daß dem Begriff der absoluten Ruhe nicht nur in der Mechanik, sondern auch in der Elektrodynamik keine Eigenschaften der Erscheinungen entsprechen. ... Wir wollen diese Vermutung (deren Inhalt im folgenden „Prinzip der Relativität" genannt wird) zur Voraussetzung erheben.*"

Einstein vermutete also hinter dem Scheitern der Versuche, die Bewegung der Erde im Äther zu messen, ein allgemeines Naturprinzip. Wenn es keinen Äther gibt, wird der Begriff der „Absolutbewegung" sinnlos und nur die Relativbewegung eines Körpers in bezug auf einen anderen kann in der Physik von Bedeutung sein. Wie schnell sich beispielsweise die Erde relativ zur Sonne bewegt läßt sich messen, nicht aber ihre absolute Geschwindigkeit.

Die Feststellung, daß es etwas — nämlich absolute Bewegungen — *nicht* gibt, scheint sich zunächst recht wenig zum Aufbau eines neuen physikalischen Lehrgebäudes zu eignen. Doch erlaubt gerade diese Feststellung weitreichende Schlüsse.

Gibt es nämlich keinen absoluten Raum, so müssen sich *alle* Inertialsysteme gleichermaßen zum Aufbau der Physik eignen. Denn würden die Naturgesetze ein Inertialsystem vor anderen bevorzugen, so wäre es möglich, absolute Bewegungen in bezug auf dieses System zu messen. Einstein postulierte daher:

> **Relativitätsprinzip**: Die Naturgesetze nehmen in allen Inertialsystemen die gleiche Form an.

Einsteins Vorgehen ist charakteristisch für die Methode der Physik. In zahlreichen Experimenten war es nicht gelungen, die Geschwindigkeit der Erde im Äther zu messen. Einstein vermutete, daß dies auch für alle zukünftigen Versuche gelten würde und formulierte diese Vermutung im Relativitätsprinzip. Es wäre nun selbstverständlich völlig undenkbar, alle nur möglichen Versuche zur Bestätigung des Relativitätsprinzips auch wirklich auszuführen. Damit würde man wohl nie zu Ende kommen.

Man nimmt daher das Relativitätsprinzip zunächst einmal versuchsweise als richtig an und baut darauf eine neue Theorie – die Relativitätstheorie – auf. Daraus ergeben sich dann neue und überraschende Konsequenzen, wie z.B. die Vorhersage, daß bewegte Uhren langsamer gehen (siehe Kapitel 4). Die Überprüfung dieser Vorhersagen ist der wichtigste Prüfstein der neuen Theorie und führt zu ihrer Verwerfung, falls sich falsche Vorhersagen ergeben.

Diese Vorgangsweise ist analog zur Aufstellung des Energiesatzes im 19. Jahrhundert. Damals waren alle Versuche gescheitert, eine Perpetuum Mobile zu konstruieren. Allmählich begann man dahinter ein allgemeines Naturgesetz, eben den Energiesatz, zu vermuten. Aufgrund des Energiesatzes konnte man dann verschiedene neue Vorhersagen machen, wie z.B. die Existenz eines Umrechnungsfaktors zwischen Wärme und Arbeit.

2.2 Die Konstanz der Lichtgeschwindigkeit

Das Relativitätsprinzip stellt fest, daß sich alle Inertialsysteme in den bisherigen Experimenten als gleichwertig erwiesen haben und postuliert, daß dies auch für alle zukünftigen Experimente der Fall sein wird. Der Äther ist damit aus dem Kreis der Grundbegriffe der Physik ausgeschieden. Wie steht es aber dann mit der Lichtausbreitung? In welchem System breitet sich Licht mit der Lichtgeschwindigkeit c in allen Richtungen aus? Wenn alle Inertialsysteme gleichberechtigt sind, so muß sich ein Lichtsignal offensichtlich in *jedem* dieser Systeme in allen Richtungen mit Lichtgeschwindigkeit ausbreiten. Dies ist das Prinzip der Konstanz der Lichtgeschwindigkeit:

> **Prinzip der Konstanz der Lichtgeschwindigkeit**: Die Lichtgeschwindigkeit im Vakuum hat in jedem Inertialsystem stets den Wert $c = 300\,000$ km/s.

Dabei ist unter c stets die Lichtgeschwindigkeit im *Vakuum* zu verstehen, deren genauer Wert $c = 299\,792{,}458$ km/s beträgt.[2] Breitet sich Licht in einem materiellen

Medium wie z.B. Wasser oder Glas aus, so kann die *Relativgeschwindigkeit* des Lichts in bezug auf das Wasser oder Glas auch andere Werte annehmen.

Weder das Prinzip der Konstanz der Lichtgeschwindigkeit noch das Relativitätsprinzip wirken zunächst ungewöhnlich. Sie bergen aber grundlegende Veränderungen der Begriffe von Raum und Zeit in sich, wie die folgenden Kapitel zeigen werden.

Ein einfaches Beispiel: Ein Lichtsignal breite sich irgendwo im Raume aus. Versuchen wir, ihm nachzulaufen, so entfernt sich nach dem Prinzip der Konstanz der Lichtgeschwindigkeit das Signal doch stets mit der gleichen Geschwindigkeit c von uns, gleichgültig wie schnell wir hinter ihm herzulaufen versuchen!

Diese überraschenden Eigenschaften des Lichts sind heute durch eine Reihe von Experimenten getestet und bestätigt worden. Beispiele für derartige Experimente finden Sie in Kapitel 11.

2.3 Theorie und Experiment

Wir haben bereits festgestellt, daß es nicht möglich ist, alle erdenklichen Experimente zur Überprüfung einer neuen Hypothese oder Theorie auszuführen. Es wäre beispielsweise weder möglich noch sinnvoll, die Fallgesetze aus allen Höhen, mit sämtlichen Materialien und verschiedenst geformten Körpern zu testen. Ebensowenig kann das Relativitätsprinzip an sämtlichen möglichen Experimenten überprüft werden. Die neuen Konsequenzen einer Theorie sind es vielmehr, die einer kritischen Prüfung standhalten müssen.

Andererseits kann man zur Erklärung experimenteller Daten auch nicht eine Liste aller denkmöglichen Theorien aufstellen und systematisch erforschen. Dies würde die menschlichen Fähigkeiten bei weitem übersteigen.

Die Aufstellung einer neuen Theorie kann vielmehr mit der Vorgehensweise eines Schachspielers verglichen werden. Niemals stellt er zunächst eine Liste aller möglichen Zugkombinationen auf und schließt dann eine Möglichkeit nach der anderen aus, bis der „einzig richtige Zug" übrig bleibt. Auf diese Art spielen nur Computer Schach und das bekanntermaßen schlecht, da die Anahl der Kombinationen auch ihre Fähigkeiten übersteigt. Ein guter Schachspieler überprüft dagegen aufgrund seines Wissens einige plausible Kombinationen und wählt dann aus.

Ebenso kann der theoretische Physiker niemals nachweisen, daß eine neue Theorie die *einzig* mögliche Erklärung der ihm bekannten Experimente ist. Denn dazu müßte er ja sämtliche überhaupt denkbaren Theorien kennen. Er schlägt vielmehr aufgrund der vorliegenden Experimente eine Theorie vor, die mit den alten Versuchsergebnissen in Einklang steht und neue, experimentell überprüfbare Vorhersagen ermöglicht. Es wird im allgemeinen einige derartige Theorien geben , und Aufgabe des Experimentalphysikers ist es, hier eine Entscheidung herbeizuführen.

Auch die Prinzipe, die an der Spitze der Relativitätstheorie stehen, folgen nicht eindeutig aus den Experimenten. *Die Wissenschaftstheorie zeigt vielmehr, daß Theorien niemals logische Folgerungen von Experimenten sein können*, oder, wie Einstein dies ausdrückte:[3]

„Zu den elementaren Gesetzen führt kein logischer Weg, sondern nur die auf Einfühlung in die Erfahrung sich stützende Intuition."

Es kann daher nicht unser Ziel sein, die beiden Prinzipien der Relativitätstheorie als einzig mögliche Erklärung der Experimente zu erweisen. Vielmehr werden wir aus den Prinzipien neue Vorhersagen ableiten, die sich am Experiment bewähren müssen.

Aufgaben

2.1 Zeigen Sie an einigen Beispielen, daß das Relativitätsprinzip in der Mechanik erfüllt ist.

2.2 Erklären Sie den negativen Ausgang des Michelson-Morley Experiments mit Hilfe des Prinzips der Konstanz der Lichtgeschwindigkeit!

2.3 Die „ballistische Lichttheorie" geht von der Annahme aus, daß Licht von der Quelle – ähnlich einem Geschoß – stets mit der gleichen Geschwindigkeit c abgeschossen wird. Zeigen Sie, daß auch diese Theorie dem Relativitätsprinzip genügt. (Sie widerspricht aber den in Kapitel 11 diskutierten Experimenten, den Beobachtungen an Doppelsternen und den Ergebnissen, die aus der Elektrizitätslehre über das Licht gewonnen wurden.)

3 Zeit und Uhr

Die bedeutendsten Veränderungen, die die Relativitätstheorie mit sich brachte, betreffen den Zeitbegriff. Um ihre Bedeutung zu verstehen, müssen wir zunächst die historische Entwicklung dieses Begriffes in der Physik verfolgen.

3.1 Was ist Zeit?

„Was ist die Zeit? Wenn mich niemand danach fragt, weiß ich es; will ich es einem Fragenden erklären, weiß ich es nicht mehr."[1]

Vergleichen wir diese berühmten Worte aus den „Bekenntnissen" des heiligen Augustinus (354–430), eines der lateinischen Kirchenväter, mit dem Beginn eines Kapitels aus dem „Zauberberg" von Thomas Mann:

„Was ist die Zeit? Ein Geheimnis – wesenlos und allmächtig. Eine Bedingung der Erscheinungswelt, eine Bewegung, verkoppelt und vermengt dem Dasein der Körper im Raum und ihrer Bewegung. Wäre aber keine Zeit, wenn keine Bewegung wäre? Keine Bewegung, wenn keine Zeit? Frage nur! Ist die Zeit eine Funktion des Raumes? Oder umgekehrt? Oder sind beide identisch? Nur zu gefragt!"[2]

Eineinhalb Jahrtausende trennen diese beiden Zitate. Sie machen deutlich, wie sehr die Zeit den Menschen seit jeher beschäftigt und wie schwer es ist, ihr Wesen zu ergründen.

Verschiedenste Meinungen über die Zeit sind im Laufe der Jahrtausende geäußert worden. So schreibt man dem griechischen Philosophen Heraklit (530–480 v. Chr.) den Ausspruch „Alles fließt" zu.[3] Er sah in der ständigen Veränderung aller Dinge, also in dem zeitlichen Ablauf, die grundlegende Eigenschaft der Natur. Etwa gleichzeitig leugneten dagegen Parmenides und Zeno von Elea die Möglichkeit irgendeiner Veränderung. Ist Veränderung nicht nur Schein und die Wirklichkeit ewig und unveränderlich? Dies versuchte Zeno in einer Reihe berühmter Paradoxien zu belegen. Eines seiner bekanntesten Beispiele ist der Pfeil, der niemals sein Ziel erreichen kann. Durchfliegt er doch zunächst die Hälfte seiner Bahn, dann wieder die Hälfte des verbleibenden Stückes usw.: Stets bleibt eine kleine Strecke zu durchfliegen und nie kommt der Pfeil an. Dank der Entwicklung der modernen Mathematik erscheint es uns leicht, den Fehler in dieser Überlegung zu finden. Zenos Zeitgenossen waren jedoch durch seine Argumente verwirrt.

Auch heute noch dauert die Diskussion über die Deutung und Bedeutung des Zeitablaufes an. Die „Internationale Gesellschaft zum Studium der Zeit" beschäftigt sich mit den vielen Problemen, die der Zeitablauf für uns birgt.[4] Gibt es einen Beginn der Zeit? Um 1650 berechnete Erzbischof Usher aufgrund der Bibel, daß Gott die Welt am Sonntag, dem 23. Oktober 4004 v. Chr. geschaffen habe.[5] Was war vorher? Hat es damals eine Zeit gegeben? Im 18. Jahrhundert beschäftigt sich der deutsche Philosoph Gottfried Wilhelm Leibniz mit einem ähnlichen Problem:[6]

„Angenommen, es fragte jemand, weshalb Gott nicht alles ein Jahr früher geschaffen hat, angenommen ferner, er wolle daraus den Schluß ziehen, Gott habe da etwas getan, wofür sich unmöglich ein Grund finden läßt, weshalb er so und nicht anders gehandelt, so würde man ihm erwidern, daß seine Schlußfolgerung nur unter der Voraussetzung gilt, daß die Zeit etwas außer den zeitlichen Dingen sei."

Sie sehen, wie viele Probleme man im Zusammenhang mit der Zeit diskutieren kann. Besonders merkwürdig ist dabei die einsinnige Richtung des Zeitablaufes.[7] Während man im Raum in jede Richtung schreiten und wieder zum Ausgangspunkt zurückkehren kann, ist dies bei der Zeit nicht möglich. Wie angenehm wäre es doch manchmal, auch nur einen Tag in der Zeit zurückzugehen! Sie könnten beispielsweise heute aus der Zeitung die Ergebnisse der Lottoziehung entnehmen und die korrekten Zahlen gestern setzen!

Zeit, Veränderung und Zeitrichtung sind für den Menschen schwer zu verstehen. Denn „Verstehen" heißt auf etwas Grundlegenderes, Allgemeineres zurückführen. Doch gibt es nichts Grundlegenderes als die Zeit.

In der Physik versucht man daher nicht, das „Wesen" der Zeit zu ergründen. Ziel der Physik ist es zunächst, die Zeit meßbar zu machen. Dazu benötigt man Uhren.

3.2 Von der Sonnenuhr zur Atomuhr

Eine allereinfachste Form von Uhren war bereits vor 6000 Jahren in Gebrauch.[8] Man steckte einen Stab in den Boden und las die Zeit aus der Lage seines Schattens annähernd ab. Diese erste Form der Sonnenuhr wurde in der Folge wesentlich verbessert und ist in manchen Teilen der Welt auch heute noch von Bedeutung.

Auch die Wasseruhr hat eine lange Tradition. Ein feiner Wasserstrahl, der ein größeres Gefäß langsam und gleichmäßig auffüllt, erlaubt es, auch längere Zeitspannen mit einiger Genauigkeit zu bestimmen. Derartige Wasseruhren waren vor allem im römischen Imperium in Gebrauch.

Nicht nur die Feststellung der Tageszeiten, auch die Einteilung des Jahresablaufs ist eine wichtige Aufgabe der Zeitmessung. Der Zusammenhang zwischen den Jahreszeiten, der Tageslänge und dem jeweiligen Höchststand der Sonne wurde schon sehr früh erkannt. Sowohl für die Zwecke des Ackerbaues, als auch aus kultisch-religiösen Gründen stellte sich bald die Aufgabe, die Jahreszeiten genauer einzuteilen. Die dazu notwendigen astronomischen Beobachtungen setzten in Babylon bereits im 4. vorchristlichen Jahrtausend ein. Zahlreiche Keilschrifttäfelchen überliefern Beobachtungen von Sonne, Mond und den Planeten.

Während die astronomischen Beobachtungen bald eine hinreichend genaue Beschreibung des Jahresablaufs ermöglichten, war die Tageseinteilung durch Wasser-, Sand- und Sonnenuhren wenig zufriedenstellend. Erst mechanische Räderuhren, die ab dem 13. Jahrhundert die Kirchtürme zu schmücken begannen, genügten den Ansprüchen der wachsenden Städte des Mittelalters. Selbst die Zeitangabe dieser ersten mechanischen Uhren war zunächst noch sehr ungenau, und Fehler von einer Stunde pro Tag waren üblich.

Bevor wir die weitere Entwicklung verfolgen, müssen wir aber zunächst die Frage beantworten: *Was ist eine Uhr?* Wie macht man die Zeit meßbar?

Grundlage jeder Uhr ist ein Vorgang, der sich in gleicher Weise dauernd wiederholt – die Schwingung eines Pendels oder einer Feder, die Drehung der Erde um ihre Achse und ihre Bewegung um die Sonne sind Beispiele dafür. Jeder Wiederholung des Vorganges ordnet man *definitionsgemäß* die gleiche Zeitdauer zu.

Leider gibt es in der Natur keine Vorgänge, die sich wirklich exakt wiederholen. Kleine Unregelmäßigkeiten sind stets unvermeidbar. Daher war es von größter Bedeutung für den Uhrenbau, daß Galileo Galilei um 1600 eine bemerkenswerte Eigenschaft des Pendels entdeckte: Wie er selbst berichtete, beobachtete er die Schwingungen eines hängenden Leuchters im Dom von Florenz. Dabei fand er, daß die Schwingungsdauer dieses – und jedes anderen – Pendels nicht von der Amplitude (Schwingungsweite) abhängt. Dadurch eignen sich Pendel vorzüglich zur Regelung des Ganges von Präzisionsuhren. Der Gang der Uhr wird nämlich durch kleine Veränderungen der Schwingungsweite des Pendels, die durch äußere Störungen stets unvermeidlich sind, nicht beeinflußt.

Galileis Entdeckung machte erstmals die Konstruktion von Präzisionsuhren möglich, die eine Genauigkeit von wenigen Sekunden pro Tag aufweisen (Bild 3.1). Bis in unser Jahrhundert hinein war die Pendeluhr der Präzisionszeitmesser, der höchsten Ansprüchen genügte.

Kleine tragbare Uhren mußten allerdings nach anderen Gesichtspunkten gebaut werden. Hierfür war Huygens Entdeckung ausschlaggebend, daß auch die Dauer der Schwingungen einer Feder unabhängig von der Auslenkung aus der Ruhelage ist.

In der Folge waren es vor allem die Anforderungen der Seefahrt, die entscheidende Impulse zur Weiterentwicklung tragbarer Uhren gaben. Während die geographische Breite aus dem Sonnenstand leicht genau bestimmt werden kann, ist für eine Bestimmung der geographischen Länge aus dem Stand von Gestirnen die Kenntnis der genauen Uhrzeit unerläßlich. Um aus der Stellung eines Sternes die geographische Länge zu ermitteln, ist es nämlich notwendig zu wissen, welchen Drehwinkel die Erde im Raum gerade aufweist. Die Uhren des 17. Jahrhunderts genügten den Ansprüchen der Seefahrt in keiner Weise. Zahlreiche Schiffskatastrophen waren die Folge fehlerhafter Längenbestimmung. Als im Jahre 1709 vier Schiffe mit zweitausend Mann untergingen, entschloß sich die englische Regierung zur Aussetzung eines Preises für die Konstruktion eines Schiffschronometers. Bereits im Jahre 1736 legte John Harrison eine erste der-

Bild 3.1 Dieses Modell von Galileis Pendeluhr wurde 1883 in London nach Galileis Skizzen angefertigt. Ein Federwerk sorgt dafür, daß dem Pendel die zur Aufrechterhaltung der Schwingung benötigte Energie zugeführt wird.

artige Uhr vor. In den nächsten Jahrzehnten arbeitete er systematisch an der Weiterentwicklung dieses Chronometers. Im Jahre 1761 erreichte seine vierte Seeuhr auf einer Probefahrt von 161 Tagen schließlich eine Genauigkeit von 5 Sekunden (Bild 3.2)!

Um die Leistung Harrisons richtig zu würdigen, müssen wir uns überlegen, was diese Genauigkeit prozentuell bedeutet. Da ein Tag 86 400 s hat, wurde die Zeit

$$T = 161 \cdot 86\,400 \text{ s} = 13\,910\,400 \text{ s}$$

mit der Genauigkeit $\Delta T = 5$ s gemessen. Die relative Genauigkeit beträgt also

$$\frac{\Delta T}{T} = \frac{5}{13\,910\,400} = 3{,}6 \cdot 10^{-7}$$

Übertragen auf eine Längenmessung würde dies bedeuten, daß wir eine Strecke von 1 km Länge mit einer Genauigkeit von 0,4 mm ausmessen müßten. Dies zeigt, welch hohe Ansprüche wir an die Zeitmessung stellen. Sie können sich leicht selbst überlegen, daß eine moderne Armbanduhr mit einem täglichen Fehler von einer Minute die Zeit auf mehr als ein Promille genau mißt.

Man lernte im Barock aber nicht nur, immer genauere Uhren zu bauen. Es war auch der Ehrgeiz der Uhrmacher, immer großartigere und umfangreichere Uhrwerke zu konstruieren, die es erlaubten, die Daten astronomischer Ereignisse auf Jahrhunderte vorherzuberechnen. Kein Wunder, daß man allmählich die ganze Welt als ein riesiges Uhrwerk zu sehen begann, das vor urdenklicher Zeit vom Schöpfer in Bewegung gesetzt worden war.

Es schien nur ein technisches Problem, ein riesiges Uhrwerk zu bauen, das nicht nur die Himmelserscheinungen, sondern alle Vorgänge überhaupt auf zahllosen Ziffernblättern angeben würde.

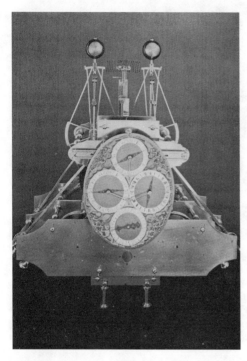

Bild 3.2 Harrisons Marinechronometer aus dem Jahre 1761 war die erste zuverlässige Schiffsuhr. Die vier Zifferblätter zeigen (im Uhrzeigersinn von oben) die Sekunden, Stunden, Tage und Minuten an.

Der französische Astronom und Physiker Pierre Simon Laplace hat diese Idee im Jahre 1812 in einem seiner Werke beschrieben.[9]

„Wir müssen also den gegenwärtigen Zustand des Weltalls als die Wirkung seines früheren und als die Ursache des folgenden Zustandes betrachten. Eine Intelligenz, welche für einen gegebenen Augenblick alle in der Natur wirkenden Kräfte sowie die gegenseitige Lage der sie zusammensetzenden Elemente kennt und überdies umfassend genug wäre, um diese Größen der Analysis zu unterwerfen, würde in derselben Formel die Bewegung der größten Weltkörper wie des leichtesten Atoms umschließen. Nichts würde ihr ungewiß sein, und Zukunft wie Vergangenheit würden ihr offen vor Augen liegen."

Die moderne Physik zeigt allerdings, daß dieser Gedanke nicht nur technisch, sondern sogar prinzipiell undurchführbar ist.

Das 19. Jahrhundert brachte weitere Verbesserungen der Uhrentechnik. Man lernte die Aufhängung des Pendels fast reibungsfrei zu gestalten und die Wärmeausdehnung von Pendeln, Unruhen und Federn durch geeignete Materialwahl zu unterdrücken. Allmählich erreichte man aber die Grenze der Verbesserungsmöglichkeiten mechanischer Uhren (Bild 3.3).

Ein entscheidender Durchbruch wurde erst wieder im 20. Jahrhundert erzielt. Um 1930 entstanden die ersten **Quarzuhren,** bei denen die Schwingungen eines Quarzkristalles den Taktgeber der Uhr bilden. Dabei benützt man die Tatsache, daß ein Quarzkristall seine Länge ändert, wenn man auf seine Enden positive und negative elektrische Ladungen aufbringt. Diese Erscheinung nennt man Piezo-Elektrizität.

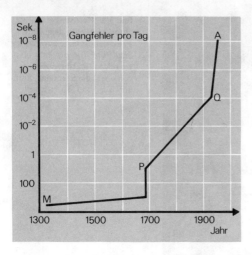

Bild 3.3 Die Entwicklung der Uhrengenauigkeit: Seit der Konstruktion der ersten mechanischen Uhren im 14. Jahrhundert (M) wurde der Uhrengang durch die Erfindung der Pendelsteuerung (P), der Quarzuhr (Q, 1928) und der Atomuhr (A, 1949) auf die heutige Genauigkeit von etwa 10^{-9} s/Tag gebracht.

Bringt man den Quarzkristall in ein elektrisches Wechselfeld, so ändert er periodisch seine Länge und beginnt zu schwingen. Diese Schwingung benützt man zur Konstruktion von Quarzuhren. Wegen der hervorragenden Schwingungseigenschaften von Quarzkristallen kann man dabei eine Genauigkeit von Bruchteilen einer Sekunde im Jahr erreichen. Noch höhere Genauigkeit erreichen **Atomuhren**. Ihr Gangfehler ist 10 000mal kleiner als der von Quarzuhren.

Aufgaben

3.1 Geben Sie Beispiele für den einsinnigen Ablauf der Zeit an!

3.2 Geben Sie Beispiele für Widersprüche an, die aus einer Umkehr des Zeitablaufes folgen würde!

3.3 Viele Kulturvölker glaubten an einen zyklischen Ablauf der Zeit. Demnach sollten sich alle Ereignisse nach einem Zeitraum von einigen tausend Jahren exakt wiederholen. Nennen Sie einfache Naturbeobachtungen, die zu dieser Ansicht geführt haben könnten. Welche Ergebnisse der Physik, Biologie, Geologie etc. widersprechen der zyklischen Zeitauffassung?

3.4 Welchen relativen Fehler $\Delta T/T$ weist eine Uhr auf, die täglich um zehn Minuten vorgeht?

3.5 Wie kann man die Unabhängigkeit der Schwingungsdauer einer Seite von der Amplitude am Klavier bestätigen? Warum werden dadurch viele Musikinstrumente erst möglich?

4 Atomuhr und Weltzeit

Atomuhren kennt man erst seit relativ kurzer Zeit. Sie werden seit dem Jahre 1956 industriell in Serien von einigen hundert hergestellt und kosten etwa 50 000 DM. Elektrizitätswerke, Rundfunkstationen, astronomische und andere Laboratorien benötigen diese Präzisionsgeräte. Atomuhren gestatten es auch, die im „Gesetz über Einheiten im Meßwesen" vom 2. Juli 1969 festgelegte Definition der Sekunde praktisch zu realisieren.[1]

Wir wollen uns hier zuerst mit der Arbeitsweise von Atomuhren beschäftigen und dann einige typische Anwendungen dieser Uhren untersuchen (Bild 4.1).

4.1 Atomuhren

In den Uhren, die wir bisher kennengelernt haben, sorgt jeweils ein schwingungsfähiges System für die Einteilung der Zeit in kleine, regelmäßige Abstände. Pendel, Unruhfedern und Quarzkristalle sind die gebräuchlichsten Taktgeber in Uhren. In Atomuhren verwendet man Atome als schwingungsfähige Gebilde. Atome können durch elektromagnetische Wellen (z.B. Radiowellen oder Licht) zu Schwingungen angeregt werden. Diese Schwingungen sind allerdings nur dann von merklicher Stärke, wenn 'Resonanz' eintritt. Dieser Vorgang ist Ihnen aus der Mechanik wohlbekannt. Nur wenn man eine Schaukel jeweils im richtigen Moment anstößt, wird sie stark zu schwingen beginnen. Ebenso wird das Atom nur durch elektromagnetische Wellen angeregt, die mit einer der Eigenfrequenzen des Atoms übereinstimmen (Bild 4.2).

Diesen Effekt benützt man zur Konstruktion von Atomuhren. Man richtet dabei einen Sender von Radiowellen auf einen Behälter mit Caesiumatomen. Nur wenn dieser Sender Radiowellen mit der Frequenz 9 192 631 770 Hz emittiert, kann er die Atome zu Schwingungen anregen. In diesem Fall kann das Radiosignal nicht

Bild 4.1 Atomuhren werden heute für zahlreiche technische Anwendungen benötigt. Sie können leicht im Auto oder Flugzeug transportiert werden, da sie gegen Erschütterungen unempfindlich sind. Lediglich starke Magnetfelder, wie sie in der Nähe von Überlandleitungen auftreten, stören den Gang von Atomuhren.

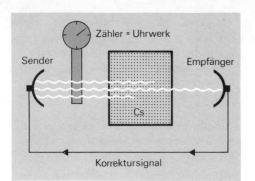

Bild 4.2 Das Herz jeder Atomuhr ist ein Behälter mit Caesiumgas, auf den ein Radiosender gerichtet ist. Ist die Senderfrequenz korrekt eingestellt, so wird die Radiowelle vom Caesiumgas absorbiert. Weicht der Sender von der vorgesehenen Frequenz dagegen ab, so durchdringt die Welle das Gas und trifft beim Empfänger ein. Daraufhin erfolgt automatisch eine Korrektur der Senderfrequenz.

durch das Caesiumgas hindurchtreten, da es seine Energie an die Atome abgibt. Ändert sich das Sendersignal aber auch nur geringfügig, so vermag es die Atome nicht mehr zum Mitschwingen zu bringen. Dies kann mit einem kleinen Empfänger, der hinter dem Gasbehälter angebracht ist, festgestellt werden. In diesem Fall wird die Senderfrequenz so lange korrigiert, bis die Welle wieder die Atome zum Mitschwingen bringt. Da dies sehr rasch erfolgt, ist sichergestellt, daß die Senderfrequenz stets 9 192 631 770 Hz beträgt.

Wie exakt gilt dies? Wie genau sind also Atomuhren? Um dies zu ermitteln, stellt man einige Atomuhren nebeneinander. Man beobachtet diese Uhrengruppe während der Zeitspanne t (z.B. ein Jahr lang) und stellt fest, welche mittlere Abweichung Δt die Uhren am Ende der Zeitspanne aufweisen, wenn man sie anfänglich auf gleichen Stand gebracht hat. Das Experiment zeigt, daß die heute gebräuchlichen Atomuhren nach einem Jahr etwa um $\Delta t = 6 \cdot 10^{-6}$ s = 6 μs voneinander abweichen. Die Genauigkeit dieser Atomuhren beträgt daher

$$\frac{\Delta t}{t} = \frac{6 \mu s}{1 \text{ Jahr}} \simeq \frac{6 \cdot 10^{-6} \text{ s}}{3 \cdot 10^7 \text{ s}} = 2 \cdot 10^{-13}$$

Bild 4.3 Die „Primären Normale" sind Atomuhren besonders hoher Präzision, die die gesetzlich festgelegte Sekundendefinition zu realisieren gestatten. Das Bild zeigt die große Atomuhr der Physikalisch-technischen Bundesanstalt in Braunschweig.

Erst nach 150 000 Jahren weichen die Uhren im Mittel 1 Sekunde voneinander ab! Die sogenannten „*Primären Normale*", besonders aufwendig gebaute Superuhren, weisen sogar noch größere Genauigkeit auf. Es gibt drei derartige Primäre Normale, die sich in der physikalisch-technischen Bundesanstalt in Braunschweig, im National Research Center in Canada und im National Bureau of Standards in den USA befinden (Bild 4.3).

Wegen der großen Genauigkeit der Atomuhren und besonders der Primären Normale zieht man sie heute zur Definition der Zeiteinheit heran. Die Sekunde ist auf der 13. Generalkonferenz für Maß und Gewicht im Jahre 1967 gerade dadurch definiert worden, daß sie der Dauer von 9 192 631 770 Schwingungen des Caesiumatomes entspricht. Die genauere Definition lautet:

> 1 Sekunde ist das 9 192 631 770fache der Periodendauer der dem Übergang zwischen den beiden Hyperfeinstrukturenniveaus des Grundzustandes von Atomen des Nuklids ^{133}Cs entsprechenden Strahlung.

Vor dem Jahre 1967 hatte man die Sekunde mit Hilfe der Länge eines Jahres definiert und zwar galt die Festlegung:

„Eine Sekunde ist der 31 556 925,9747ste Teil des Jahres, das am 1. Januar 1900 mittags begann."

Die Zahl der Schwingungen eines Caesiumatomes, die einer Sekunde entsprechen, wurde 1967 so gewählt, daß die nunmehr neu definierte Sekunde mit der früher eingeführten Sekunde übereinstimmt. Daher rührt die zunächst sonderbar anmutende Festlegung der Anzahl der Schwingungen des Caesiumatomes, die einer Sekunde entsprechen.[2]

Es ist interessant zu überlegen, warum sich gerade Atomuhren besonders gut für die Messung der Zeit eignen. Einen Grund dafür haben wir bereits kennengelernt. Es ist dies die genau definierte Schwingungsfrequenz von Atomen. Atome haben aber noch zwei weitere Eigenschaften, die sie für Zeitmessungen besonders geeignet erscheinen lassen. Pendel, Unruhfedern und auch Quarzkristalle, die man in anderen Uhren als schwingungsfähige Systeme benützt, haben die Eigenschaft, allmählich zu altern. Das heißt, sie verändern ihre Eigenschaften, wenn auch nur geringfügig, durch Umwelteinflüsse. Atome altern aber nicht, sie bleiben stets unverändert. Ferner sind auch alle ^{133}Cs-Atome völlig gleich. Sie weisen daher von selbst in jeder Atomuhr die gleiche Schwingungsfrequenz auf. Dagegen muß man z.B. Unruhfedern sehr sorgfältig einander angleichen, um sie auf gleiche Schwingungsdauer zu bringen. Dieses Problem entfällt bei Atomen.

4.2 Gleichzeitigkeit

Wir haben im vorigen Abschnitt gesehen, wie die Zeiteinheit „Sekunde" des SI-Systems heute mit Hilfe von Atomuhren realisiert wird. Die Definition der Sekunde ist jedoch allein nicht ausreichend, um eine weltweite Zeitskala aufzubauen. Dazu ist es erforderlich, aus den Zeitangaben vieler Atomuhren durch Mittelung eine einheitliche Zeitangabe zu gewinnen. Ferner muß man sich auch auf den Nullpunkt einigen, von dem die Zeitzählung beginnen soll. So werden z.B. die Jahreszahlen – annähernd – ab Christi Geburt gezählt.

Die **Internationale Atomzeitskala TAI** (Temps atomique international) entsteht durch Mittelung der Angaben von etwa sechzig Atomuhren, die sich in sieben verschiedenen Laboratorien befinden.

Diese Laboratorien sind:

Institut	*Land*
Comission National de l'Heure	Frankreich
National Bureau of Standards	USA
National Research Council	Kanada
Observatoire de Neuchatel	Schweiz
Physikalisch-Technische Bundesanstalt	Deutschland
Royal Greenwich Observatory	England
United States Naval Observatory	USA

Jedes dieser Laboratorien verfügt über mehrere Atomuhren, so daß defekte Uhren leicht festgestellt und repariert werden können. Jedes Laboratorium mittelt zunächst über die dort befindlichen Atomuhren. So wird eine lokale Atomzeitskala gewonnen.

Aus den Zeitskalen der einzelnen Länder muß nun durch weitere Mittelwertbildung eine internationale Zeitskala bestimmt werden. Dazu ist es notwendig, Uhren, die sich in verschiedenen Ländern befinden, miteinander zu vergleichen und auf den gleichen Stand zu bringen. Diesen Vorgang nennt man **Synchronisation** der Uhren. Dazu verfügt jedes der oben genannten Observatorien über einen Radiosender, der Zeitsignale aussendet. Diese Signale sind den bekannten Zeitsignalen ähnlich, die Sie mit üblichen Radioempfängern als Teil der Nachrichten erhalten. Die TAI-Zeitsignale sind allerdings viel genauer als die Angaben, die Sie über Rundfunk erhalten. Man strebt dabei eine Präzision von etwa $0,1\,\mu s = 10^{-7}\,s$ an.

Bei dieser Meßgenauigkeit tritt ein neuer und wichtiger Effekt auf, der uns zur Relativitätstheorie führen wird. Wollen wir die Uhren in zwei Laboratorien auf gleichen Stand bringen, so müssen wir berücksichtigen, daß sich das Zeitsignal zwar schnell, aber doch nur mit Lichtgeschwindigkeit von einer Uhr zur anderen ausbreitet. Wenn also z.B. in der physikalisch-technischen Bundesanstalt in Braunschweig das Mittagssignal des Royal Greenwich Observatory in England eintrifft, so darf man die Braunschweiger Uhr nicht etwa auch auf 12 Uhr stellen. Dies wäre nur bei unendlich schneller Signalübertragung von England nach Braunschweig sinnvoll.

Sie werden sich vielleicht fragen, ob nicht auch ein Unterschied von einer Stunde zwischen der Zeit in England und der Zeit in Deutschland bestehen sollte. Dies ist für die im Alltag benützte Zeitskala tatsächlich der Fall, die bekanntlich in Zeitzonen eingeteilt ist, wie z.B. osteuropäische Zeit, mitteleuropäische Zeit und westeuropäische Zeit. Die Atomzeitskala ist aber weltweit in gleicher Weise, also ohne Einteilung in Zeitzonen, definiert. Wir können daher das Problem der Zeitzonen außer Acht lassen.

Wir müssen also die endliche Laufzeit der Radiosignale beim Aufbau der Atomzeitskala berücksichtigen. Dies können wir auf verschiedene Art tun (Bild 4.4).

Am einfachsten überschaubar ist folgendes Verfahren zur Synchronisation von zwei Uhren in verschiedenen Laboratorien. Genau in der Mitte zwischen den beiden

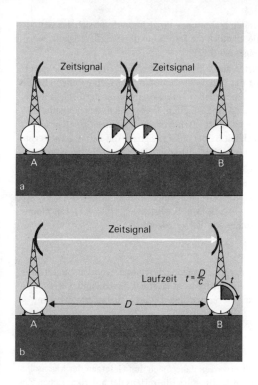

Bild 4.4a Treffen die Zeitzeichen gleichzeitig bei einem Empfänger in der Mitte zwischen den Uhren ein, so sind die Uhren A und B synchronisiert.

Bild 4.4b Bei bekanntem Abstand D kann man Uhren auch dadurch synchronisieren, daß man die Laufzeit $t = D/c$ von einer Uhr zu anderen berücksichtigt. Derartige Laufzeitmessungen werden im Weltuhrensystem ständig durchgeführt.

Atomuhren bringen wir einen Empfänger an. Wenn das Zeitzeichen „12 Uhr" von beiden Uhren zugleich beim mittleren Empfänger eintrifft, dann sind die Uhren synchronisiert. In der Praxis geht man aber auch oft so vor, daß man aus dem bekannten Abstand D der beiden Uhren und dem Wert der Lichtgeschwindigkeit die Laufzeit des Signals

$$t = D/c$$

errechnet und dann den Effekt der endlichen Laufzeit des Radiosignals bei der Synchronisation der Uhren korrigiert.

Um Uhren in verschiedenen Laboratorien zu synchronisieren, das heißt auf gleichen Stand zu bringen, werden Zeitzeichen ausgetauscht. Dabei muß entweder

- die Laufzeit der Zeitsignale berücksichtigt werden oder
- die Zeitsignale müssen bei einem in der Mitte zwischen den Laboratorien befindlichen Empfänger zugleich eintreffen.

Erst diese Synchronisation des Uhrennetzes der Welt ermöglicht es festzustellen, ob zwei Ereignisse in verschiedenen Ländern **gleichzeitig** stattfinden oder nicht. In dieser völlig harmlos erscheinenden technischen Prozedur verbirgt sich das Grundproblem der Relativitätstheorie, nämlich die Definition der Gleichzeitigkeit, wie die nähere Analyse in Kapitel 6 zeigen wird.

In die hier gegebenen Vorschriften zur Synchronisation von Uhren ist — vielleicht von Ihnen unbemerkt — bereits das Prinzip der Konstanz der Lichtgeschwindigkeit eingegangen. Wir haben angenommen, daß sich Radiosignale auf der Erde in jeder Richtung mit gleicher Geschwindigkeit ausbreiten. Diese Annahme widerspricht der klassichen Physik. Was wäre nach den alten Äthervorstellungen zu erwarten? Beschränken wir uns der Einfachheit halber auf Zeitsignale, die sich in bzw. gegen die hypothetische Erdbewegung im Äther ausbreiten. Die Geschwindigkeit dieser Signale sollte dann $c + v$ oder $c - v$ sein.

Betrachten wir beispielsweise das Zeitsignal des National Bureau of Standards in den USA. Dieses Laboratorium befindet sich in einer Entfernung $D = 9000$ km von der physikalisch-technischen Bundesanstalt in Braunschweig (Bild 4.5). Das amerikanische Zeitsignal sollte dort daher mit der Verzögerung

$$t_1 = \frac{D}{c-v}$$

eintreffen, wenn es sich entlang der Erdbewegung durch den Äther ausbreitet, was z.B. mittags der Fall sein möge. Um Mitternacht läuft das Signal dann wegen der täglichen Drehung der Erde in die Gegenrichtung. Dieses Signal müßte daher mit der Verspätung

$$t_2 = \frac{D}{c+v}$$

in Braunschweig ankommen. Wir erwarten daher nach den Gesetzen der klassischen Physik eine ständig wechselnde Verspätung des Eintreffens der amerikanischen Zeitsignale in Europa.

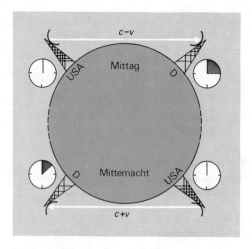

Bild 4.5 Gemäß der Äthertheorie sollten sich Radiosignale auf der Erde mit unterschiedlicher Geschwindigkeit ausbreiten. Das Zeitsignal aus USA sollte z.B. mittags in Deutschland mit größerer Verzögerung eintreffen, als um Mitternacht.

Berechnen wir die Größe dieses Effekts! Der Unterschied zwischen den beiden Laufzeiten beträgt

$$\Delta t = t_1 - t_2 = \frac{D}{c-v} - \frac{D}{c+v} = D\frac{2v}{c^2-v^2} \simeq \frac{2Dv}{c^2}$$

Setzen wir die Zahlwerte D = 9000 km, v = 30 km/s, c = 300 000 km/s ein, so ergibt sich

$$\Delta t = \frac{2 \cdot 9000 \text{ km} \cdot 30 \text{ km/s}}{9 \cdot 10^{10} \text{ km}^2/\text{s}^2} = 6 \cdot 10^{-6} \text{ s} = 6\,\mu\text{s}$$

Die Äthertheorie läßt daher Unterschiede in den Laufzeiten erwarten, die 60mal größer als die Meßgenauigkeit $-0,1\,\mu s$ – des Empfangs der Zeitsignale sind. Dieser Effekt müßte leicht meßbar sein. Experimentell beobachtet man jedoch, daß die Zeitsignale stets mit der gleichen Verzögerung eintreffen. Daraus folgt, daß sich auch auf der Erde Radiowellen in allen Richtungen mit der gleichen Geschwindigkeit c = 300 000 km/s ausbreiten.

Das Prinzip der Konstanz der Lichtgeschwindigkeit wird also heute durch ständig durchgeführte Routinemessungen im weltweiten Uhrensystem bestätigt. Gäbe es tatsächlich einen Äther, so würde die Synchronisation des Uhrennetzes durch die ständig wechselnde Ausbreitungsgeschwindigkeit der Zeitsignale fast unmöglich gemacht!

> Die Synchronisation des Uhrennetzes der Welt bestätigt das Prinzip der Konstanz der Lichtgeschwindigkeit. Nach der Äthertheorie wären ständig wechselnde Laufzeiten der Zeitsignale zu erwarten, die experimentell nicht beobachtet werden.

4.3 Die Atomzeit TAI und die Weltzeit UTC[3]

Die vorhergehenden Überlegungen haben gezeigt, wie man die Uhren in den sieben Laboratorien, die zur Internationalen Atomzeit TAI beitragen, synchronisiert. Durch laufende Übermittlung und Messung von Zeitsignalen ist es möglich, die Uhren sowohl stets auf gleichem Stand zu halten, als auch durch Mittelungen kleine Unterschiede im Uhrengang auszugleichen. Die so gewonnene Zeitskala wird von der „Commission Nationale de l'Heure" in Paris kontrolliert und in den einzelnen Ländern durch Radiosender verbreitet. In Deutschland geschieht dies durch den Langwellensender DCF 77 in der bei Darmstadt gelegenen Funksendestelle Meinflingen der Deutschen Bundespost.

Die internationale Atomzeit TAI ist allerdings nicht die Zeit, die wir als Zeitsignal über die üblichen Rundfunk- und Fernsehstationen übermittelt bekommen. Im Alltag richtet man sich nämlich nicht nach der Atomzeit, sondern nach der **Universal Time Coordinated UTC**, die sich derzeit um 14 Sekunden von TAI unterscheidet (Bild 4.6).

Der Grund für den Unterschied ist folgender: Im Alltag ist die Erddrehung für die Festlegung von Tag und Nacht und damit auch der Zeit ausschlaggebend. Mittag

Bild 4.6 Die Uhren der physikalisch-technischen Bundesanstalt in Braunschweig zeigen sowohl die mitteleuropäische Zeit, als auch die Atomzeit an. Der Unterschied von einer Stunde ist durch eine Zeitzone bedingt. Die weitere Differenz von 14 s ist auf das Langsamerwerden der Erddrehung seit der Jahrhundertwende zurückzuführen.

und Mitternacht sind durch den Sonnenstand definiert, also durch den Drehwinkel der Erde, der als Zeitmaß dient. Diese Zeit nennt man UT, was für "Universal Time" steht. Allerdings dreht sich die Erde nicht gleichmäßig, wie bereits erste Messungen mit Quarzuhren im Jahre 1935 zeigten.

Die Maßeinheit „Sekunde" des internationalen Maßsystems SI wurde aber so definiert, daß 86 400 s der Tageslänge des Jahres 1900 entsprechen. Da die Tage seither länger geworden sind, hat ein Tag heute etwas mehr als 86 400 s. Dies gleicht man durch die Einführung von Schaltsekunden aus. Dadurch hinkt die im Alltag gebräuchliche Weltzeit UTC heute bereits um 14 s hinter der Atomzeit TAI nach, obwohl beide am 1. Januar 1958 auf gleichen Stand gebracht wurden.

Die Schaltsekunden werden nach Bedarf jeweils am letzten Juni- bzw. Dezembertag eingefügt, der dann 86 401 s hat.

Verschiedene Ursachen tragen zu dieser Unregelmäßigkeit der Erddrehung bei. Zunächst stimmt die Drehachse der Erde mit der geometrischen Erdachse nicht überein. Der Durchstoßpunkt der Drehachse durch die Erdoberfläche bewegt sich vielmehr mit einer Periode von etwa 14 Monaten um einige Meter. Dadurch entstehen für einen Beobachter auf einem festen Punkt auf der Erdoberfläche scheinbare Schwankungen der Drehfrequenz der Erde, die etwa eine Sekunde pro Jahr betragen.

Ferner bewirken die jahreszeitlich bedingten Bewegungen der Erdatmosphäre unregelmäßige Schwankungen der Erddrehung, die bis zu 70 ms betragen können.

Schließlich deuten die Messungen darauf hin, daß sich die Drehung der Erde durch die Gezeitenreibung allmählich verlangsamt. Dadurch steigt die Tagesdauer jährlich um etwa $1{,}7 \cdot 10^{-5}$ s an.

Eine eindrucksvolle Bestätigung dieses Effekts brachte die „Korallenuhr".[4] Manche Korallenarten lagern täglich eine mikroskopisch sichtbare Kalkschicht an, deren Dicke im Laufe des Jahres wechselt. An Korallen aus dem Devon (vor etwa 400 Millionen Jahren) konnte man zeigen, daß das Jahr damals etwa 400 Tage hatte.

4.4 Das LORAN-C Netzwerk

Wir haben nunmehr die wichtigsten Tatsachen über das Zeitnetz der Welt kennengelernt. Man verfügt heute weltweit über die universellen Zeitskalen TAI bzw. UTC, die jeweils eine Genauigkeit von etwa 0,5 μs aufweisen. Es erhebt sich die Frage, warum man an derart genauen Zeitmessungen überhaupt interessiert ist. Als Beispiel einer Anwendung von Atomuhren und des Zeitnetzes betrachten wir das LORAN-C System.[5] Die Abkürzung LORAN bedeutet dabei **LO**ng **R**ange **A**id to **N**avigation, also „Langreichweitige Navigationshilfe". Mit diesem System bestimmen Schiffe ihre Position auf See. Die Grundidee ist sehr einfach (Bild 4.7).

Ein Schiff erhält Zeitsignale von zwei Radiosendern. Infolge der Entfernung des Schiffes von den beiden Sendern, die wir mit d_1 bzw. d_2 bezeichnen wollen, treffen diese Signale mit der Laufzeitverzögerung

$$t_1 = d_1/c \quad \text{bzw.} \quad t_2 = d_2/c$$

ein. Diese beiden Laufzeitverzögerungen können mit Hilfe einer an Bord befindlichen Atomuhr bestimmt werden. Daraus kann man sofort die Abstände d_1 bzw. d_2 des Schiffes zu den beiden Sendern berechnen. Beträgt die Meßgenauigkeit $\Delta t = 5 \cdot 10^{-7}$ s, so folgt für die Genauigkeit dieser Abstandsbestimmungen

$$\Delta d = c\Delta t = 300\,000 \text{ km/s} \cdot 5 \cdot 10^{-7} \text{ s} = 150 \text{ m}.$$

Auf 150 m genau kann also der Kapitän die Distanz zu beiden Sendern festlegen und aus dem Schnittpunkt der beiden entsprechenden Kreise die Lage seines Schiffes feststellen (die Kreise haben allerdings noch einen zweiten Schnittpunkt, der im allgemeinen aber auf dem Festland liegt).

Das LORAN-C Netzwerk ist heute eines der wichtigsten Hilfsmittel zur Schiffsnavigation. Es ist interessant, daß dieses System aufgrund der klassischen Physik nicht

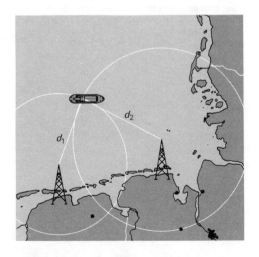

Bild 4.7 Die Laufzeit der LORAN-C Signale erlaubt es, die Position eines Schiffes auf See auf wenige hundert Meter genau festzulegen.

funktionieren würde. Die unterschiedliche Ausbreitungsgeschwindigkeit der Radiosignale, die aus dem Ätherkonzept folgt, hätte Mißweisungen der Schiffe zur Folge. Eine einfache Abschätzung zeigt, daß die von der klassischen Physik geforderte Ausbreitungsgeschwindigkeit $c \pm v$ der Radiosignale Kursabweichungen der Schiffe bis zu 1 km bewirken würde: Sogar die Seefahrt zeigt also heute, daß die alten Ideen über Raum und Zeit nicht richtig sind, und daß die Lichtgeschwindigkeit in allen Richtungen gleich groß ist. Hier sehen wir ein Beispiel dafür, daß die Abweichungen von den Gesetzen der klassischen Physik heute bereits den Bereich der Technik zu beherrschen beginnen! Ein neues Satellitennavigationssystem, das derzeit für militärische Zwecke geplant ist, wird sogar Positionsbestimmungen mit einer Genauigkeit von wenigen Metern ermöglichen. Auch hier würden sich täglich wechselnde Mißweisungen von Kilometergröße ergeben, wenn die Geschwindigkeit von Radiosignalen nur im Äther und nicht auf der Erde in allen Richtungen gleich wäre.

Aufgaben

4.1 Nennen Sie die experimentellen und theoretischen Gründe, die dafür maßgebend sind, daß die Sekunde heute mit Hilfe von Atomuhren und nicht mittels der Erdrotation definiert wird.

4.2 Angenommen, Sie leben 100 Kilometer von einem Radiosender entfernt und berücksichtigen die Laufzeit des Zeitsignales nicht. Wie groß ist der Fehler den Sie dadurch begehen? Vergleichen Sie diesen Fehler mit der Laufzeit des Schalles (Schallgeschwindigkeit $c_s \simeq 330$ m/s) von Ihrem 2 m entfernten Radio bis an Ihr Ohr!

4.3 Die Milchstraße rotiert in etwa 200 Millionen Jahren einmal um ihre Achse. Die Erde ist rund 30 000 Lichtjahre vom Zentrum der Milchstraße entfernt. Mit welcher Geschwindigkeit v rotiert daher das Sonnensystem um dieses Zentrum?

4.4 Ein Schiff befindet sich genau zwischen zwei LORAN-C Sendern, die jeweils 1000 Kilometer von ihm entfernt sind. Welcher Fehler in der Positionsbestimmung ergibt sich, wenn der Kapitän die Konstanz der Lichtgeschwindigkeit unberücksichtigt läßt und die klassische Äthertheorie verwendet? Nehmen Sie dabei an, daß die Lichtgeschwindigkeit in den betrachteten Richtungen $c + v$ bzw. $c - v$ ist und die Geschwindigkeit der Erde im Äther $v = 200$ km/s beträgt (Dies entspricht der Geschwindigkeit, mit der das Sonnensystem um das Zentrum unserer Milchstraße rotiert).

5 Bewegte Uhren und die Zeitdilatation

In diesem Kapitel soll eine erste Folgerung aus den Grundprinzipen der Relativitätstheorie gezogen werden. Sie wird unsere durch Alltagserfahrung gewonnene Ansicht über Zeit wesentlich verändern.

5.1 Die bewegte Lichtuhr

In Kapitel 2 haben sie die beiden Postulate kennengelernt, die die Grundlage der speziellen Relativitätstheorie bilden:

Das **Relativitätsprinzip** besagt, daß physikalische Vorgänge in allen Inertialsystemen nach den gleichen Gesetzmäßigkeiten ablaufen. Ein Experiment, wie z.B. die Bestimmung der elektrischen Elementarladung, liefert das gleiche Ergebnis, gleichgültig ob wir es hier auf der Erde oder auf dem Mond, im ruhenden Labor oder in einer dahinrasenden Rakete, heute oder morgen ausführen. Ohne die Gültigkeit des Relativitätsprinzips wäre Physik und Technik fast unmöglich. Die Suche nach universellen Naturgesetzen wäre hoffnungslos, wenn die Wiederholung eines Experiments in jedem Inertialsystem ein anderes Ergebnis liefern würde! Auch technische Großtaten wie die Mondlandung wären undurchführbar, wenn man nicht wüßte, welchen Gesetzen die Physik auf dem Mond gehorcht.

Dem **Prinzip der Konstanz der Lichtgeschwindigkeit** gemäß hat Licht in allen Inertialsystemen die gleiche Ausbreitungsgeschwindigkeit. Sie haben gesehen, wie dadurch sowohl die Arbeit des Uhrennetzes der Welt, als auch moderner Navigationssysteme möglich wird.

Welche Überraschungen diese beiden Grundprinzipe der Relativitätstheorie in sich bergen, wird sich am Beispiel des Ganges einer bewegten Uhr zeigen. Im Alltag gehen wir von der Annahme aus, daß der Gang einer Uhr nicht dadurch beeinflußt wird, ob die Uhr bewegt ist oder ruht. Was sagt die Relativitätstheorie darüber aus?

Um die folgenden Überlegungen zu erleichtern, konstruieren wir zunächst in Gedanken eine möglichst einfache Uhr. In der „Lichtuhr" ist die Unruh ein hin- und herlaufendes Lichtsignal (Bild 5.1).

Für die Wahl der Lichtuhr ist ausschlaggebend, daß sowohl die Funktion ruhender als auch bewegter Lichtuhren durch das Relativitätsprinzip und die Konstanz der Lichtgeschwindigkeit vollständig bestimmt ist. Die Lichtuhr besteht aus einem Zylinder an dessen oberen Ende sich eine Blitzlampe befindet. Ein von der Lampe ausgesendeter Lichtblitz durchläuft den Zylinder und wird am unteren Ende von einem Spiegel reflektiert. Wenn der Lichtblitz wieder am oberen Ende eintrifft, soll von der Lampe sofort ein neuer Lichtblitz ausgesendet werden. Außerdem rückt die Anzeige um eine Zeiteinheit weiter. Damit haben wir eine vollständige Uhr. Die Zeit, die der Lichtstrahl zum Hin- und Rücklauf benötigt, ist die Zeiteinheit dieser Uhr. Ist die Länge des Zylinders beispielsweise $l = 15$ cm, dann ist die Zeiteinheit

$$t = 2l/c = 10^{-9}\,\text{s} = 1 \text{ Nanosekunde (ns)}.$$

Wir haben bereits gesehen, daß so kleine Zeitspannen bei der Arbeit des Weltuhrensystems eine bedeutende Rolle spielen.

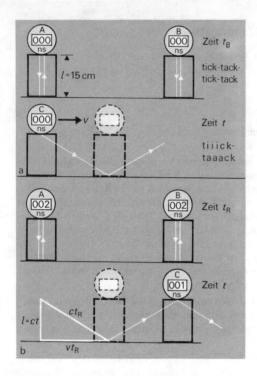

Bild 5.1a Die beiden Uhren A und B ruhen relativ zueinander und sind synchronisiert. Die Uhr C bewegt sich mit der Geschwindigkeit $v = c\sqrt{3}/2$ an A und B vorbei. Die Zeitangabe t der Uhr C wird beim Passieren der Uhren A und B mit deren Anzeige t_R verglichen. Befindet sich C unter A, so zeigen alle Uhren gerade Null. Bis C zu B gelangt, ...

Bild 5.1b ... läuft in den Uhren A und B das Lichtsignal *zweimal* ab und auf, während in der Uhr C das schräg laufende Lichtsignal nur *einmal* ab und auf läuft.

Wir betrachten nun zwei in einem Inertialsystem I ruhende Uhren A und B (Bild 5.1). Diese Uhren sollen synchronisiert sein, indem sie z.B. vom Licht einer Blitzlampe in Gang gesetzt wurden, die man genau in der Mitte zwischen den beiden Uhren gezündet hatte.

Eine dritte Uhr C bewege sich nun relativ zu A und B mit der Geschwindigkeit v von links nach rechts. In bezug auf die ruhenden Uhren läuft das Licht in der bewegten Uhr schräg auf und ab. Es legt daher einen längeren Weg als in den ruhenden Uhren zurück. Das *„tick-tack"* der ruhenden Uhren wird zum *„tiiick-taaack"* der bewegten Uhr. Diesen Effekt bezeichnet man als **Zeitdilatation**.

Um die Zeitdilatation zu berechnen, müssen wir feststellen, welche Beziehung zwischen der Zeitangabe t der bewegten Uhr C und der Zeit t_R besteht, die wir an den ruhenden Uhren ablesen. Läuft das Lichtsignal in der bewegten Uhr C einmal hinab, so zeigt C die Zeit $t = l/c$ an. Vom Standpunkt der bewegten Uhr hat das Lichtsignal ja lediglich die Zylinderlänge l zurückgelegt.

Vom Standpunkt der ruhenden Uhren dagegen hat das Lichtsignal einen wesentlich längeren Weg zurückgelegt und dazu die Zeit t_R benötigt, die wir mit Hilfe von Bild 5.1b berechnen können. Aus dem pythagoreischen Lehrsatz folgt nämlich

$$l^2 + (vt_R)^2 = (ct_R)^2.$$

Setzen wir hier $t = l/c$ oder $l = ct$ ein, so ergibt sich

$$(ct)^2 + (vt_R)^2 = (ct_R)^2,$$

oder, wenn wir nach t auflösen

$$t = t_R \sqrt{1 - v^2/c^2}\,.$$

Damit haben wir den gesuchten Zusammenhang zwischen der Zeitangabe t der bewegten Uhr und der Zeitangabe t_R der ruhenden Uhren gefunden.

Dabei ist es tatsächlich zweckmäßig von mindestens zwei ruhenden Uhren auszugehen. Zunächst fliegt nämlich Uhr C an der ruhenden Uhr A vorbei, wobei beide auf Null gestellt werden sollen, $t = t_R = 0$ (Bild 5.1a). Da sich C weiterbewegt, kann diese Uhr später nicht wieder mit A verglichen werden, sondern nur mit der zweiten ruhenden Uhr B. Dabei muß B mit A synchronisiert sein, um den Zeitvergleich zwischen der Angabe t der bewegten Uhr C und der Anzeige t_R von B sinnvoll zu machen.

Es wäre auch möglich, von C Signale zurück an A zu übermitteln und so den Zeitvergleich durchzuführen. Dabei muß allerdings die Laufzeit der Signale berücksichtigt werden.

Man könnte einwenden, daß bereits diese erste Folgerung aus den beiden Prinzipien der Relativitätstheorie im Widerspruch zum Relativitätsprinzip steht. Folgendes Argument scheint dies zu zeigen: Die Herleitung ergab, daß die bewegte Uhr C langsamer als die ruhenden Uhren A und B geht. Das Relativitätsprinzip besagt aber, daß die Bezeichnungen „*bewegt*" und „*ruhend*" nicht absolut, sondern relativ sind. Wir können daher ebenso C als ruhend betrachten und A bzw. B als bewegt ansehen. Sollten nicht analoge Überlegungen nunmehr zum Ergebnis führen, daß die bewegte Uhr A (oder B) langsamer als C geht? Da offensichtlich C nicht sowohl langsamer als auch schneller als A und B laufen kann, behaupten manche Kritiker auch heute noch, damit sei „der ganze anmaßende Schwindel der Relativitätstheorie widerlegt". Es gibt hunderte von Artikeln zu diesem Problem und sogar einige Bücher darüber.[1]

Wir werden hier sehen, wie sich der scheinbare Widerspruch durch sorgfältige Analyse der Uhrenablesungen auflösen läßt. Man braucht lediglich zu berücksichtigen, daß die Verlangsamung der bewegten Uhr C nur dadurch festgestellt werden kann, daß C an *zwei* ruhenden Uhren vorbeifliegt. Sehen wir dagegen C als ruhend an, so fliegen nacheinander die beiden Uhren A und B mit der Geschwindigkeit $-v$ vorbei. C kann dabei zwar den momentanen *Stand* jeder der beiden Uhren ablesen, jedoch keine Aussage über den *Gang* von A und B machen.

Zur Beurteilung des Ganges einer bewegten Uhr ist also ein Satz von zumindest **zwei** synchronisierten Uhren erforderlich, welche die Zeit t_R angeben. Die „gedehnte" Zeit t wird dagegen an **einer** Uhr abgelesen, die sich an dem Uhrensatz vorbeibewegt. Wir fassen zusammen:

> Bewegt sich eine Uhr an einem Satz synchronisierter Uhren vorbei, der in einem Inertialsystem ruht, so geht sie im Vergleich zu diesen Uhren langsamer. Dies meinen wir, wenn wir kurz sagen:
> **„Eine bewegte Uhr geht langsamer".**
> Zeigt die bewegte Uhr die Zeit t und der Uhrensatz die Zeit t_R an, so gilt der Zusammenhang
>
> $$t = t_R \sqrt{1 - v^2/c^2},$$
>
> wobei v die Relativgeschwindigkeit zwischen der bewegten Uhr und dem Uhrensatz ist.

Im Sinne des Relativitätsprinzips ist es dabei gleichgültig, ob wir den synchronisierten Uhrensatz oder die eine Uhr als ruhend oder bewegt betrachten. Nur die Relativbewegung ist für die Zeitdilatation ausschlaggebend.

Die bisherigen Überlegungen beziehen sich nur auf Lichtuhren. Es stellt sich die Frage, wie sich bewegte mechanische und elektrische Uhren verhalten. Unterliegen auch sie der Zeitdilatation? Gehen alle Uhren, also auch Atomuhren, nach der gleichen Gesetzmäßigkeit langsamer, wenn sie bewegt werden?

Im Sinne der Relativitätstheorie müssen wir diese Frage mit ja beantworten.

Zeigt nämlich irgendeine Uhr ein anderes Verhalten als die Lichtuhr, so könnten wir den Gang der beiden Uhren in verschiedenen Inertialsystemen vergleichen und würden Abweichungen feststellen. Dabei gäbe es ein System, in dem die beiden Uhren die geringste Gangabweichung aufweisen. Diese Auszeichnung eines Inertialsystems stünde im Widerspruch zum Relativitätsprinzip, das dadurch, ebenso wie alle weiteren Überlegungen, ungültig würde.

Neben den Uhren, die wir bisher aufgezählt haben, gibt es noch eine Vielzahl anderer Uhren, für die das gleiche gelten muß. Beim radioaktiven Zerfall wandeln sich instabile Atomkerne in andere Kerne um. Dabei zerfällt während einer für die betrachtete Kernart charakteristischen Halbwertszeit immer gerade die Hälfte der ursprünglich vorhandenen Kerne. Indem man dieses Zerfallsgesetz zur Zeitmessung verwandte, konnte man z.B. das Alter der Erde oder den Zeitpunkt der Entstehung der Steinkohlenlager bestimmen.

Für die experimentelle Bestätigung der Relativitätstheorie ist der Zerfall instabiler Elementarteilchen eine besonders wichtige Uhr. Im Abschnitt 5.3 werden Sie Experimente kennenlernen, die zeigen, daß die mittlere Lebensdauer instabiler Teilchen zunimmt, wenn sie schnell bewegt werden.

Aber auch Menschen, Tiere und Pflanzen kann man als Uhren ansehen, als 'biologische Uhren'. Denken wir an die Jahresringe eines Baumes oder das Gebiß eines Pferdes, das dem Kenner etwas über das Alter aussagt. Und wir selbst sind recht geübt darin, aus dem Aussehen eines Mitmenschen auf dessen Alter zu schließen.

Biologische Uhren mögen schlechte Uhren sein, aber unverkennbar zeigen auch sie den Verlauf der Zeit an. Da sie letztlich aus Atomen aufgebaut sind, nehmen wir an, daß auch für biologische Uhren die Zeitdilatation gilt.

Abschließend behandeln wir noch ein Problem, dem wir in Zusammenhang mit der Messung der Zeitdilatation begegnen werden. Dort bewegt sich *eine* Uhr auf einer Kreisbahn und wird mit *einer* auf der Erde ruhenden Uhr verglichen. Dabei zeigt sich, daß die bewegte Uhr um den oben berechneten Faktor langsamer als die ruhende Uhr geht. Da die bewegte Uhr dabei immer wieder zur gleichen Stelle zurückkehrt, ist kein synchronisierter Uhrensatz im Laboratorium erforderlich, was die Messungen erleichtert. Da hier nur eine ruhende und eine bewegte Uhr vorliegen, scheint die Zeitdilatation nun doch zu einem Widerspruch zu führen! Um dies zu klären, betrachten wir die in Bild 5.2 gezeigte Situation. Die im Labor ruhenden Uhren A und $B_1, B_2, \ldots$ seien synchronisiert und die Kreisbahn der bewegten Uhr durch ein Polygon ersetzt, so daß wir die Uhr auf jedem Wegstück als gleichförmig bewegt ansehen können. Dann können wir die obigen Überlegungen auf jedes der Wegstücke anwenden. Auf jedem Wegstück geht die bewegte Uhr um den oben berechneten Faktor langsamer als der synchronisierte Satz ruhender Uhren. Daher zeigt die Uhr C auch nach der Rückkehr zu A eine um den entsprechenden Faktor geringere Zeit t an als die ruhende Uhr A. Können wir aber nicht auch Uhr C als ruhend betrachten und A als bewegt? Dies ist *nicht möglich*, da die Uhr C nicht in einem Inertialsystem ruht und die Grundprinzipien der Relativitätstheorie nur in Inertialsystemen gültig sind. In einem beschleunigten Bezugssystem hat beispielsweise die Lichtgeschwindigkeit nicht den gleichen Wert wie in einem Inertialsystem. Wir können daher die obige Argumentation nicht umkehren und dürfen C nicht als ruhend ansehen.

5.2 Experimente mit Atomuhren

Die Vorhersage der Zeitdilatation war das wohl sensationellste Ergebnis der speziellen Relativitätstheorie. Schien doch die Existenz einer absoluten Zeit dem „gesunden Menschenverstand" zu entsprechen. Auch die gesamte Physik hatte durch Jahrhunderte auf dem Begriff der absoluten Zeit aufgebaut. Es war daher

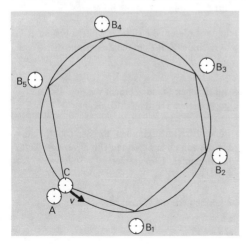

Bild 5.2 Bewegt sich eine Uhr auf einer Kreisbahn, so ersetzen wir ihre Bahn durch ein Polygon und denken uns Uhren an den Ecken angebracht. Dann können wir die frühere Überlegung anwenden.

von fundamentaler Bedeutung, die radikale Änderung des Zeitbegriffs, welche die Zeitdilatation mit sich brachte, auch experimentell zu bestätigen.

Die Messung der Zeitdilatation erwies sich jedoch zunächst als überaus schwierig. Wie sollte man Uhren hinreichend schnell bewegen? Mehr als drei Jahrzehnte mußte man vergeblich auf eine direkte Bestätigung der theoretischen Vorhersage warten. Erst im Jahre 1938 gelang den beiden amerikanischen Physikern Ives und Stillwell der experimentelle Nachweis und die erste Messung der Zeitdilatation.[2]

Ives und Stillwell nützten in ihrem Experiment die Tatsache aus, daß man Atome unschwer auf die erforderlichen 'relativistischen' Geschwindigkeiten beschleunigen kann. Die Frequenz des Lichtes, das von bewegten Atomen ausgesendet wird, kann dabei als Uhr herangezogen werden. Da die Diskussion dieses ersten, historischen Experimentes zur Zeitdilatation einigen mathematischen Aufwand erfordert, werden wir statt der Messungen von Ives und Stillwell moderne Experimente mit Atomuhren unseren Überlegungen zugrunde legen. Diese Experimente haben den Vorteil, daß sie einen besonders direkten Einblick in die Aussagen der Relativitätstheorie gewähren. Allerdings spielt bei diesen Messungen neben dem relativistischen Geschwindigkeitseffekt ein zusätzlicher Einfluß eine wichtige Rolle. Es ist der relativistische Gravitationseffekt. Er besagt, daß Uhren in der Nachbarschaft großer Körper, beispielsweise der Erde, langsamer gehen als im Weltraum. Das Vergehen der Zeit hängt damit nicht nur von der Bewegung der Körper ab, sondern auch von dem Gravitationsfeld, in dem sie sich befinden.

Der Gravitationseffekt macht sich auch auf der Erde bemerkbar, nämlich dann, wenn Uhren sich in unterschiedlicher Höhe befinden. Eine Uhr an einem höher gelegenen Ort geht schneller als eine Uhr an einem tieferen Ort. Bei den Experimenten mit Atomuhren werden Uhren in Flugzeugen transportiert. Dabei wird deren Gang mit dem Gang von Uhren am Boden verglichen. Bei der Auswertung der Messungen muß daher der unterschiedliche Einfluß der Gravitation berücksichtigt werden. Um den Gedankengang hier nicht zu unterbrechen, geben wir zunächst nur die benötigte Formel an und werden in Abschnitt 5.5 deren Herleitung bringen:

> Eine Uhr, die sich im Schwerefeld der Erde um die Höhe H weiter oben befindet als eine Vergleichsuhr, geht nach der Zeit t um die Zeitspanne
> $$\Delta t_g = \frac{gH}{c^2} t$$
> vor, wenn die Uhren anfänglich auf gleichen Stand gebracht wurden. Dabei ist $g = 9{,}8 \text{ m/s}^2$ die als konstant angenommene Erdbeschleunigung.

Wir fassen nun die beiden relativistischen Effekte zusammen. Für den Geschwindigkeitseffekt hatten wir hergeleitet, daß die von einer bewegten Uhr angezeigte Zeit t kleiner ist als die Zeitangabe t_R eines 'ruhenden' Uhrensatzes:

$$t = t_R \sqrt{1 - v^2/c^2} \; .$$

Für kleine Geschwindigkeiten $v \ll c$ können wir die Wurzel entwickeln:

$$t \approx t_R \left(1 - \frac{v^2}{2c^2}\right) = t_R - \frac{v^2}{2c^2} t_R .$$

Eine bewegte Uhr geht daher nach der Zeit t_R um die Zeitspanne

$$\Delta t_v = t - t_R = -\frac{v^2}{2c^2}\, t_R$$

nach, wenn die Uhren anfänglich auf gleichen Stand gebracht wurden.
Ist die bewegte Uhr außerdem noch in größerer Höhe H als die 'ruhenden' Uhren, z.B. in einem Flugzeug, so haben wir den Gravitationseffekt zum Geschwindigkeitseffekt hinzuzufügen. Der gesamte Zeitunterschied beträgt daher in diesem Fall

$$\Delta t = \Delta t_g + \Delta t_v = \frac{gH}{c^2}\, t - \frac{v^2}{2c^2}\, t = \left(\frac{gH}{c^2} - \frac{v^2}{2c^2}\right) t.$$

Dabei haben wir die Zeitangabe der ruhenden Uhr einfach mit t (statt t_R) bezeichnet.

Eine in der Höhe H mit der Geschwindigkeit v transportierte Uhr, weist im Vergleich zu einer am Boden ruhenden Uhr nach der Zeit t die Zeitdifferenz Δt auf:

$$\Delta t = \Delta t_g + \Delta t_v = \left(\frac{gH}{c^2} - \frac{v^2}{2c^2}\right) t.$$

Dabei bedeutet $\Delta t > 0$, daß die fliegende Uhr schneller geht als die ruhende.

Die folgenden Experimente haben die Überprüfung dieser Vorhersage der Relativitätstheorie zum Ziel.

Das Maryland-Experiment[3]

Zwischen September 1975 und Januar 1976 führte eine Forschergruppe der Universität von Maryland nach langwierigen Vorbereitungen ein Präzisionsexperiment zur Zeitdilatation durch. Mit Flugzeugen wurden Atomuhren auf etwa 10 000 m Höhe gebracht und der Gang der Uhren mit dem Gang von Atomuhren am Boden verglichen. Nach mehreren Testflügen wurden fünf Hauptflüge von je 15 Stunden Dauer durchgeführt.

Um Ihnen einen Eindruck von dem technischen Aufwand zu vermitteln, seien einige experimentelle Details genannt. Sowohl am Boden als auch im Flugzeug waren drei Atomuhren in speziellen Behältern untergebracht, die die Uhren vor Erschütterungen, Magnetfeldern, Temperaturschwankungen und Luftdruckschwankungen schützen sollten. Sowohl die Bodenstation als auch das Flugzeug waren mit einem Computer ausgerüstet, der die Zeitanzeige der Atomuhren, sowie sämtliche Meßwerte und Flugdaten speicherte und auswertete. Das Flugzeug, das sich auf einem fest vorgegebenen Kurs bewegte, wurde ständig per Radar überwacht. Nach jeweils einer Sekunde wurden die Position und die Geschwindigkeit bestimmt.

Die eigentliche Zeitmessung erfolgte auf zwei Arten. Erstens durch direkten Uhrenvergleich vor und nach dem Flug über etwa 20 Stunden hinweg. Zweitens durch einen Vergleich mit Laser-Lichtimpulsen während des Fluges: Laser-Impulse von 0,1 ns Dauer wurden vom Boden zum Flugzeug geschickt, dort registriert und reflektiert und von der Bodenstation neu aufgefangen. Die Zeit, zu der das Signal am

Flugzeug eintraf, wurde direkt an den Flugzeuguhren abgelesen. Am Boden wurde diese Zeit aus dem Mittelwert der beiden Zeiten ermittelt, zu denen der Laser-Impuls ausgesandt und wieder empfangen wurde. So konnte man auch während des Fluges die laufend zunehmende Differenz in der Zeitanzeige der beiden Uhren verfolgen. In Bild 5.3 ist die Abweichung der Zeitanzeige der Uhrengruppe im Flugzeug im Vergleich zur Anzeige der Uhren am Boden dargestellt. Aufgrund des Gravitationseffektes gehen die Flugzeuguhren während des Fluges schneller. Daraus resultiert eine positive Zeitdifferenz von etwa 53 ns. Der relativistische Effekt der Geschwindigkeit führt dazu, daß die Flugzeuguhren etwas langsamer gehen. Da man den Geschwindigkeitseffekt klein halten wollte, benutzte man für die Flüge ältere Turboprop-Maschinen, die nur eine Geschwindigkeit von knapp 500 km/h erreichen. So ergab sich aufgrund des Geschwindigkeitseffekts eine negative Zeitdifferenz von etwa −6 ns und damit ein Netto-Effekt von 53 ns − 6 ns = 47 ns. In Bild 5.4 werden die aufgrund der Flugdaten berechneten Zeitabweichungen mit den Meßwerten verglichen. Unter Berücksichtigung sämtlicher fünf Flüge und unter Einbeziehung aller Fehlerquellen ergibt sich als Gesamtergebnis

$$\frac{\text{Gemessener Effekt}}{\text{Berechneter Effekt}} = 0{,}987 \pm 0{,}016.$$

Damit hat man mit Atomuhren sowohl den relativistischen Effekt der Gravitation als auch den der Geschwindigkeit mit einer Genauigkeit von 1,6 % bestätigt.

Natürlich dienen solche Experimente nicht nur der Bestätigung der Relativitätstheorie. Zum Beispiel macht der Einsatz von Atomuhren für Navigationszwecke es erforderlich, die relativistischen Einflüsse genau zu kennen, um die notwendigen Korrekturen vornehmen zu können.

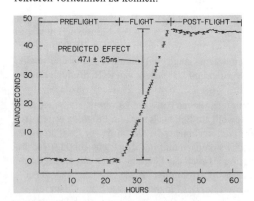

Bild 5.3 Die Originalmessungen des Maryland-Experiments: Über der Versuchsdauer (etwa 60 Stunden) ist die Zeitdifferenz $\Delta t = t$ (Flugzeug) $-t$ (Boden) aufgetragen, die sich aus der Anzeige der Flugzeuguhren und der Uhren am Boden ergibt. Die durchgezogenen Meßkurven vor und nach dem Flug entstanden durch direkten Uhrenvergleich. Während des Fluges wurden die beiden Uhrengruppen mit Laser-Lichtimpulsen verglichen. Die Fehlerbalken geben den Meßfehler bei der Laser-Übertragung an. Beachten Sie, daß die Kurve während des Fluges wegen unterschiedlicher Flughöhen verschiedene Steigungen hat.

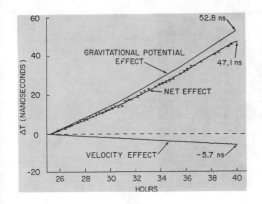

Bild 5.4 Anhand der genau bekannten Flugdaten (Flughöhe und Fluggeschwindigkeit) wurden die Zeitabweichungen für den Gravitationseffekt und den Geschwindigkeitseffekt berechnet. Die Summe der beiden Werte wird mit dem Ergebnis der Zeitmessung verglichen (Meßpunkte mit Fehlerbalken). Die nahezu völlige Übereinstimmung von berechneten und gemessenen Werten ist beeindruckend.

Atomuhren können heute die relativistischen Zeiteffekte mit einer Genauigkeit von etwa 1 % bestätigen.

Das Hafele-Keating-Experiment[4]

Das Maryland-Experiment ist zwar sehr aufwendig und präzise, es stellt aber nicht die erste Messung der Zeitdilatation mit Atomuhren dar. Bereits 1971 erfuhr die Öffentlichkeit von einem aufsehenerregenden Experiment. Das amerikanische Nachrichtenmagazin TIME berichtete in seiner Ausgabe vom 18. Oktober 1971 darüber:

A Question of Time

To most of the passengers on Pan American Flight 106 from Washington's Dulles International Airport, it was simply a routine trip to London. But for Physicist Joseph C. Hafele and his companion, Astronomer Richard Keating, it was the beginning of a journey into the most esoteric realms of modern science. Occupying four seats in the big 747's tourist compartment – two for themselves and two for their scientific gear – they were setting off on an extraordinary round-the-world odyssey: an expedition to test Albert Einstein's controversial "clock paradox," which, stated simply, implies that time passes more slowly for a rapidly moving object then for an object at rest (Bild 5.5).

Die physikalische Fachwelt war von dem Experiment des Physikers Joseph Hafele von der Washington-Universität in St. Louis und des Astronomen Richard Keating vom U.S. Naval Observatorium völlig überrascht und erblickte darin eine Art 'wissenschaftliches Lausbubenstück'. Man hatte wohl an zukünftige Experimente mit Raketen und Satelliten gedacht, die Geschwindigkeit von Flugzeugen hielt man aber für zu klein, um mit Atomuhren die relativistischen Effekte messen zu können.

Hafele und Keating hatten jedoch die Entwicklung der Atomuhren genau verfolgt. 1971 erreichte die Ganggenauigkeit einen solch hohen Stand, daß es ihrer Ansicht nach möglich sein sollte, die relativistischen Einflüsse auf den Gang von Uhren zu messen, die in Flugzeugen transportiert werden.

Bild 5.5 Hafele und Keating mit vier Atomuhren an Bord eines Verkehrsflugzeugs (aus TIME vom 18. Oktober 1971).

Dabei ergibt sich folgendes Problem, das uns auch schon beim Maryland-Experiment begegnet ist. Augrund des Gravitationseffektes gehen die Flugzeuguhren schneller als Vergleichsuhren am Boden. Der Geschwindigkeitseffekt wirkt sich aber gerade umgekehrt aus. Die Bewegung des Flugzeugs führt zu einem langsameren Gang der Flugzeuguhren. Eine grobe Abschätzung zeigt, daß beide Effekte etwa von gleicher Größe sind. Man mußte daher befürchten, daß sich beide Effekte nahezu aufheben und eine genaue Messung der Zeitdilatation mit Atomuhren auf diese Art nicht möglich ist.

Hafele und Keating hatten jedoch erkannt, daß diese Überlegung für Flüge rund um die Erde nicht gilt. Man muß in diesem Fall den Bewegungsablauf aus der Sicht eines Beobachters sehen, dessen Bezugssystem sich mit der Erde mitbewegt, das sich aber nicht mit der Erde dreht (Bild 5.6). Für diesen Beobachter bewegen sich nicht nur die Flugzeuguhren, sondern auch die Uhren auf der Erde: Aufgrund der Erdrotation hat eine Uhr am Äquator die Geschwindigkeit v_A = 40 000 km/24 h = 1 667 km/h.

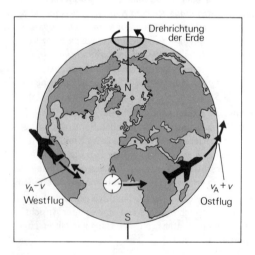

Bild 5.6 Das Hafele-Keating-Experiment aus der Sicht eines Beobachters im Weltraum.

Bei einem Flug in westlicher Richtung bewegt sich ein Flugzeug entgegengesetzt zur Erddrehung. Für unseren Beobachter ist dann die Geschwindigkeit des Flugzeugs kleiner als die Geschwindigkeit einer Uhr am Boden.

Die schneller bewegte Uhr auf der Erde wird somit langsamer gehen als die Flugzeuguhr. In gleichem Sinne wirkt auch der Gravitationseffekt. Auch hier geht die Uhr am Boden langsamer als die Uhr oben im Flugzeug. Beim Westflug addieren sich daher Gravitationseffekt und Geschwindigkeitseffekt. Nach einem Flug in westlicher Richtung rund um die Erde sollten demnach Flugzeuguhren im Vergleich zu Uhren am Boden vorgehen.

Bei einem Flug in östlicher Richtung sind die Verhältnisse anders. Jetzt bewegt sich das Flugzeug mit der Erddrehung und seine Geschwindigkeit ist größer als 1 667 km/h. Die schneller bewegte Flugzeuguhr geht im Vergleich zu einer Uhr am Boden nun langsamer. Gravitationseffekt und Geschwindigkeitseffekt wirken entgegengesetzt und heben sich teilweise auf. Es wird sich zeigen, daß der Geschwindigkeitseffekt etwas größer ist, so daß die Flugzeuguhr nach einer Erdumkreisung in östlicher Richtung nachgeht. Diese qualitativen Überlegungen zeigen, daß Flugzeuguhren nach einem Ostflug um eine kleine Zeitdifferenz nachgehen, während sie bei einem Westflug um eine deutlich größere Zeitdifferenz vorgehen werden.

Im Oktober 1971 flogen Hafele und Keating ausgestattet mit vier Atomuhren einmal in westlicher und einmal in östlicher Richtung um die Erde. Mit kommerziellen Uhren versuchten sie in gewöhnlichen Verkehrsmaschinen vor den Augen der Passagiere das zu bestätigen, was zu Beginn dieses Jahrhunderts erstmals ein Mensch zu denken wagte, nachdem es über all die Jahrhunderte hinweg undenkbar schien: *Die Zeit vergeht nicht absolut!*

Eine zahlenmäßige Abschätzung der zu erwartenden Meßergebnisse soll unsere qualitativen Übrlegungen ergänzen. Der Gravitationseffekt wirkt sich bei Ost- und Westflug in gleicher Weise aus. Wenn wir allein den Einfluß des Schwerefeldes betrachten, dann gehen die Flugzeuguhren nach einer Erdumkreisung um die Zeit Δt_g vor:

$$\Delta t_g = \frac{gH}{c^2} t$$

t ist die Gesamtflugzeit. Sie beträgt bei einer durchschnittlichen Reisegeschwindigkeit von $v = 800$ km/h etwa $t = 40\,000$ km/$v = 50$ Stunden. Nehmen wir als mittlere Flughöhe $H = 10\,000$ m an, so erhalten wir $\Delta t_g = 196$ ns.

Nach einer Erdumkreisung gehen die Flugzeuguhren aufgrund des Gravitationseffektes verglichen mit Uhren auf der Erde um 196 Nanosekunden vor.

Nun berechnen wir die Zeitdifferenz, die durch die Bewegung der Uhren hervorgerufen wird. Für unseren Beobachter (Bild 5.6) bewegen sich sowohl die Flugzeuguhren als auch die Uhren am Boden auf einer Kreisbahn. Damit führen alle Uhren eine beschleunigte Bewegung aus und keine der beiden Uhrengruppen kann als in einem Inertialsystem ruhend angesehen werden. Stellen wir uns daher vor, es wären Uhren vorhanden, die im Inertialsystem unseres Beobachters ruhen. Sie sollen die Zeit t_I anzeigen. Eine am Äquator aufgestellte und durch die Erddrehung bewegte Uhr A geht dann langsamer als diese Uhren. Zeigt die Uhr A die Zeit t_A an, so gilt

$$t_A = t_I \sqrt{1 - v_A^2/c^2}.$$

$v_A = 1\,667$ km/h ist die Geschwindigkeit einer am Äquator aufgestellten Uhr für unseren Beobachter.

Eine entsprechende Gleichung gilt für die Zeit t_B, die eine Flugzeuguhr anzeigt:

$$t_B = t_I \sqrt{1 - v_B^2/c^2}\ .$$

Die Geschwindigkeit v_B des Flugzeugs ist bei Ost- und Westflug verschieden.

Bei Ostflug addiert sich die Reisegeschwindigkeit des Flugzeugs $v = 800$ km/h zur Drehgeschwindigkeit v_A der Erde

$$v_{B(Ost)} = v_A + v = 1\,667\,\text{km/h} + 800\,\text{km/h} = 2\,467\,\text{km/h}.$$

Bei Westflug ist die Flugrichtung entgegen der Drehrichtung der Erde und die beiden Geschwindigkeiten werden subtrahiert.

$$v_{B(West)} = v_A - v = 1\,667\,\text{km/h} - 800\,\text{km/h} = 867\,\text{km/h}.$$

Um die Zeitangaben der Uhren A und B in Verbindung zu setzen, entwickeln wir die Wurzeln in den Gleichungen für t_A und t_B

$$t_A = t_I \left(1 - \frac{v_A^2}{2c^2}\right) \quad \text{und} \quad t_B = t_I \left(1 - \frac{v_B^2}{2c^2}\right)$$

und bilden die Differenz

$$\Delta t_v = t_B - t_A = t_I \left(\frac{v_A^2}{2c^2} - \frac{v_B^2}{2c^2}\right).$$

Auf der rechten Seite dieser Gleichung ist es gleichgültig, ob wir t_I oder t_A schreiben, da sich die beiden Zeiten nur um Nanosekunden unterscheiden. Wir setzen daher $t_I \approx t_A \approx t = 50$ h, dies ist die für die Erdumkreisung benötigte Zeit. Damit erhalten wir

$$\Delta t_v = (v_A^2 - v_B^2)\,\frac{t}{2c^2}\ .$$

Δt_v ist die durch den Geschwindigkeitseffekt bedingte Zeitdifferenz zwischen der Flugzeuguhr B und der Uhr A am Boden.

Setzen wir die Zahlenwerte für den *Ostflug* ein, so ergibt sich $\Delta t_v = -255$ ns. Diese Zeitdifferenz ist negativ, weil die schneller bewegte Flugzeuguhr langsamer geht als die Uhr A auf der Erde.

Beim *Westflug* ist die Geschwindigkeit der Flugzeuguhr kleiner als die Geschwindigkeit der Uhr A auf der Erde. Die Flugzeuguhr geht daher schneller und die Zeitdifferenz wird positiv. Die Zahlenwerte liefern $\Delta t_v = +156$ ns.

Nach einer Erdumkreisung gehen die Flugzeuguhren aufgrund des Geschwindigkeitseffekts verglichen mit Uhren auf der Erde bei Ostflug um 255 Nanosekunden nach und bei Westflug um 156 Nanosekunden vor.

Die Zeitdifferenzen, die sich durch die Gravitation und die Geschwindigkeit ergeben, sind in der folgenden Tabelle zusammengefaßt und den theoretischen und experimentellen Werten des Hafele-Keating-Experiments gegenübergestellt.

Ergebnisse des Hafele-Keating-Experiments (alle Zeiten sind in Nanosekunden angegeben)		
	Δt Ostflug	Δt Westflug
Abschätzung der zu erwartenden Meßwerte		
Δt_{Grav}	196	196
Δt_{Geschw}	−255	156
Summe	− 59	352
Theoretische Werte berechnet anhand der Flugdaten		
	−40 ± 23	275 ± 21
Experimentelle Werte		
Seriennummer der Atomuhr		
120	− 57	277
361	− 74	284
408	− 55	266
447	− 51	266
Mittelwert	− 59 ± 10	273 ± 7
Theoretischer Wert / Experimenteller Wert	0,68 ± 0,39	1,007 ± 0,077

Trotz einfacher experimenteller Methoden konnten Hafele und Keating mit ihrem Flug in westlicher Richtung um die Erde die Vorhersage der Relativitätstheorie auf 8 % genau bestätigen.

Damit war erstmals das Uhrenparadoxon mit makroskopischen Uhren getestet.

Beim Ostflug wirken Gravitations- und Geschwindigkeitseffekt entgegen und heben sich teilweise auf. Dadurch wird der relative Meßfehler größer.

5.3 Experimente mit Elementarteilchen

Eine eindrucksvolle Bestätigung der relativistischen Zeitdehnung liefert der Zerfall schnell fliegender Elementarteilchen. Hierzu untersuchten B. Rossi und D. Hall bereits im Jahre 1941 den Zerfall von Myonen[5], die in großer Höhe durch die 'kosmische Strahlung' erzeugt werden. Wir wollen hier jedoch ein moderneres Myonenexperiment betrachten, dessen Vorarbeiten im Jahre 1959 im Europäischen Kernforschungszentrum CERN in Meyrin bei Genf begannen.[6]

Myonen gleichen in vielen Eigenschaften den Elektronen, die aus der Physik und Chemie der Atomhülle wohlbekannt sind. Allerdings ist die Masse der Myonen 206mal größer als diejenige der Elektronen: $m_\mu = 206\, m_e$. Auch sind Myonen instabile Elementarteilchen und zeigen Eigenschaften ähnlich dem radioaktiven Zer-

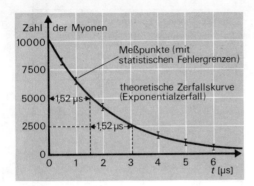

Bild 5.7 Der Zerfall der Myonen gehorcht einem exponentiellen Gesetz, ähnlich dem radioaktiven Zerfall. Nach $\tau = 1{,}52\,\mu$s sind jeweils nur die Hälfte der ursprünglich vorhandenen Myonen übriggeblieben, falls die Teilchen ruhen.

fall einiger chemischer Elemente. Bereits wenige Millionstel Sekunden nach ihrer Entstehung zerfallen Myonen wieder. Hat man z.B. zum Zeitpunkt $t = 0$ insgesamt 10 000 Myonen erzeugt, so findet man bereits zur Zeit $t = 10^{-6}$ s = 1 μs nur mehr 6 347 davon vor, nach 1,52 μs sogar nur mehr 5 000 Myonen, also die Hälfte. Man bezeichnet daher $\tau = 1{,}52\,\mu$s als die Halbwertszeit der Myonen. Wie Bild 5.7 zeigt, gilt für Myonen ein exponentielles Zerfallsgesetz, in völliger Analogie zu den bekannten Gesetzen des radioaktiven Zerfalls.

Das Myon zerfällt in ein Elektron und zwei „Neutrinos". Das beim Zerfall ausgesandte Elektron kann mit Geigerzählern, Blasenkammern und ähnlichen Hilfsmitteln entdeckt werden und erlaubt es so, die Zerfallsgesetze experimentell zu überprüfen. Die beim Zerfall entstehenden Neutrinos sind dagegen elektrisch neutrale Teilchen, die nur mit großen Schwierigkeiten experimentell nachgewiesen werden können. Ihre Untersuchung ist eine der interessantesten Aufgaben heutiger Elementarteilchenphysik.

In dem erwähnten Experiment bei CERN beobachtet man den Zerfall von Myonen, die nicht ruhen, sondern sich unter dem Einfluß eines Magnetfeldes auf einer Kreisbahn bewegen. Dazu hatte man eigens einen „Speicherring" mit 14 m Durchmesser gebaut, in dem die Myonen fast mit Lichtgeschwindigkeit kreisen können. Nur um 0,06 % unterschied sich die Geschwindigkeit v dieser Teilchen noch von c: $v = 0{,}99942\,c$. Unter diesen Bedingungen sollte nach den Vorhersagen der Relativitätstheorie die Halbwertszeit τ der Myonen durch die Zeitdilatation auf den Wert $\tau(v)$ ansteigen:

$$\tau(v) = \frac{\tau}{\sqrt{1 - v^2/c^2}} = 29{,}4\,\tau = 44{,}6\,\mu\text{s}.$$

Diese Vorhersage wurde experimentell überprüft. Dazu beobachtete man den Zerfall der im Speicherring kreisenden Myonen und erhielt das in Bild 5.8 wiedergegebene Resultat. Die Messung stimmte innerhalb der experimentellen Fehlergrenzen von 0,2 % mit den Vorhersagen der Theorie überein. Bild 5.8 zeigt, welch bedeutende Auswirkungen der Effekt der Zeitdilatation im Bereich der Elementarteilchen haben kann. Während nach 10 μs fast alle ruhenden Myonen bereits zerfallen sind, kreisen nach dieser Zeit noch etwa 85 % der bewegten Myonen im Speicherring.

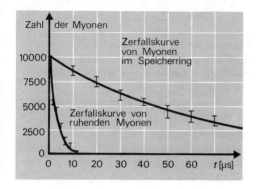

Bild 5.8 Die im Speicherring kreisenden Myonen zerfallen infolge der Zeitdilatation wesentlich langsamer als ruhende Myonen. Im CERN-Experiment verlängert sich dadurch die Lebensdauer um den Faktor 29,4 auf 44,6 µs.

Rasche Bewegung erweist sich somit als ideales Mittel zur Lebensverlängerung, zumindest bei Elementarteilchen. Vielleicht erscheint Ihnen die Verlängerung der Lebensdauer eines Teilchens um wenige Mikrosekunden nicht besonders eindrucksvoll. Ein Vergleich kann die Bedeutung des experimentellen Ergebnisses besser erläutern: Hätte man Sie vor 2000 Jahren in den Speicherring eingeschossen und mit der gleichen Geschwindigkeit laufen lassen, wie die Myonen, so würden Sie noch heute im Beschleuniger rotieren und Ihrem 68. Geburtstag entgegensehen!

Dies wäre aber noch nicht der Weltrekord: Im 1976 eröffneten „Superprotonensynchrotron" des CERN kreisen Elementarteilchen so rasch, daß die Zeitdilatation dort einen Faktor 400 ausmacht.

5.4 Das Zwillingsparadoxon

„Dieser merkwürdige Effekt macht es für einen Astronauten möglich, von der Erde zu einem Fixstern in 1 000 Lichtjahren Entfernung in einer Zeitspanne zu gelangen, die er als 13,2 Jahre ansehen würde. Für die Rückreise würde er nochmals 13,2 Jahre benötigen. Würde er keine zusätzliche Zeit an seinem Bestimmungsort verweilen, so wäre er von der Erde also für 26,4 Jahre abwesend. Das Problem ist nur, daß während seiner Abwesenheit auf der Erde mehr als 2 000 Jahre vergangen sein würden. Es könnte ihm deshalb passieren, daß er nach seiner Rückkehr in einem Zoo endet."

Wernher von Braun beschreibt mit dieser Geschichte[7] eine der fantastischsten Zukunftsvisionen, die die Relativitätstheorie eröffnet. Er geht davon aus, daß die Zeitdilatation nicht nur für Elementarteilchen, sondern auch für Menschen gültig ist.

Sie haben in Abschnitt 5.3 von Experimenten mit Myonen im europäischen Kernforschungszentrum CERN gehört. Dort laufen in einem Speicherring Myonen mit nahezu Lichtgeschwindigkeit um und erfahren dadurch eine dreißigfache Lebenszeitverlängerung im Vergleich zu ruhenden Myonen. Die 'Dehnung' der Lebensdauer ermöglicht es den Myonen, eine sehr große Strecke im Speicherring zurückzulegen. Erblicken Sie nun in dem kreisenden Myon den durch das All reisenden Astronauten und in dem ruhenden Myon einen normalen Erdenbürger, so werden Sie die Zukunftsvision Wernher von Brauns verstehen. So einfach scheint die Sache für viele

Menschen jedoch nicht zu sein. Die Frage, ob die Zeit für einen Weltraumfahrer anders vergeht als für einen Menschen auf der Erde, führte zu heftigen Diskussionen. Zu fantastisch sind die Möglichkeiten, als daß damit nicht die vielfältigsten Emotionen geweckt würden. Professor G. A. Crocco, Präsident der italienischen Gesellschaft für Raketentechnik, brachte dies zum Ausdruck, als er auf dem 7. Internationalen Astronautischen Kongreß 1956 in Rom sagte:[7]

„Während Jahrhunderte vorüberziehen, vergehen für den Weltraumreisenden nur Minuten und er wird 'nahezu unsterblich'."

Professor Sänger, der Leiter der deutschen Delegation erklärte:[7]

„Die irdischen Jahre gehen wie Sekunden an der Mannschaft vorüber, sie kann über Jahre hinweg fliegen, ohne auch nur einen Tag älter zu werden."

Doch es gibt noch heute erbitterte Gegner dieser Auffassung. Einer der profiliertesten ist Herbert Dingle, Professor für Naturphilosophie am Imperial College und später am University College in London. Für ihn ist die Relativitätstheorie unhaltbar. In einer Antwort auf den Vortrag von Professor Crocco kommt er zu dem Schluß:[7]

„Es stellt sich der unglaubliche Zustand ein, daß ausgezeichnete Physiker – Männer, die hohe Positionen an Universitäten und Forschungslabors innehaben – die Relativitätstheorie so vollständig mißverstehen, daß sie tatsächlich an diese fantastischen Konsequenzen glauben."

Und er warnt,

„vor der äußerst gefährlichen Situation, in der das Schicksal der Welt in den Händen von Männern liegt, die eine Sache so völlig falsch auffassen können."

Vielleicht wissen Sie nun selbst nicht mehr, was Sie von dieser, als 'Zwillingsparadoxon' bezeichneten Sache halten sollten. Man stelle sich vor, ein Bruder eines Zwillingspaares begibt sich auf eine Weltraumreise, die ihn über viele Jahre mit großer Geschwindigkeit durch das Weltall führt, während der andere Zwillingsbruder auf der Erde zurückbleibt. Durch die Zeitdilatation werden die Uhren an Bord des Raumschiffes langsamer gehen. Doch nicht nur Uhren sind davon betroffen. Pflanzen werden im Raumschiff weniger rasch wachsen und das Herz des Raumfahrers wird nicht so häufig schlagen, wie das des Bruders auf der Erde. Da alle zeitlichen Vorgänge in gleicher Weise verlangsamt sind, wird der reisende Zwillingsbruder nichts davon bemerken. Erst wenn er zur Erde zurückkehrt, wird er auf einen um viele Jahre älteren Zwillingsbruder treffen. Stellen Sie sich die groteske Situation vor, wenn der Heimkehrende in dem alten Mann auf der Erde den Zwillingsbruder nicht wiedererkennt, während jener in dem Mann, der das Raumschiff verläßt, sich wiedersieht, so wie er vor vielen Jahren aussah (Bild 5.9).

Ein Zahlenbeispiel soll dies verdeutlichen. Angenommen, der Bruder tritt mit 20 Jahren die Weltraumreise an und kehrt zurück, wenn sein Zwillingsbruder auf der Erde 72 Jahre geworden ist. Auf der Erde sind also in der Zwischenzeit 52 Jahre vergangen. Betrug die Reisegeschwindigkeit des Raumschiffs $v = 12/13\,c$, so ist für den reisenden Zwilling die Zeit

$$t = t_{\text{Erde}} \sqrt{1 - v^2/c^2}$$

Bild 5.9 Der heimkehrende Raumfahrer trifft auf seinen um viele Jahre älteren Zwillingsbruder.

vergangen. Mit den Zahlenwerten ergibt sich

$$t = 52\,\text{a}\,\sqrt{1 - 12^2/13^2} = 52\,\text{a} \cdot 5/13 = 20\,\text{a}.$$

Der heimkehrende Weltraumfahrer ist somit erst 40 Jahre alt, während sein auf der Erde zurückgebliebener Zwillingsbruder bereits den 72. Geburtstag gefeiert hat. Nähern Sie nun die Reisegeschwindigkeit v mehr und mehr der Lichtgeschwindigkeit c an, so werden Sie zu den fantastischen Zeitdifferenzen gelangen, von denen wir eingangs hörten.

Diese Überlegungen sind in Übereinstimmung mit den Prinzipien der Relativitätstheorie, und man hat daher keinen Grund, von einem Paradoxon zu sprechen. Paradox wird die Sache erst, wenn Sie sich daran erinnern, daß die Zeitdilatation ein symmetrischer Effekt ist. Für zwei relativ zueinander bewegte Inertialsysteme gehen die Uhren im jeweils anderen System langsamer. Kann nicht der Raumfahrer aus seiner Sicht behaupten, nicht er bewege sich, sondern der Bruder fliege mitsamt der Erdkugel durch das All. Jetzt ruht der weltraumreisende Zwillingsbruder und unsere Vorhersage über das Alter der beiden kehrt sich gerade um. Ein um viele Jahre älterer Zwillingsbruder steigt aus dem Raumschiff und erblickt den jüngeren Bruder.

Diese Folgerung ist jedoch nicht richtig. Die grundsätzliche Überlegung ist dabei die gleiche, die auch für die Experimente mit Atomuhren und Elementarteilchen gilt. Die beiden Zwillingsbrüder verhalten sich nämlich nicht symmetrisch gleich. Während der eine Zwillingsbruder auf der Erde, zumindest näherungsweise, stets in einem Inertialsystem ruht, ist das bei dem anderen nicht der Fall. Er muß während seiner Reise wenigstens einmal abgebremst und wieder beschleunigt werden, um an seinen Ausgangsort zurückzukehren. Dabei verläßt er das Inertialsystem, in dem er während der Hinreise ruht. Seine Uhren zeigen daher *nicht* die Zeit *eines* Inertialsystemes an, von dem aus betrachtet, man den Bruder auf der Erde als bewegt ansehen könnte.

Sie fragen sich vielleicht, wie es zu den oben erwähnten Meinungsverschiedenheiten in einer Wissenschaft kommen kann, die sich auf die exakten Formeln der Mathematik stützt. Das Problem besteht darin, daß diese Formeln physikalisch interpretiert werden müssen. Dazu ist es notwendig, bestimmte 'Zuordnungsregeln' zu finden, die einen Zusammenhang zwischen den mathematischen Formelzeichen und den physikalischen Meßgrößen herstellen. Hier liegen die eigentlichen Schwierigkeiten verborgen, denn diese Zuordnungsregeln können sehr komplex sein. Bei der Interpretation der mathematischen Formeln kann es zu Irrtümern und Meinungsverschiedenheiten kommen. Unsere Interpretation des Zwillingsparadoxons wurde durch Experimente mit Elementarteilchen und Atomuhren bestätigt. Experimente mit biologischen Uhren stehen noch aus. Wahrscheinlich wird man solche Experimente nie durchführen können. Wenn Sie die Relativitätstheorie als richtig anerkennen, müssen Sie jedoch auch den Menschen als – ungenaue – biologische Uhr betrachten, die in gleicher Weise wie alle anderen Uhren der Zeitdilatation unterliegt. Da Experimente fehlen, können wir nur an einen Ausspruch Sir Arthur Eddingtons glauben, der hierzu sagte:

"We are all of us clocks whose faces tell the passing years."

In Kapitel 15 werden wir unter Berücksichtigung dynamischer Überlegungen auf die tatsächlichen Möglichkeiten zukünftiger Raumfahrt eingehen. Die phantastischen Zukunftsvisionen Wernher von Brauns werden dann leider in einem anderen Licht erscheinen.

5.5 Uhren im Schwerefeld

Bei den Experimenten mit Atomuhren wirkt sich neben dem Einfluß der Geschwindigkeit der relativistische Gravitationseffekt aus. Albert Einstein hatte diesen Effekt im Jahre 1908 erkannt, als er im Anschluß an die spezielle Relativitätstheorie an der allgemeinen Relativitätstheorie arbeitete. In einem Artikel für die Zeitschrift TIMES 'Was ist Relativitätstheorie' erklärt er dazu:[8]

„In der Allgemeinen Relativitätstheorie spielt die Lehre von Raum und Zeit, die Kinematik, nicht mehr die Rolle eines von der übrigen Physik unabhängigen Fundamentes. Das geometrische Verhalten der Körper und der Gang der Uhren hängt vielmehr von den Gravitationsfeldern ab, die selbst wieder von der Materie erzeugt sind."

Wir werden im folgenden mit verhältnismäßig einfachen Überlegungen den Einfluß der Gravitation auf den Gang von Uhren herleiten. Dabei soll gezeigt werden, daß eine Uhr auf einem Berg schneller geht als eine Uhr im Tal. Dieser relativistische Effekt der Gravitation ist allerdings so klein, daß er nur mit Atomuhren nachgewiesen werden kann.

Um Mißverständnissen vorzubeugen, sei betont, daß es hier nicht darum geht, den Einfluß eines unterschiedlichen Gravitationsfeldes auf solche Uhren zu untersuchen, die ihr Zeitmaß mit Hilfe der Erdanziehung erzeugen. Sanduhren scheiden also ebenso aus, wie alle Uhren mit Schwerependel. Von den hier benutzten Uhren verlangen wir, daß ihr Gang unberührt davon bleibt, ob wir die Uhren auf den Kopf stellen, oder in irgendeine andere Lage bringen. Ebenso wie Atomuhren erfüllen Uhren mit elektrischen Schwingkreisen als Unruh diese Forderung.

Wir betrachten zwei gleiche Uhren, die aus je einem hochfrequenten Schwingkreis bestehen. Um den synchronen Gang der beiden Uhren zu überprüfen, stellen wir die beiden Schwingkreise nebeneinander auf und vergleichen deren elektrische Schwingungen mit Hilfe eines Oszillographen. Sind die beiden Uhren voneinander entfernt aufgestellt, so ist ein Vergleich möglich, wenn die beiden hochfrequenten Schwingkreise Radiowellen ausstrahlen. Über eine Antenne können wir an jedem Ort die beiden Radiowellen empfangen und deren Frequenz f messen. Da die Frequenz der Radiowellen gleich der Frequenz der Schwingkreise ist, vergleichen wir auf diese Weise indirekt den Gang der beiden Uhren.

Für die folgenden Überlegungen benötigen wir das Teilchenbild der elektromagnetischen Strahlung. Photonen, wie man die Lichtteilchen nennt, haben die Energie $E = hf$, wobei f die Frequenz der Strahlung und $h = 6,625 \; 10^{-34}$ Js das Plancksche Wirkungsquantum ist. Die Masse eines Photons ergibt sich zu $m = E/c^2 = hf/c^2$. In Kapitel 13 werden wir uns eingehender mit Photonen befassen.

Wir betrachten nun die beiden von den Schwingkreisen ausgesandten Radiowellen im Photonenbild. Ein Schwingkreis ist im Tal und ein Schwingkreis auf dem Berg aufgestellt. Der Empfänger befindet sich auf halber Höhe zwischen den beiden Schwingkreisen (Bild 5.10). Photonen, die der Sender im Tal ausstrahlt, müssen den Berg 'hinaufsteigen'. Dazu benötigen sie Energie, die sie ihrer Photonenenergie $E = hf$ entnehmen. Beim Empfänger angekommen, ist daher die Photonenenergie kleiner und mit $E = hf$ auch die Frequenz der Radiowelle. Für die Photonen, die der Sender auf dem Berg aussendet, sind die Verhältnisse gerade umgekehrt. Demnach treffen beim Empfänger zwei Radiowellen mit verschiedener Frequenz ein. Die Frequenz der von oben kommenden Radiowelle ist größer als die Frequenz der von unten kommenden Welle.

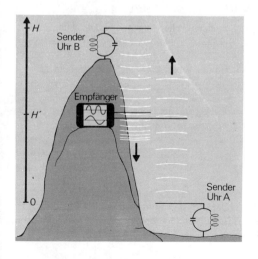

Bild 5.10 Die Radiowellen der beiden Sender kommen mit verschiedenen Frequenzen beim Empfänger an.

Diese Überlegungen dürfen uns nicht zu folgendem *falschen* Schluß verleiten: Die beiden Uhren gehen gleich, nur auf dem Weg zum Empfänger ändern die Radiowellen ihre Frequenz. Eine solche Frequenzänderung hätte zur Folge, daß in einer bestimmten Zeit mehr bzw. weniger Schwingungen ausgesendet werden, als in der gleichen Zeit empfangen werden. Demnach müßten unterwegs Schwingungen verloren gehen bzw. neue hinzukommen. So etwas ist aber nicht möglich. Wir müssen daher anders folgern: Nicht die Radiowellen verändern sich unterwegs, sondern die beiden Sender schwingen mit verschiedenen Frequenzen. Voraussetzung war jedoch, daß beide Sender völlig gleich sind. Unabhängig von der Höhe senden beide Sender in gleichen Zeiten die gleiche Zahl von Schwingungen aus. Damit gibt es nur noch eine Möglichkeit, den Frequenzunterschied zu erklären: Gleiche Zeiten vergehen im Tal und auf dem Berg unterschiedlich schnell. Gemessen in ihrer 'Tal- bzw. Berg-Zeit' senden beide Uhren in gleichen Zeiten die gleiche Zahl von Schwingungen aus. Auf dem Berg vergeht die Zeit jedoch schneller als im Tal. Daher hat die von oben kommende Radiowelle eine größere Frequenz. Die Uhr auf dem Berg geht schneller.

| In der Höhe gehen Uhren schneller |

Neben dem relativistischen Geschwindigkeitseffekt gibt es einen relativistischen Gravitationseffekt. Wir leiten den quantitativen Zusammenhang her: Befindet sich der Empfänger in der Höhe H', so ist die Photonenenergie der aufsteigenden Photonen um $\Delta E_{Tal} = mgH'$ kleiner, wenn sie beim Empfänger ankommen; m ist die Masse eines Photons und $g = 9{,}8$ m/s^2 ist die Erdbeschleunigung. Die Energie $E = mgH$ ist die potentielle Energie eines Körpers im Schwerefeld der Erde. Die Photonen, die von der Höhe H des Berges 'hinabfallen', gewinnen den Energiebetrag $\Delta E_{Berg} = mg(H - H')$.

Beim Empfänger angekommen, unterscheidet sich die Energie der beiden Photonen um

$$\Delta E = \Delta E_{Berg} + \Delta E_{Tal} = mg(H - H') + mgH' = mgH$$

Für den Frequenzunterschied Δf der beiden Wellen folgt aus der Gleichung $E = hf$

$$\Delta E = h\Delta f.$$

Lösen wir diese Gleichung nach Δf auf und setzen $\Delta E = mgH$ ein, so ergibt sich

$$\Delta f = \Delta E/h = mgH/h$$

Dieser Frequenzunterschied ist unabhängig von der Höhe H', in der sich der Empfänger befindet. Die Photonenmasse m ersetzen wir mit Hilfe der Gleichung $m = E/c^2 = hf/c^2$ und erhalten

$$\Delta f = \frac{gH}{c^2} f.$$

Eine Uhr, deren Uhrwerk mit der Frequenz f geht, hat in der Höhe H eine um Δf höhere Frequenz. Die Zeitanzeige t der Uhr ist proportional zu ihrer Frequenz f. Die Abweichung in der Zeitanzeige Δt ist daher auch proportional zur Frequenzänderung Δf. Es gilt $\Delta f/f = \Delta t/t$. Damit folgt aus obiger Gleichung $\Delta t_g = (gH/c^2)\, t$.

> Nach der Zeit t geht eine Uhr in der Höhe H um die Zeit
> $$\Delta t_g = \frac{gH}{c^2} t$$
> vor im Vergleich zu einer Uhr am Boden.

Der Gang einer Uhr hängt also nicht allein von ihrer Bewegung ab, sondern auch von dem Gravitationsfeld, in dem sie sich befindet. Im Weltall, fern von schweren Massen, gehen Uhren schneller, während sie in der unmittelbaren Nachbarschaft von Sternen langsamer gehen.

Im Gravitationsfeld der Erde ist dieser Effekt jedoch so klein, daß man ihn zunächst für nicht meßbar hielt. So geht zum Beispiel eine Uhr auf der Spitze des Montblanc ($H = 4\,180$ m) in 50 Jahren im Vergleich zu einer Uhr auf Meereshöhe nur um $\Delta t_g = 0{,}7$ ms vor:

$$\Delta t_g = \frac{gH}{c^2} t = 2{,}28 \cdot 10^{-11} \text{ a} = 0{,}7 \text{ ms}$$

Sie sehen, es besteht kein Anlaß für jemand, der in den Bergen wohnt, wegen dieser 'Lebensdehnung' in die Ebene zu ziehen.

Obwohl der Effekt so klein ist, gelang den Amerikanern Pound, Rebka und Snider in den Jahren 1960 bis 1965 der experimentelle Nachweis.[9] Dies war möglich mit Hilfe des von Rudolf Mößbauer entdeckten und nach ihm benannten Effekts. Mößbauer hatte erkannt, daß man bei der Absorption von Gammastrahlung äußerst geringe Frequenzunterschiede nachweisen kann. Die von einem Atomkern emittierte Gammastrahlung wird von einem anderen Kern gleicher Art nur dann absorbiert, wenn die Frequenz der Strahlung nahezu unverändert ist. Pound, Rebka und Snider hatten am Boden eines etwa 25 m hohen Turms der Harvard-Universität eine γ-Strahlungsquelle aufgestellt und oben im Turm einen Absorber angebracht. Wegen der Frequenzverschiebung, bedingt durch das Aufsteigen der Photonen, konnte die Strahlung nicht absorbiert werden. Bewegt man jedoch die Quelle ein wenig in Richtung des Absorbers, so gibt man den Photonen etwas Energie. Diese zusätzliche kinetische Energie erhöht die Frequenz und die Strahlung wird absorbiert. So konnte man eine relative Frequenzverschiebung von $\Delta f/f = 2{,}5 \cdot 10^{-15}$ nachweisen und die Formel für den Gravitationseffekt mit einer Meßgenauigkeit von 1 % bestätigen. Um eine Vorstellung von der Präzision dieser Messungen zu erhalten, sei bemerkt, daß die Frequenz von sichtbarem Licht ($f \approx 10^{15}$ Hz) bei einer Höhendifferenz von 20 m nur um 1 Hz verändert wird.

Der Gravitationseffekt macht sich in der Umgebung von Neutronensternen und den sogenannten 'Schwarzen Löchern' besonders stark bemerkbar. Diesen Sternen ist man erst im letzten Jahrzehnt mit neuen Radioteleskopen und durch Satellitenbeobachtung auf die Spur gekommen. Neutronensterne und 'Schwarze Löcher' waren ursprünglich Riesensterne, die nach dem Ausbrennen ihrer Kernenergievorräte unter der Last ihrer Gravitationswirkung in sich zusammenstürzten. Dabei werden sogar die Atomkerne dicht aneinandergepackt. Dies führt zu einem unvorstellbar großen Gravitationsfeld, aus dem keinerlei Strahlung mehr entweichen kann. Daher die Bezeichnung 'Schwarzes Loch'. In einem Schwarzen Loch gehen Uhren nicht nur langsamer, die Zeit steht dort sogar still.

Aufgaben

5.1 Erläutern Sie, warum die Symmetrie der Zeitdilatation bezüglich zweier Inertialsysteme nicht zu einem Widerspruch führt.

5.2 Um wieviel ist ein Formel-I-Rennfahrer am Ende eines Rennens weniger gealtert als die Zuschauer auf den Rängen, wenn das Rennen eine Stunde dauerte und mit einer Durchschnittsgeschwindigkeit von 280 km/h gefahren wurde?

5.3 Der uns nächste Fixstern ist α-Centauri am südlichen Sternenhimmel mit einer Entfernung von 4,5 Lichtjahren.

Wie lange brauchte ein Raumschiff um zu dem Stern zu gelangen, wenn seine Geschwindigkeit $v = 0.5\,c$ beträgt?

Wie lange würde der Flug für die Astronauten an Bord des Raumschiffs dauern?

Welche Geschwindigkeit müßte das Raumschiff haben, damit für die Besatzung während der Reise nur ein Jahr vergeht?

5.4 Werden Uhren bewegt, so gehen sie langsamer und zeigen daher im Vergleich zu ruhenden Uhren eine andere Zeit an. Man könnte daher annehmen, daß der Uhrentransport zur Synchronisation entfernter Uhren eine ungeeignete Methode ist. Tatsächlich werden aber transportable Atomuhren zur Herstellung der internationalen Atomzeitskala von den nationalen Zeitinstituten nach Paris zum BIH (Bureau International de l'Heure) gebracht. Zeigen Sie, daß die dabei auftretende Zeitabweichung kleiner als jeder vorgegebene Wert gemacht werden kann, wenn der Uhrentransport nur genügend langsam erfolgt!

Anleitung:

Berechnen Sie mit der Formel für die Zeitdilatation die Zeitabweichung $(t - t_R)$. Benutzen Sie dabei die Näherung

$$\sqrt{1 - v^2/c^2} \approx 1 - v^2/(2c^2).$$

Berücksichtigen Sie außerdem, daß zwischen der Entfernung der beiden Orte x und der Transportgeschwindigkeit v der Zusammenhang

$$x = v\,t_R$$

besteht!

Mit welcher Geschwindigkeit darf demnach höchstens eine Uhr von Tokio nach Paris transportiert werden, wenn der dabei auftretende Zeitfehler kleiner als 10^{-8} Sekunden sein soll?

5.5 In Aufgabe 5.2 haben wir ein Autorennen betrachtet. Ist der dabei entstehende Zeitunterschied zwischen der Borduhr und den ruhenden Uhren der Zeitnehmung experimentell meßbar, wenn die Uhrengenauigkeit $\Delta T/T = 10^{-14}$ beträgt und die kleinste meßbare Zeitspanne 0,1 ns ist?

5.6 Die Erde kreist mit der Geschwindigkeit $v = 30$ km/s um die Sonne. Um wieviel wird dadurch der Uhrengang auf der Erde prozentual verlangsamt? Im Vergleich zu welchen Uhren wäre dies der Fall?

5.7 Astronauten legen den Weg zum Mond in beiden Richtungen innerhalb von vier Tagen zurück. Berechnen Sie daraus die Geschwindigkeit der Rakete relativ zur Erde und die auftretende Zeitdilatation. Wäre diese Zeitdilatation mit Atomuhren meßbar? Welche Meßgenauigkeit könnte man erwarten?

5.8 Im Jahre 1941 untersuchten B. Rossi und D. Hall[5] den Zerfall von Myonen, die in großer Höhe durch die „kosmische Strahlung" erzeugt werden. Sie bestimmten zunächst die Anzahl der Myonen, die stündlich in 3000 Meter Höhe ankommen zu 570. Die Wiederholung des Experimentes in Seehöhe ergibt, daß dort etwa 400 Teilchen in einer Stunde ankommen. Falls die Teilchen den Höhenunterschied $H = 3000$ m mit annähernd Lichtgeschwindigkeit zurücklegen, so benötigen sie dazu 6,6 μs. Warum zerfallen nicht fast alle Teilchen, bevor sie den Erdboden erreichen? Wie groß ist die Geschwindigkeit v der Myonen etwa?

5.9 Stellen Sie sich vor, Sie könnten mit Lichtgeschwindigkeit durch das All reisen. Welche Konsequenzen hätte das für Sie?

5.10 Ein Astronaut tritt mit 25 Jahren eine Weltraumreise an, die ihn mit $v = 12/13\, c$ durch das All führt. Bei der Rückkehr it sein Zwillingsbruder 69 Jahre. Wie alt ist der Astronaut?

5.11 Ein Raumschiff entfernt sich mit der Geschwindigkeit $v = 3/5\, c$ von der Erde. Nachdem an Bord 16 Jahre vergangen sind, kehrt das Raumschiff mit $v = 4/5\, c$ zur Erde zurück.

Welche Zeit ist zwischen Abflug und Ankunft auf der Erde vergangen?

Welche Zeit ist währenddessen im Raumschiff vergangen?

5.12 Ermitteln Sie aus den Kurven in Bild 5.4 die verschiedenen Flughöhen und die Geschwindigkeit des Flugzeugs beim Maryland-Experiment.

5.13 Erklären Sie den unterschiedlichen Ausgang des Hafele-Keating-Experiments bei Ost- und Westflug.

5.14 Warum darf man die Uhren auf der Erde nicht als ruhend ansehen?

5.15 Ein erdnaher Satellit fliegt in 200 km Höhe und braucht für einen Umlauf etwa 86 Minuten. Berechnen Sie die Zeitdifferenz $\Delta t = t_B - t_A$, die eine Satellitenuhr B im Vergleich zu einer Uhr A auf der Erde anzeigt, nachdem der Satellit die Erde eine Woche lang umkreist hat.

Gibt es hierbei auch einen Ost-West-Effekt? (In 200 km Höhe hat die Erdbeschleunigung praktisch noch den gleichen Wert g wie an der Erdoberfläche.)

5.16 Die internationale Atomzeitskala wird als Mittel aus der Zeitangabe mehrerer nationaler Zeitinstitute gebildet. Deren Zeitnormale heute allesamt Atomuhren, befinden sich auf unterschiedlichen Meereshöhen, so daß der relativistische Effekt der Gravitation bei der Zusammenfassung berücksichtigt werden muß. Um welche Zeit gehen die Uhren des US Naval Observatory in Boulder (Colorado) in einem Jahr vor im Vergleich zu den Uhren der Physikalisch-Technischen Bundesanstalt (PTB) in Braunschweig? Boulder liegt 1650 m und Braunschweig 80 m über dem Meeresspiegel.

6 Relative Gleichzeitigkeit

Finden irgendwo zwei Ereignisse statt, wie z.B. das Eintreffen eines Zuges im Hamburger Hauptbahnhof und der Ausbruch einer Sonneneruption, so kann das eine Ereignis vor oder nach dem anderen stattfinden. Findet keines der beiden Ereignisse vor dem anderen statt, so sagen wir, sie treten gleichzeitig ein. In der klassischen Physik glaubte man, daß die Gleichzeitigkeit zweier Ereignisse durch eine **absolute Zeit** festgelegt sei, von der Isaac Newton schreibt:[1]

„Die absolute, wahre und mathematische Zeit verfließt an sich und vermöge ihrer Natur gleichförmig und ohne Beziehung auf irgend einen äußeren Gegenstand. Sie wird so auch mit dem Namen Dauer belegt."

Die folgenden Überlegungen werden zeigen, daß die Gleichzeitigkeit zweier Ereignisse vom Standpunkt des Beobachters abhängt. Daher existieren weder absolute Gleichzeitigkeit noch absolute Zeit.

6.1 Die Definition der Gleichzeitigkeit

Wie können wir überprüfen, ob zwei Ereignisse an *verschiedenen* Orten gleichzeitig stattfinden? Dazu benötigen wir an den beiden Orten miteinander synchronisierte Uhren. Wenn deren Zeitangaben für die beiden Ereignisse übereinstimmen, nennen wir die Ereignisse gleichzeitig.

Wie synchronisiert man Uhren? Diese Frage haben wir im Zusammenhang mit dem Uhrensystem der Welt bereits in Abschnitt 4.2 behandelt. Dort konnten wir uns auf *ein* System, nämlich die Erde, beschränken. Dabei durften wir die Erde näherungsweise als Inertialsystem betrachten, da ihre Drehung während der Sekundenbruchteile, welche die Signalübertragung zwischen Uhren dauert, zu vernachlässigen ist.

Im Rahmen der Relativitätstheorie müssen wir aber die Frage beantworten, wie man Uhren in *beliebigen* Inertialsystemen synchronisiert. Die Verfahren, die wir dabei verwenden werden, sind einfache Verallgemeinerungen der Methoden, die wir bereits kennen. Besonders gut ist das Verfahren dazu geeignet, bei dem die Zeitsignale von zwei Uhren zugleich bei einem in der Mitte angebrachten Empfänger ankommen, damit die beiden Uhren synchronisiert sind. Wir definieren daher:

> Zwei Ereignisse sind gleichzeitig, wenn von ihnen ausgehende Licht- oder Radiosignale einen in der Mitte befindlichen Beobachter zugleich erreichen.

Diese Definition der Gleichzeitigkeit ist offensichtlich eine Verallgemeinerung des Alltagsbegriffes der Gleichzeitigkeit, enthält aber auch das zur Uhrensynchronisation benützte Verfahren als Spezialfall.

Es war Einsteins Entdeckung, daß man die Gleichzeitigkeit entfernter Ereignisse *definieren* muß, da es nicht selbstverständlich ist, was unter diesem Begriff eigentlich zu verstehen ist. Man hatte zuvor unkritisch angenommen, daß ohnehin jedermann wisse, was das Wort „gleichzeitig" bedeutet und erst Einsteins grundlegender Artikel *„Zur Elektrodynamik bewegter Körper"* machte klar, welche Probleme hier vorliegen. Er schreibt:[2]

„Befindet sich im Punkte A des Raumes eine Uhr, so kann ein in A befindlicher Beobachter die Ereignisse in der unmittelbaren Umgebung von A zeitlich werten durch Aufsuchen der mit diesen Ereignissen gleichzeitigen Uhrzeigerstellungen. Befindet sich auch in Punkt B des Raumes eine Uhr, so ist eine zeitliche Wertung der Ereignisse in der unmittelbaren Umgebung von B durch einen in B befindlichen Beobachter möglich. Es ist aber ohne weitere Festsetzung nicht möglich, ein Ereignis in A mit einem Ereignis in B zeitlich zu vergleichen; wir haben bisher nur eine „A-Zeit" und eine „B-Zeit", aber keine für A und B gemeinsame „Zeit" definiert. Die letztere Zeit kann nun definiert werden, indem man durch Definition festsetzt, daß die „Zeit", welche das Licht braucht, um von A nach B zu gelangen, gleich ist der „Zeit", welche es braucht um von B nach A zu gelangen."

Ein unmittelbarer Vergleich ist also nur zwischen Uhren möglich, die direkt nebeneinander stehen. Selbst wenn ihr Abstand nur 30 cm beträgt, braucht das zum Uhrenvergleich benötigte Signal 1 ns von einer Uhr zur anderen. Wir haben bereits gesehen, daß man diese Zeitspanne nicht vernachlässigen darf! Bei manchen Experimenten ist sogar 0,1 ns wesentlich. In diesem Fall müssen alle Entfernungen zwischen Apparaten, alle Kabel und Verbindungen auf 1 cm genau bekannt sein, um korrekte Ergebnisse zu liefern (Bild 6.1).

Warum synchronisiert man Uhren gerade mit Licht- oder Radiosignalen und nicht mit Schallwellen oder über Fernsprechleitungen, in denen Signale nur etwas langsamer laufen als über Funk? Es wäre wohl möglich, die Uhrensynchronisation mit anderen Signalen durchzuführen, solange man *in einem* Inertialsystem bleibt. Wechseln wir aber das Bezugssystem, so wissen wir allein von der Lichtgeschwindigkeit, daß sie ihren Wert nicht ändert. Die Geschwindigkeit aller anderen Signale ist zunächst unbekannt. Erst die Relativitätstheorie wird darüber etwas aussagen.

Die Einsteinsche Definition der Gleichzeitigkeit halten wir abschließend noch in etwas veränderter Form fest:

Zwei Ereignisse sind gleichzeitig, wenn sie von Lichtsignalen ausgelöst werden, die zugleich von einer Quelle in ihrer Mitte ausgehen.

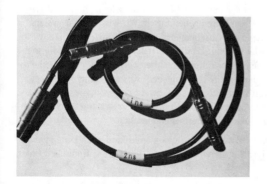

Bild 6.1 Solche Nanosekundenkabel werden im europäischen Kernforschungszentrum CERN verwandt. Bei der Verschaltung der elektronischen Geräte muß man die Laufzeit der Signale in den Kabeln berücksichtigen.

Diese Definition ist offensichtlich äquivalent zu dem von Einstein angegebenen Verfahren und kann darauf zurückgeführt werden. Werden nämlich die beiden Lichtsignale am jeweiligen Ort der beiden Ereignisse durch Spiegel reflektiert, so treffen sie wieder zugleich in der Mitte ein. Das Verfahren mit auseinanderlaufendn Lichtsignalen wird sich im nächsten Abschnitt als zweckmäßig erweisen.

Ein weiteres technisch wichtiges Verfahren zur Synchronisation von Uhren ist der Uhrentransport. Dazu transportiert man beispielsweise eine Uhr von Braunschweig nach Paris, um sie mit der dortigen Uhr zu vergleichen. Allerdings darf dieser Transport nicht allzu rasch erfolgen, da sonst die Zeitdilatation während der Reise den Uhrengang beeinflußt. Um absolute Genauigkeit – ein stets unerreichbares Ziel – zu gewährleisten, müßte der Uhrentransport sogar unendlich langsam erfolgen. Diese Einschränkung läßt es unzweckmäßig erscheinen, die Definition der Gleichzeitigkeit auf den Uhrentransport aufzubauen, obwohl er bei geringeren Genauigkeitsansprüchen ein technisch brauchbares Verfahren ist.

6.2 Die Relativität der Gleichzeitigkeit

Für die folgenden Überlegungen nehmen wir an, ein amerikanisches und ein sowjetisches Raumschiff begegnen sich im Weltall.

Beide Raumschiffe seien baugleich und daher gleichlang. Im Bug und im Heck eines jeden Raumschiffs befinde sich eine Uhr. Die Aufgabe besteht darin, die vier Uhren gleichzeitig in Gang zu setzen.

Dazu wird folgendes Experiment verabredet. Befinden sich die beiden Raumschiffe, die mit halber Lichtgeschwindigkeit aneinander vorbeifliegen, nebeneinander, so soll an dem Ort, wo sich die Mitten der beiden Raumschiffe befinden, eine Blitzlampe gezündet werden. Das Lichtsignal läuft zu den Uhren und setzt sie in Gang.

Wir betrachten zunächst den Ablauf des Experiments, wie es sich aus amerikanischer Sicht darstellt (Bild 6.2). Ruht das untere Raumschiff, dann erreichen die nach vorn und hinten laufenden Lichtsignale gleichzeitig die Uhren im amerikanischen Raumschiff. Das sowjetische Raumschiff hat sich in der Zwischenzeit jedoch weiterbewegt, so daß der Lichtblitz die Uhr am Ende des sowjetischen Raumschiffs früher erreicht. Die sowjetischen Uhren werden daher nicht gleichzeitig in Gang gesetzt.
Die amerikanischen Astronauten werden dies ihren sowjetischen Kollegen mitteilen, woraufhin diese heftig protestieren. Aus ihrer Sicht ruht das obere Raumschiff und der Fall stellt sich gerade umgekehrt dar (Bild 6.3)! Die sowjetischen Uhren sind synchronisiert und die amerikanischen Uhren gehen falsch. Wir wissen nicht, welche diplomatischen Verwicklungen diese Auseinandersetzung heraufbeschwören würde, gäbe es nicht eine salomonische Lösung: Da die Inertialsysteme, in denen die sowjetische und die amerikanische Rakete ruhen, gleichberechtigt sind, gibt es keinen Grund, der einen oder der anderen Seite rechtzugeben. Aus der früher festgelegten Definition der Gleichzeitigkeit folgt vielmehr, daß zwei Ereignisse, die in einem Inertialsystem gleichzeitig sind, vom Standpunkt des andren Systems nicht gleichzeitig stattfinden. Dies können wir folgendermaßen einsehen.

Vom Standpunkt der *Amerikaner* werden die beiden amerikanischen Uhren gleichzeitig gestartet, da die Zeitsignale zugleich von dem in der Mitte befindlichen Blitzlicht ausgelöst werden.

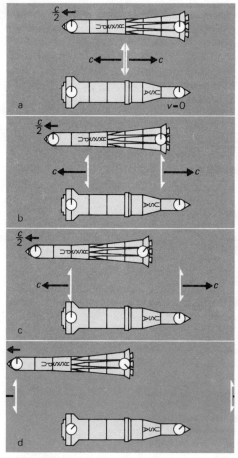

Bild 6.2

a) In der Mitte beider Raumschiffe wird eine Blitzlampe gezündet. Aus der Sicht des unteren amerikanischen Raumschiffs .....

b) ..... wird zunächst die Uhr im Heck des sowjetischen Raumschiffs von dem Lichtsignal in Gang gesetzt, ...

c) ..... dann werden die beiden amerikanischen Uhren *gleichzeitig* gestartet, ...

d) ..... während zuletzt die Uhr im Bug des sowjetischen Raumschiffs von dem Lichtsignal erreicht wird.

Vom Standpunkt der *Russen* werden die sowjetischen Uhren gleichzeitig gestartet, da die Zeitsignale zugleich von einem in der Mitte befindlichen Blitzlicht ausgelöst werden.

Russen *und* Amerikaner sind der Meinung, daß die jeweils anderen Uhren nicht zugleich gestartet wurden.

Da die Auslösung der Uhren nur ein spezielles Beispiel für zwei Ereignisse ist, folgt:
Zwei Ereignisse, die in einem Inertialsystem gleichzeitig eintreten, finden in einem relativ dazu bewegten Inertialsystem zu verschiedenen Zeiten statt.

Die Definition der Gleichzeitigkeit entfernter Ereignisse ist also jeweils nur in einem Inertialsystem eindeutig möglich. Der Grund dafür liegt in den Worten „in der Mitte", die in der Definition der Gleichzeitigkeit enthalten sind. Die Beurteilung, ob die Blitzlampe während der Laufzeit ihres Signals zu den beiden Uhren „in der

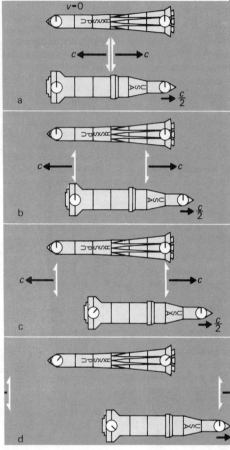

Bild 6.3

a) Aus der Sicht des oberen sowjetischen Raumschiffs hingegen .....

b) ..... wird zunächst die Uhr im Heck des amerikanischen Raumschiffs in Gang gesetzt, ...

c) ..... dann werden die beiden sowjetischen Uhren *gleichzeitig* gestartet, ...

d) ..... während zuletzt die Uhr im Bug des amerikanischen Raumschiffs von dem Lichtsignal erreicht wird.

Mitte" verbleibt, hängt vom zugrundegelegten Inertialsystem ab. In jeder der beiden Raketen ist man der Meinung, daß sich die Uhr der anderen Rakete während der Laufzeit der Signale bewegt habe, so daß das Blitzlicht zum Zeitpunkt des Eintreffens des Signals nicht mehr in der Mitte zwischen den beiden Uhren ist.

> Zwei Ereignisse sind gleichzeitig, wenn von ihnen ausgehende Lichtsignale einen in der Mitte befindlichen Beobachter zugleich erreichen.
>
> Aus dieser Definition folgt, daß der Begriff 'Gleichzeitigkeit' stets mit einem Bezugssystem verbunden und daher relativ ist.
>
> Ereignisse an verschiedenen Orten, die in einem Inertialsystem gleichzeitig eintreten, finden in einem relativ dazu bewegten Inertialsystem zu verschiedenen Zeiten statt.

Dieser Effekt wird im folgenden Kapitel 7 seine geometrische und analytische Behandlung finden.

Aufgaben

6.1 Informieren Sie sich über Methoden zur Messung der Lichtgeschwindigkeit.

6.2 Angenommen, es gäbe einen Äther. Wie würde dann der Gedankenversuch mit den beiden Raumschiffen ausfallen?

6.3 Ein Flugzeug befindet sich in der Mitte zwischen zwei Funkfeuern, als zwei Funksignale von beiden Sendern zugleich empfangen werden.

Welchen Schluß zieht der Pilot daraus über die Zeitpunkte, zu denen die Signale ausgesandt wurden?

Nehmen Sie an, statt des Flugzeugs ($v \ll c$) befindet sich eine Rakete an dieser Stelle ($v \lesssim c$).

Zu welchem Schluß gelangt der Führer der Rakete, wenn er sich vorstellt, die Erde würde an ihm vorbeifliegen?

Relativistische Kinematik

Als erste wichtige Folgerung aus den Grundprinzipen der Relativitätstheorie haben Sie bisher die Zeitdilatation kennengelernt. Ihre experimentelle Bestätigung mit Atomuhren und Elementarteiclhen stellt eine wesentliche Stütze für die Grundannahmen der Theorie dar.

Wir wollen nunmehr etwas tiefer in die Relativitätstheorie eindringen und andere Effekte untersuchen. Dazu müssen wir zunächst geeignete mathematische Methoden entwickeln. Dies soll im folgenden Kapitel geschehen, in dem wir die **Lorentz-Transformation** herleiten, welche die Umrechnung der Koordinaten eines Ereignisses von einem Inertialsystem in ein anderes gestattet. Damit werden wir dann in den Kapiteln 8 bis 11 weitere Folgerungen der Relativitätstheorie herleiten, welche experimentell überprüft werden können.

7 Die Lorentz-Transformation

Um Ort und Zeit eines Ereignisses in bezug auf ein Inertialsystem festzulegen, denken wir uns das Inertialsystem mit einer Vielzahl von Maßstäben und Uhren überzogen, wie Bild 7.1 zeigt. Findet ein Ereignis statt, so können wir an den Maßstäben den Ort ablesen und an der an diesem Ort befindlichen Uhr auch die Zeit des Ereignisses bestimmen. Sinn dieser Meßvorschrift ist es, Fehler in der Zeitmessung zu vermeiden, die auftreten, wenn man eine entfernte Uhr abliest und die dabei auftretende Laufzeit des Lichtes nicht berücksichtigt.

Alle Uhren in einem Inertialsystem müssen dabei nach dem von Einstein angegebenen Verfahren mit Hilfe von Radio- oder Lichtsignalen synchronisiert sein. Dies ist stets nur in Bezug auf ein Inertialsystem möglich. Die Uhren in einem dagegen be-

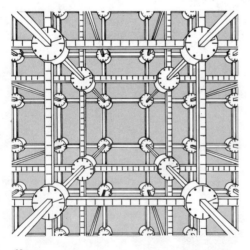

Bild 7.1 Eine Welt durchzogen mit Maßstäben und dichtbesetzt mit Uhren; so etwa hat man sich ein Bezugssystem vorzustellen.
Einstein meinte hierzu: „In meiner Relativitätstheorie bringe ich an jeder Stelle des Raumes eine Uhr an, aber in Wirklichkeit fällt es mir (finanziell) schwer, auch nur an einer Stelle eine aufzustellen."

wegten System gehen langsamer und weisen auch eine andere Synchronisation auf, wie wir aus Kapitel 6 wissen.

Faßt man die Daten der in einem System stattgefundenen Ereignisse zusammen, so bezeichnet man dies als 'Beobachten'. Ein 'Beobachter in einem Inertialsystem' läßt sich daher mit einer Datenzentrale vergleichen, der sämtliche Daten über die in diesem Bezugssystem registrierten Ereignisse mitgeteilt werden. Sie sollten sich klarmachen, daß diese Art von 'Beobachten' nichts mit dem zu tun hat, was wir üblicherweise unter Beobachten im Sinne von 'Sehen, Fotografieren, Empfangen von Signalen' verstehen.

Aufgabe der folgenden Überlegungen wird es sein, die Raum- und Zeitkoordinaten eines Ereignisses in zwei verschiedenen Bezugssystemen zu verknüpfen. Dazu entwickeln wir zunächst eine einfache graphische Darstellung von Ereignissen und Bewegungsabläufen.

7.1 Raum-Zeit-Diagramme

Zur anschaulichen Beschreibung von Bewegungsabläufen bedienen wir uns der graphischen Darstellung. Einen Vorgang, wie zum Beispiel die Fahrt eines Kraftfahrzeugs, kann man als eine Aufeinanderfolge von Ereignissen ansehen. In Bild 7.2 sind vier solcher Ereignisse dargestellt. Die vier Bilder zeigen, an welchem Ort sich das Fahrzeug nach jeweils einer Sekunde befindet. Den Bildern kann man entnehmen, daß der Wagen mit konstanter Geschwindigkeit fährt, denn nach einer Sekunde hat er stets die gleiche Strecke zurückgelegt.

Kennzeichnet man die jeweilige Position des Schwerpunkts (Massenmittelpunktes) des Wagens durch einen Punkt, so gelangt man zu einer vereinfachten Darstellung. Verbindet man diese Punkte durch eine kontinuierliche Linie, so kann man die Lage des Wagens zu jedem Zeitpunkt ablesen. Diese Linie bezeichnet man als **Weltlinie**

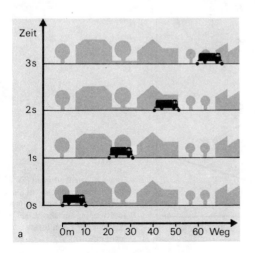

Bild 7.2 Vier Momentaufnahmen von der Fahrt eines Lastkraftwagens. Die Bilder haben einen zeitlichen Abstand von einer Sekunde.

des betrachteten Körpers. Die gesamte Darstellung heißt **Raum-Zeit-Diagramm** (oder einfach xt-Diagramm).

Gleichförmiger Bewegung entsprechen geradlinige Weltlinien, aus deren Steigung man die Geschwindigkeit des Körpers ablesen kann: Je steiler die Weltlinie ist, umso kleiner ist die Geschwindigkeit. Aus Bild 7.2 lesen wir ab

$$v = \frac{\Delta x}{\Delta t} = \tan \alpha.$$

Wird ein Körper beschleunigt, so ändert sich seine Geschwindigkeit und damit die Steigung der Weltlinie. Die Weltlinie eines beschleunigt bewegten Körpers ist daher gekrümmt, wie Bild 7.3 zeigt (Linie b). Die Momentangeschwindigkeit kann aus der Steigung der Weltlinie abgelesen werden und ist gleich dem Tangens des Winkels, den die Weltlinie mit der t-Achse einschließt.

Wie für Körper, so können wir auch für Signale Weltlinien angeben. In Bild 7.3 ist die Gerade a die Weltlinie eines Lichtsignals, das zur Zeit $t = 0$ in $x = 0$ ausgeht. Kurve c kann dagegen weder die Weltlinie eines Körpers noch eines Signals darstellen: Ereignisse, die *gleichzeitig* stattfinden, liegen nämlich in einem x-t-Diagramm auf einer *Parallelen* zur x-Achse. Ein Körper, dessen Bewegung durch die Weltlinie c dargestellt wird, wäre demnach gleichzeitig an den beiden Orten A und B. So etwas ist selbst in der Relativitätstheorie unmöglich!

Bisher haben wir uns auf eindimensionale Bewegungsabläufe beschränkt. Um eine Bewegung in der Ebene darzustellen (zweidimensionale Bewegung), benötigt man ein dreidimensionales Raum-Zeit-Diagramm. Bild 7.4 zeigt die Bewegung eines Körpers, der auf einer Kreisbahn mit konstantem Betrag seiner Geschwindigkeit läuft. Als Weltlinie ergibt sich eine Schraubenlinie und keine Gerade, da es sich hier um eine beschleunigte Bewegung handelt. Zwar bleibt der Betrag der Geschwindigkeit unverändert, aber die ständig einwirkende Zentripetalkraft gibt der Geschwindigkeit fortwährend eine neue Richtung.

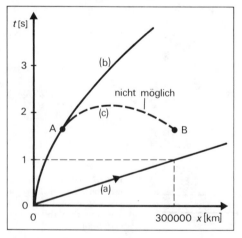

Bild 7.3 Die Weltlinien (a) eines Lichtsignals und (b) eines Körpers, der eine beschleunigte Bewegung ausführt. Eine Weltlinie der Form (c) ist nicht möglich!

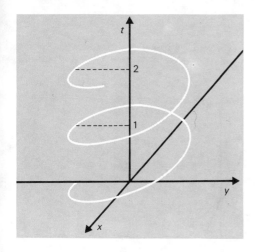

Bild 7.4 Raum-Zeit-Diagramm eines Körpers, der eine Kreisbewegung in der x-y-Ebene ausführt. Dies könnte das Raum-Zeit-Diagramm eines Myons im Speicherring sein (siehe Kapitel 6).

Die Weltlinie einer Bewegung im Raum (dreidimensionale Bewegung) läßt sich nicht anschaulich darstellen, da man hierzu ein vierdimensionales Raum-Zeit-Diagramm brauchte.

Bisher haben wir nur Diagramme benutzt, in denen die Koordinatenachsen für den Weg und die Zeit einen rechten Winkel einschließen. Dies ist bequem, da man bei der Anfertigung von Diagrammen Millimeterpapier benutzen kann. Allerdings kann man ebensogut ein Koordinatenkreuz verwenden, dessen Achsen keinen rechten Winkel einschließen. Es wird sich zeigen, daß gerade solche schiefwinkligen Koordinatensysteme bei der Darstellung relativistischer Probleme besonders hilfreich sind. Obwohl für diese Koordinatensysteme die gleichen Vorschriften wie für rechtwinklige Systeme gelten, bedarf der Umgang mit ihnen einer gewissen Einübung. Insbesondere hat man sich daran zu gewöhnen, die Koordinaten eines Punktes nicht mit Hilfe des Lotes auf die Achsen abzulesen, sondern mittels Parallelen zu den Achsen, wie es Bild 7.5 zeigt.

> Ereignisse werden in Raum-Zeit-Diagrammen durch Punkte dargestellt.
> Weltlinien sind Kurven in Raum-Zeit-Diagrammen, welche die Bewegung von Körpern oder die Ausbreitung von Signalen beschreiben. Eine gerade Weltlinie stellt eine gleichförmige Bewegung, eine gekrümmte Weltlinie eine beschleunigte Bewegung dar.

Diese graphischen Techniken werden wir zur anschaulichen Darstellung der Überlegungen der folgenden Abschnitte verwenden.

7.2 Die Galilei-Transformation

Mit Hilfe der in Bild 7.1 gezeigten Uhren und Maßstäbe können wir die Koordinaten x, y, z und t eines Ereignisses in Bezug auf ein Inertialsystem I festlegen. Sind ähn-

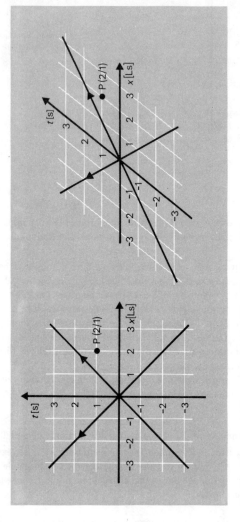

Bild 7.5 Ein rechtwinkliges und ein schiefwinkliges Koordinatensystem

liche Uhren und Maßstäbe auch in einem relativ zu I bewegten System I' angebracht, so können wir auch die Koordinaten x', y', z' und t' dieses Ereignisses in I' messen. Wir wollen den Zusammenhang zwischen diesen Koordinatenwerten zunächst auf der Grundlage der klassischen Mechanik bestimmen. Er wird als *Galilei-Transformation* bezeichnet. Die Existenz der absoluten Zeit führt hier sofort auf

$$t' = t,$$

so daß wir die Beziehung der Zeitkordinaten bereits kennen.

Welche Gleichungen folgen für die drei Raumkoordinaten? Um das Problem rechnerisch zu vereinfachen, wollen wir hier und auch später bei der relativistischen Behandlung stets von folgenden Annahmen ausgehen (Bild 7.6):

1. Die drei räumlichen Koordinatenachsen sollen rechtwinklig aufeinander stehen.
2. Die einander entsprechenden Achsen zweier Inertialsysteme, z.B. die x- und die x'-Achse sind parallel zueinander.
3. Zur Zeit $t = t' = 0$ soll der Koordinatenursprung des einen Systems mit dem des anderen Systems zusammenfallen.
4. Die Bewegung der Bezugssysteme soll immer in Richtung der x-Achse erfolgen. Das ist keine Einschränkung, da man stets die x-Achse in die Bewegungsrichtung legen kann.

Aus Bild 7.6 erhalten wir für die y- und z-Koordinaten

$$y' = y \quad \text{und} \quad z' = z.$$

Für x lesen wir ab

$$x' = x - vt, \quad \text{folglich} \quad x = x' + vt'.$$

Dabei ist v die Relativgeschwindigkeit der beiden Inertialsysteme (Bild 7.6).

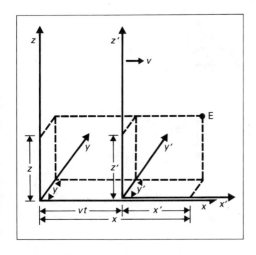

Bild 7.6 Zur Galilei-Transformation: Das Inertialsystem I' bewegt sich mit der Geschwindigkeit v in Richtung der x-Achse des Inertialsystems I.

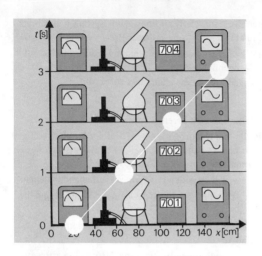

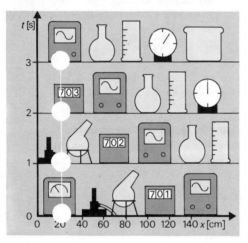

Bild 7.7

a) Die gleichförmige Bewegung einer Kugel dargestellt im Laborsystem ...
b) ... und in deren Ruhsystem.

Die Galilei-Transformation

Ein Ereignis habe in einem Inertialsystem I die Koordinaten x, y, z, t und in einem relativ dazu mit der Geschwindigkeit v bewegten Inertialsystem I' die Koordinaten x', y', z', t'. Der Zusammenhang zwischen diesen Koordinaten wird in der klassischen Physik durch die Galilei-Transformation gegeben:

$$\begin{aligned} x' &= x - vt \\ y' &= y \\ z' &= z \\ t' &= t \end{aligned} \quad \Longleftrightarrow \quad \begin{aligned} x &= x' + vt' \\ y &= y' \\ z &= z' \\ t &= t' \end{aligned}$$

Die Galilei Transformation gilt nur bei Geschwindigkeiten v, die klein gegen die Lichtgeschwindigkeit sind.

Wir kommen nun zur graphischen Darstellung der Galilei-Transformation, wobei wir uns auf eine Raum-Dimension beschränken. Bild 7.7 zeigt die gleichförmige Bewegung einer Kugel von zwei Inertialsystemen aus: Im *Laborsystem* soll die Geschwindigkeit der Kugel gleich v sein. Dagegen ruht die Kugel in ihrem *Ruhsystem*, und ihre Weltlinie ist eine Parallele zur t'-Achse. Wir können *beide* Darstellungen zu einem Diagramm zusammenfassen, indem wir für eines der Weg-Zeit-Diagramme schiefwinklige Koordinaten einführen. In Bild 7.7b ist die t'-Achse parallel zur Weltlinie der Kugel. Wenn wir diese t'-Achse auch in Bild 7.7a eintragen wollen, so muß sie auch dort parallel zur nunmehr geneigten Weltlinie verlaufen (Bild 7.8).

Dies können wir auch mit Hilfe der Galilei-Transformation bestätigen: Die t'-Achse enthält alle Ereignisse, für die $x' = 0$ ist. Aus

$$x' = x - vt = 0$$

folgt aber $x = vt$, was genau der obigen Konstruktion entspricht.

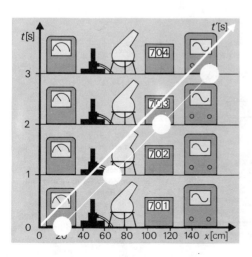

Bild 7.8 Laborsystem und Ruhsystem sind in einem Diagramm zusammengefaßt.

Nun können wir auch die x'-Achse konstruieren. Für sie ist $t' = 0$. Aus der Galilei-Transformation folgt daraus auch $t = 0$, was genau der Definition der x-Achse entspricht. x-Achse und x'-Achse stimmen also überein. Dies ist eine Folge der Existenz der absoluten Zeit in der klassischen Physik.

Wir kommen nun zur Bestimmung der Einheitspunkte auf den Achsen. Für den Einheitspunkt auf der t'-Achse ist $t' = 1$s. Daraus folgt aus der Galilei-Transformation $t = t' = 1$s. Alle Punkte mit $t = 1$s liegen auf einer Parallelen zur x-Achse, die durch den Einheitspunkt der t-Achse geht. Der Schnittpunkt dieser Parallelen mit der t'-Achse liefert daher den gesuchten Einheitspunkt (Bild 7.9). Analog bestimmt man den Einheitspunkt auf der x'-Achse.

Damit haben wir die graphische Darstellung der Galilei-Transformation vollständig bestimmt. Das Raum-Zeit-Diagramm Bild 7.9 erlaubt es, aus x und t sofort x' und t' abzulesen und so die Koordinaten eines Ereignisses von einem System in das andere umzurechnen. Dabei hätten wir ebenso das $x't'$-System in diesen Diagrammen rechtwinkelig wählen können und das xt-System schiefwinkelig. Die Ergebnisse sind davon unabhängig (siehe Aufgabe 7.7).

7.3 Minkowski-Diagramme

Raum-Zeit-Diagramme, die den Postulaten der Relativitätstheorie genügen, bezeichnet man als *Minkowski-Diagramme*. Sie sind nach dem deutschen Mathematiker Hermann Minkowski (1864–1909) benannt, der ihre Bedeutung erstmals erkannte.

Da wir es bei den Überlegungen zur Relativitätstheorie meist mit sehr hohen Geschwindigkeiten zu tun haben, erweist sich die Wahl einer neuen Maßeinheit für den Weg in den Minkowski-Diagrammen als vorteilhaft:

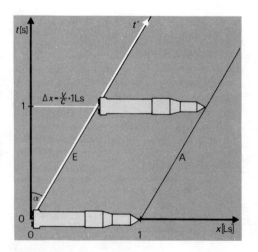

Bild 7.9 Eine Rakete legt im Inertialsystem I in einer Sekunde die Strecke $\Delta x = v/c \cdot 1$ Ls zurück. A und E sind die Weltlinien von Anfang und Ende der Rakete.
Die Zeitachse t' des Ruhsystems der Rakete verläuft parallel zu den Weltlinien der Raketenbestandteile.

> Eine Lichtsekunde (1 Ls) ist der Weg, den ein Lichtsignal in einer Sekunde zurücklegt:
>
> 1 Ls = 300 000 km

Für die graphische Darstellung ist diese Längeneinheit besonders zweckmäßig. Wählt man als Einheit für die Zeit 1 s und für den Weg 1 Ls, dann verlaufen die Weltlinien von Lichtsignalen parallel zu den Winkelhalbierenden des Koordinatenkreuzes.

Die Konstruktion der Achsen

In Bild 7.9 sind die Weltlinien von Anfang und Ende einer Rakete gezeichnet, die sich in einem Inertialsystem I mit der Geschwindigkeit $v = 3/5\,c$ bewegt. In der Zeit Δt durchfliegt die Rakete die Strecke

$$\Delta x = v \Delta t = \frac{v}{c} c \Delta t.$$

Nach einer Sekunde ist wegen $c \Delta t = c \cdot 1\text{ s} = 1\text{ Ls}$ der zurückgelegte Weg gleich

$$\Delta x = \frac{v}{c}\, 1\text{ Ls}.$$

Da in den Diagrammen die Längeneinheit (1 Ls) und die Zeiteinheit (1 s) gleich lang gezeichnet wurden, lesen wir aus Bild 7.9 für den Tangens des Winkels α folgende Beziehung ab:

$$\tan \alpha = \frac{v}{c}.$$

Damit kennen wir den Anstieg der Weltlinie als Funktion der Geschwindigkeit.

Unsere Hauptaufgabe ist es nun, in das Diagramm die Koordinatenachsen x' und t' des Inertialsystems I' einzuzeichnen, in dem die Rakete ruht. Damit können wir nämlich jeden Vorgang sowohl vom Standpunkt des Systems I als auch vom Standpunkt des Systems I' beschreiben.

Zunächst konstruieren wir die t'-*Achse*. Sie ergibt sich aus folgender Überlegung: Ein im System I ruhendes Teilchen hat zu allen Zeiten den gleichen Wert der x-Koordinate. Seine Weltlinie verläuft parallel zur t-Achse.

Ein im System I' ruhendes Teilchen hat zu allen Zeiten den gleichen Wert der x'-Koordinate. Seine Weltlinie verläuft parallel zur t'-Achse (Bild 7.9).

Da die Rakete im System I' ruht, muß die t'-Achse parallel zu den Weltlinien der Teile der Rakete sein. Sie schließt folglich mit der t-Achse den zuvor berechneten Winkel α ein.

Nun haben wir noch die x'-*Achse* zu konstruieren. Die Überlegung verläuft hier folgendermaßen:

Im System I ist die x-Achse die Menge aller Ereignisse, die zur Zeit $t = 0$ stattfinden. Alle Ereignisse auf der x-Achse sind in I gleichzeitig. Im System I' ist die x'-Achse als Menge aller Ereignisse zu konstruieren, für die $t' = 0$ gilt. Alle Ereignisse auf der x'-Achse sind im System I' gleichzeitig. Die x'-Achse stimmt aber *nicht* mit der x-

Achse überein, da Ereignisse, die in I gleichzeitig sind, nicht auch in I' gleichzeitig sind.

Zur Konstruktion der x'-Achse genügt es, zwei Ereignisse aufzufinden, die im System I' gleichzeitig sind. Dazu gehen wir folgendermaßen vor:

Ein Lichtsignal l wird vom Raketenende ausgesendet (Ereignis O) und trifft einige Zeit später in der Raketenmitte ein (Ereignis M) (Bild 7.10). Auch von der Raketenspitze werden drei Lichtsignale (Ereignisse R, S und T) zur Mitte abgesendet.

Das *erste Lichtsignal* trifft in der Raketenmitte früher ein als das vom Ende kommende Signal.

Das *zweite Lichtsignal* trifft in der Raketenmitte zugleich mit dem vom Ende kommenden Signal ein.

Das *dritte Lichtsignal* trifft in der Raketenmitte später als das vom Ende kommende Signal ein.

Die Gleichzeitigkeit zweier Ereignisse in System I' haben wir dadurch definiert, daß die davon ausgehenden Lichtsignale zugleich bei einem Beobachter in der Mitte zwischen den beiden Ereignissen eintreffen. Das ist für die Ereignisse O und S der Fall. Die x'-Achse muß folglich durch diese beiden Punkte gehen.

Damit sind wir in der Lage, die x'-Achse zu konstruieren. Wie Bild 7.11 zeigt, *schließt die x'-Achse mit der x-Achse den gleichen Winkel ein, wie die t'-Achse mit der t-Achse*.

Die t- und die x-Achse werden also in Minkowski-Diagrammen völlig symmetrisch gedreht, wenn man zur t'-Achse bzw. zur x'-Achse gelangen will. Dies ist auf das Prinzip der Konstanz der Lichtgeschwindigkeit zurückzuführen: Im System I sind die Winkelhalbierenden zwischen x- und t-Achse die Weltlinien von Lichtsignalen, die zur Zeit $t = 0$ in $x = 0$ in positiver und negativer Richtung ausgesandt werden. Sie genügen der Gleichung $x = \pm ct$. Im System I' muß die Gleichung derselben Lichtsignale durch $x' = \pm ct'$ gegeben sein. Auch hier müssen also — wegen der Wahl

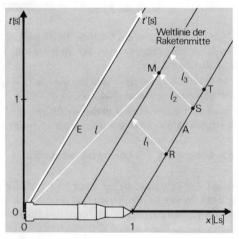

Bild 7.10 Zur Konstruktion der x'-Achse müssen wir zwei Ereignisse finden, die im System I' gleichzeitig sind. Da die Lichtsignale von E und S zugleich in der Raketenmitte eintreffen, sind diese Ereignisse in I' gleichzeitig.

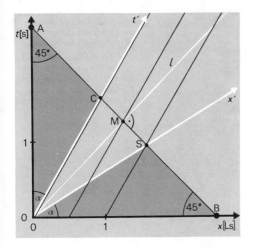

Bild 7.11 Die x'-Achse schließt mit der x-Achse den gleichen Winkel ein, wie die t'-Achse mit der t-Achse. Dies geht aus der Kongruenz der beiden grau eingezeichneten Dreiecke hervor.
Da die Weltlinie des Lichtsignals l die Winkelhalbierende zwischen x- und t-Achse bildet, sind die Strecken $\overline{AM}$ und $\overline{BM}$ gleichlang. Da M in der Raketenmitte liegt, sind auch die Strecken $\overline{CM}$ und $\overline{MS}$ gleich. Daher muß auch $\overline{AC} = \overline{BS}$ sein. Da ferner die Winkel bei A und B beide 45° betragen und auch $\overline{OA} = \overline{OB}$ ist, sind die Dreiecke OAC und OBS kongruent, so daß auch die Winkel bei 0 übereinstimmen.

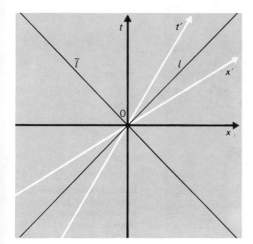

Bild 7.12 Die t'- und die x'-Achse werden symmetrisch gedreht. Dadurch sind auch im System I' die vom Ereignis 0 ausgehenden Lichtsignale die Winkelhalbierenden der Achsen.

der Lichtsekunde als Längeneinheit — Lichtsignale als Winkelhalbierende zwischen den Achsen erscheinen (Bild 7.12).

Die Konstruktion der Einheitsstrecken

Nach der Bestimmung der Achsenrichtungen haben wir nun auch die Einheitsstrecken auf den x'- und t'-Achsen festzulegen. Wegen der Zeitdilatation haben sie nicht die gleiche Länge wie die Einheitsstrecken auf den x- und t-Achsen. Das folgende Verfahren ist in Bild 7.13 illustriert.

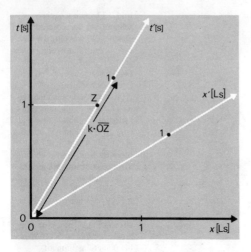

Bild 7.13 Zur Bestimmung der Einheitsstrecke im System I′ messen wir zunächst die Strecke OZ, die hier etwa 3,5 cm lang ist. Daraus erhalten wir die Einheitsstrecke in I′, indem wir mit $k = 1/\sqrt{1 - v^2/c^2} = 5/4$ multiplizieren.

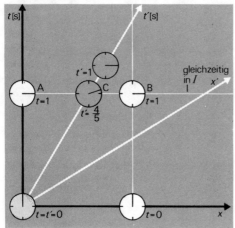

Bild 7.14 Die Länge der Einheitsstrecke in I′ folgt aus der Berücksichtigung der Zeitdilatation der bewegten Uhr C.

Zur Bestimmung der Einheitsstrecken
- bestimmen Sie zunächst die Länge der Strecke OZ in Bild 7.13 und
- multiplizieren diese Länge dann mit dem Faktor $k = 1/\sqrt{1 - v^2/c^2}$.

Das Ergebnis ist die Länge der Einheitsstrecke im System I′.

Nun zum Beweis: In Bild 7.14 ruhen zwei Uhren A und B im System I. Die Weltlinie einer dagegen mit der Geschwindigkeit v bewegten Uhr C sei die Zeitachse t' des Systemes I′. Wenn die beiden Uhren A und B die Zeit $t = 1$ s anzeigen, so zeigt die bewegte und daher *langsamer* gehende Uhr C erst die Zeit $t' = 1\,\text{s}\,\sqrt{1 - v^2/c^2}$ an.

Erst nachdem die Uhr C ein um den Faktor $k = 1/\sqrt{1 - v^2/c^2}$ längeres Stück längs der t'-Achse zurückgelegt hat, wird sie die Zeit $t' = 1$ s anzeigen. Dadurch ist die Einheitsstrecke auf der t'-Achse festgelegt.

Die Einheitsstrecke auf der x'-Achse, die den Punkt $x' = 1$ Ls festlegt, brauchen wir nicht gesondert zu bestimmen, da sie die gleiche Länge haben muß, wie die Einheitsstrecke auf der t'-Achse. Dies ist eine Konsequenz des Prinzips der Konstanz der Lichtgeschwindigkeit.

> Minkowski-Diagramme sind Weg-Zeit-Diagramme, die die Postulate der Relativitätstheorie erfüllen. Sie erlauben es, Vorgänge vom Standpunkt zweier verschiedener Inertialsysteme graphisch zu beschreiben. Damit lassen sich relativistische Probleme zeichnerisch lösen.

7.4 Die Lorentz-Transformation

Wir wollen nun die Beziehung zwischen den Koordinaten eines Ereignisses in Bezug auf zwei Inertialsysteme I und I' auch rechnerisch herleiten. Dabei wollen wir von der Galilei-Transformation ausgehen, welche zwei wichtige Eigenschaften aufweist:

1. Die Galilei-Transformation enthält das Relativitätsprinzip:

   Tauscht man in einer der beiden Gleichungen die Größen x, x', t, t' und v gegen die Größen x', x, t', t und $-v$ aus, so erhält man die jeweils andere Gleichung.

2. Aus der Galilei-Transformation ergeben sich die Geschwindigkeiten v und $-v$ der beiden Inertialsysteme folgendermaßen: Der Ursprung des Systems I' hat die Koordinate $x' = 0$. Seine Geschwindigkeit x/t im System I ergibt sich aus

   $$x' = x - vt = 0 \quad \text{zu} \quad x/t = v.$$

Entsprechend gilt für den Ursprung von I : $x = 0$. Seine Geschwindigkeit x'/t' im System I' ergibt sich aus

$$x = x' + vt' = 0 \quad \text{zu} \quad x'/t' = -v.$$

Die Galilei-Transformation erfüllt aber das Prinzip der Konstanz der Lichtgeschwindigkeit nicht (siehe Aufgabe 7.4). Wir werden nun versuchen, auch dieses Prinzip zu berücksichtigen, indem wir in die Galilei-Transformation einen Korrekturfaktor k einfügen, wobei wir uns zunächst auf eine Raumdimension beschränken:

$$x' = k(x - vt) \quad \text{und} \quad x = k(x' + vt').$$

Der Korrekturfaktor k hängt von der Geschwindigkeit v ab. Damit sich für kleine Geschwindigkeiten wieder die Galilei-Transformation ergibt, muß k für kleine v gegen 1 gehen. Überzeugen Sie sich davon, daß unser neuer Ansatz ebenfalls die zuvor besprochenen Eigenschaften besitzt, wenn die Bedingung $k(v) = k(-v)$ erfüllt ist.

Wir werden den Korrekturfaktor k nun so festlegen, daß das Prinzip von der Konstanz der Lichtgeschwindigkeit erfüllt ist. Dazu führen wir die folgende Überlegung durch: Wird ein Photon zur Zeit $t = 0$ im Koordinatenursprung von I emittiert, so legt es in der Zeit t in x-Richtung den Weg $x = ct$ zurück.

Im System I' wird das Photon dann ebenfalls zur Zeit $t' = 0$ emittiert und es legt in der Zeit t' den Weg $x' = ct'$ zurück. Setzen wir $x = ct$ und $x' = ct'$ in den Ansatz

$$x' = k(x - vt) \quad \text{und} \quad x = k(x' + vt')$$

ein, so folgt

$$ct' = k(c - v)t \quad \text{und} \quad ct = k(c + v)t.$$

Multiplikation dieser Gleichungen ergibt

$$c^2 tt' = k^2 (c - v)(c + v) tt' = c^2 tt' k^2 (1 - v^2/c^2)$$

und daher

$$k^2 (1 - v^2/c^2) = 1 \quad \text{oder}^1 \quad k = \frac{1}{\sqrt{1 - v^2/c^2}}$$

Der Korrekturfaktor erfüllt die Bedingung $k(v) = k(-v)$ und nähert sich, wie gefordert, für kleine Geschwindigkeiten v dem Wert 1.

Die Transformation für die Zeit erhalten wir aus dem Ansatz

$$x' = k(x - vt) \quad \text{und} \quad x = k(x' + vt'),$$

wenn wir die rechte Gleichung nach t' auflösen

$$t' = \frac{1}{v} \left(\frac{x}{k} - x' \right)$$

und die linke Gleichung hier einsetzen:

$$t' = \frac{1}{v} \left[\frac{x}{k} - k(x - vt) \right] = \frac{1}{kv} x - \frac{k}{v} x + kt = k \left[t - \frac{x}{v}\left(1 - \frac{1}{k^2}\right) \right].$$

Eine einfache Umformung führt von

$$k^2 = \frac{1}{1 - v^2/c^2} \quad \text{auf} \quad \left(1 - \frac{1}{k^2}\right) = \frac{v^2}{c^2}.$$

Damit vereinfacht sich die Gleichung für t' zu

$$t' = k \left(t - \frac{v}{c^2} x \right).$$

Ersetzen wir dem Relativitätsprinzip entsprechend x, x', t, t' und v durch x', x, t', t und $-v$, so erhalten wir die Gleichung für t:

$$t = k \left(t' + \frac{v}{c^2} x' \right).$$

Für kleine Geschwindigkeiten v gehen diese Gleichungen ebenfalls in die klassische Beziehung $t = t'$ über.

Für die y- und die z-Richtung können wir mit einem Korrekturfaktor q entsprechende Gleichungen ansetzen:

$$y' = qy \quad \text{und} \quad y = qy'.$$

Dieser Ansatz führt sofort zu
$$y' = q^2 y' \quad \text{oder} \quad q = \pm 1.$$
Auch hier berücksichtigen wir nur das Pluszeichen, da das Minuszeichen nur zu einer Spiegelung am Ursprung führt.

Lorentz-Transformation

Ein Ereignis hat in einem Inertialsystem I die Koordinaten x, y, z, t und in einem relativ dazu mit der Geschwindigkeit v bewegten Inertialsystem I' die Koordinaten x', y', z', t'. Der Zusammenhang zwischen den Koordinaten der beiden Inertialsysteme ist in der Relativitätstheorie durch die Lorentz-Transformation gegeben:

$$\begin{aligned} x' &= k(x - vt) \\ y' &= y \\ z' &= z \\ t' &= k\left(t - \frac{v}{c^2} x\right) \end{aligned} \quad \Leftrightarrow \quad \begin{aligned} x &= k(x' + vt') \\ y &= y' \\ z &= z' \\ t &= k\left(t' + \frac{v}{c^2} x'\right) \end{aligned}$$

$$\text{mit } k = \frac{1}{\sqrt{1 - v^2/c^2}}$$

Die Lorentz-Transformation enthält das Relativitätsprinzip und das Prinzip von der Konstanz der Lichtgeschwindigkeit. Die klassisch gültige Galilei-Transformation folgt als Grenzfall für $v \ll c$.

Aufgaben

7.1 Ein Fluß hat eine Strömungsgeschwindigkeit von 50 m/min. Zeichnen Sie ein x-t-Diagramm, das relativ zum Ufer ruht und ein x'-t'-Diagramm, das sich mit der Strömung des Flusses mitbewegt. Lösen Sie die folgende Aufgabe graphisch: Ein Motorbootfahrer startet am Ort A zu einer Fahrt stromaufwärts. Sein Boot fährt relativ zum Wasser mit einer Geschwindigkeit von 200 m/min. Nach einer Minute entdeckt er, daß ihm eine halbvolle Whiskyflasche über Bord gefallen ist. Er kehrt sofort um und holt die Flasche 100 m stromabwärts von Punkt A ein. Allerdings war ihm kurz nach dem Wenden der Motor für eine halbe Minute ausgefallen und bei A mußte er für 38 Sekunden wegen einer den Fluß überquerenden Fähre anhalten. Wann und wo hatte er die Flasche verloren?

7.2 Zeichnen Sie ein Weg-Zeit-Diagramm, dessen Achsen einen Winkel von 60° einschließen. Tragen Sie in dieses Diagramm die Kurve ein, die die Funktion

$$x = 5 \, \frac{\text{m}}{\text{s}^2} \, t^2$$

dargestellt. Ermitteln Sie durch Tangentenbildung die Geschwindigkeiten v_1 und v_2 zu den Zeiten $t_1 = 1$ s und $t_2 = 2$ s.

7.3 Tragen Sie in ein rechtwinkliges Koordinatensystem die Punkte P_1 (3,5/1,8), P_2 (5,5/−5,5) und P_3 (−5/0) ein. Zeichnen Sie in das erste Koordinatensystem ein zweites ein, dessen Achsen einen Winkel von 120° einschließen. Beide Koordinatensysteme sollen die gleichen Geraden als Winkelhalbierende haben.

Geben Sie die Koordinaten der Punkte im stumpfwinkligen System an, wenn dessen Einheitsstrecken 1,5mal so groß sind wie die des rechtwinkligen Systems. Welche Geschwindigkeit hat in beiden Systemen eine Bewegung, deren Weltlinie die Winkelhalbierende der beiden Koordinatensysteme ist?

7.4 Zeigen Sie, daß das Prinzip der Konstanz der Lichtgeschwindigkeit in der Galilei-Transformation nicht enthalten ist.

7.5 Welche Bedeutung hat die Neigung der t'-Achse in den Diagrammen zur Galilei Transformation? Folgt aus dem Unterschied zwischen t- und t'-Achse die Nicht-Existenz einer absoluten Zeit in der klassischen Physik?

7.6 Welche physikalische Bedeutung hat die Übereinstimmung von x- und x'-Achse in den Diagrammen zur Galilei Transformation?

7.7 Zeichnen Sie das Raum-Zeit-Diagramm für die in Bild 7.8 gezeigte Bewegung eines Körpers, wobei Sie für das Ruhsystem des Körpers rechtwinklige Koordinaten wählen.

7.8 Welche physikalische Bedeutung hat die Neigung der t'-Achse in den Minkowski-Diagrammen? Hat sie etwas mit der Nicht-Existenz der absoluten Zeit in der Relativitätstheorie zu tun?

7.9 Welche physikalische Bedeutung hat die Neigung der x'-Achse in den Minkowski-Diagrammen?

7.10 Zeigen Sie mit einem Minkowski-Diagramm, daß die Zeitdilatation ein reziproker Effekt ist: Von jedem der beiden Systeme aus gesehen gehen die Uhren des anderen Systems langsamer.

7.11 Vergleichen Sie das Minkowski-Diagramm mit den Raum-Zeit Diagrammen zur Galilei Transformation: In beiden Fällen ist die Länge der Einheitsstrecke auf der t'-Achse größer als diejenige auf der t-Achse. Wieso kommen wir dann in einem Fall zu dem Schluß, daß die absolute Zeit existiert, in dem anderen, daß sie nicht existiert?

7.12 Zeichnen Sie das Minkowski-Diagramm für den Flug der beiden Raketen, welche wir in Abschnitt 6.2 betrachtet haben. Jede der beiden Raketen sei dabei 100 m lang. Wählen Sie geeignete Einheiten auf den Achsen (Sekunden und Lichtsekunden sind ungeeignet) um den Zeitunterschied der Uhren der einen Rakete gesehen von der anderen Rakete zu bestimmen.

7.13 Hat die Neigung der beiden Achsen im Minkowski-Diagramm etwas mit der Relativität der Gleichzeitigkeit zu tun? Welche der Achsenneigungen?

7.14 Berechnen Sie die Zeitdilatation aus der Lorentz-Transformation. Zeigen Sie, daß die Zeitdilatation ein reziproker Effekt ist.

7.15 Zeigen Sie, daß die Relativität der Gleichzeitigkeit aus der Lorentztransformation folgt. Zwei Ergebnisse sollen im System I im Abstand x gleichzeitig erfolgen. Wie groß ist der Zeitunterschied dieser Ereignisse gesehen von einem mit der Geschwindigkeit v bewegten Inertialsystem?

7.16 Berechnen Sie aus den Ergebnissen der vorigen Aufgabe den Zeitunterschied der Raketenuhren des Abschnittes 6.2 und vergleichen Sie das Ergebnis mit Aufgabe 7.13.

7.17 Zeigen Sie, daß aus der Lorentz-Transformation $c^2 t^2 - x^2 = c^2 t'^2 - x'^2$ folgt. Welchen Zusammenhang hat das mit der Invarianz der Lichtgeschwindigkeit?

7.18 Der Einheitspunkt auf der t'-Achse erfüllt $t' = 1$, $x' = 0$. Aus Aufgabe 7.17 folgt daraus $c^2 t^2 - x^2 = c^2$. Für beliebige Geschwindigkeiten v müssen alle Einheitspunkte auf dieser Kurve liegen. Welche Form hat die Kurve? Auf welcher Kurve liegen die Einheitspunkte der x'-Achsen für verschiedene Geschwindigkeiten v?

7.19 Lösen Sie die folgende Aufgabe rechnerisch mit den Lorentz-Transformationsgleichungen und zeichnerisch mit Hilfe eines Minkowski-Diagramms: Ein Ereignis E_1 hat im System I die Koordinaten ($x = 10$ Ls; $t = 10$ s).

Welche Koordinaten hat das Ereignis im System I', das sich mit der Geschwindigkeit $v = 0{,}6\,c$ relativ zu I bewegt? Welche Koordinaten haben die Ereignisse E_2 ($x = 10$ Ls; $t = 6$ s) und E_3 ($x = 10$ Ls; $t = 2$ s)?

8 Die Lorentz-Kontraktion

Sie werden nun einen höchst verwunderlichen Sachverhalt kennenlernen. Die Relativitätstheorie sagt aus, daß ein schnell bewegter Körper in seiner Bewegungsrichtung verkürzt ist (Bild 8.1). Ob es sich dabei um einen realen Effekt mit beobachtbaren Auswirkungen handelt, erfahren Sie in diesem Kapitel.

8.1 Bewegte Körper sind verkürzt

Die Frage, wie man die Länge eines Körpers mißt, mag zunächst sehr einfach erscheinen: Man begibt sich in sein Ruhsystem und zählt, wie oft man einen Metermaßstab hintereinanderlegen muß, um vom einen zum anderen Ende des Körpers zu gelangen. Auf diese Weise wird in Bild 8.2 die Länge eines Fahrzeugs bestimmt. Die Weltlinien A und E beschreiben dort Anfang und Ende eines im Inertialsystem I bewegten Fahrzeugs. In dessen Ruhsystem I′ liest man an der x-Achse die Länge $l_0 = 1$ Ls ab. Das ist sicher ein ungewöhnlich langes Fahrzeug, aber unsere Überlegungen werden dadurch vereinfacht. Man bezeichnet die im Ruhsystem gemessene Länge als **Eigenlänge**.

Nun muß es aber auch möglich sein, die Länge eines Körpers in einem System zu messen, in dem er sich bewegt. Das soeben beschriebene Verfahren kann dann nicht mehr direkt angewandt werden. Man muß nun erreichen, daß der bewegte Körper in dem betrachteten System irgendwelche Marken hinterläßt, deren Abstand man dann messen kann. Denken wir an unser Fahrzeug, so können wir wie folgt verfahren: An der vorderen und hinteren Stoßstange werden Farbpistolen befestigt, und

Bild 8.1 Im Science-Fiction-Land sieht das vorbeirasende Auto stark zusammengedrückt aus.

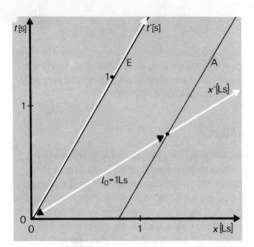

Bild 8.2 Die gleichförmige Bewegung eines Fahrzeugs im x-t-Diagramm. Im Ruhsystem I' hat das Fahrzeug die Länge $l_0 = 1$ Ls.

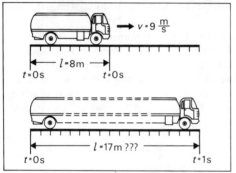

Bild 8.3 Die Längenmessung wird nur sinnvoll, wenn Anfang und Ende des LKW gleichzeitig auf der Straße markiert werden.

zu einem bestimmten Zeitpunkt bringen beide Pistolen Markierungen auf der Fahrbahn an. Die Länge des Fahrzeugs kann dann bestimmt werden, indem in gewohnter Weise der Abstand der beiden Markierungspunkte gemessen wird. Es versteht sich von selbst, daß die beiden Pistolen gleichzeitig ausgelöst werden, da man sonst zu wenig sinnvollen Ergebnissen gelangt (Bild 8.3).

Bei diesem Verfahren ist zu beachten, daß Gleichzeitigkeit nicht absolut gilt. Ereignisse, die in einem System gleichzeitig stattfinden, vollziehen sich in einem dagegen bewegten System zu verschiedenen Zeiten. Es ist daher zu erwarten, daß Längenmessungen in der Bewegungsrichtung nicht stets zum gleichen Ergebnis führen werden.

In Bild 8.4 wird eine Längenmessung des bewegten Fahrzeugs im System I durchgeführt. Zur Zeit $t = 0$ werden gleichzeitig Anfang und Ende markiert. Die beiden Marken liegen auf der x-Achse, denn für die x-Achse gilt die Bedingung $t = 0$. Man sieht, daß die in I gemessene Länge l kleiner ist als 1 Ls.

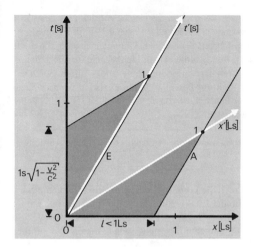

Bild 8.4 Die Längenmessung des bewegten Fahrzeugs führt in I zu $l < l_0$. (Zur Herleitung der Formel für die Lorentz-Kontraktion: Eine Uhr, deren Weltlinie mit der t-Achse zusammenfällt, ist in I' bewegt. Sie zeigt daher erst die Zeit $t = 1\,\text{s}\,\sqrt{1 - v^2/c^2}$ an, wenn die Uhren in I' bereits die Zeit $t' = 1\,\text{s}$ anzeigen.)

Ein in I' ruhender Beobachter wird sich über dieses Ergebnis nicht wundern. Ihm stellt sich das Ganze als Fehlmessung dar, denn aus seiner Sicht wurde der Anfang des Fahrzeugs *früher* markiert als das Ende.

Machen Sie sich diesen Sachverhalt anhand des Bildes 8.4 klar. Lesen Sie dabei die unterschiedlichen Meßzeiten t' mit Hilfe von Parallelen zur x'-Achse an der t'-Achse ab.

Ein in I ruhender Beobachter behauptet hingegen, bei der Längenmessung im Ruhsystem I' sei das Ende des Fahrzeugs früher als der Anfang markiert worden. Aus der bisherigen Entwicklung geht hervor, daß keiner der beiden recht hat, wenn er dem anderen eine Fehlmessung vorwirft. Da es keine absolute Gleichzeitigkeit gibt, kann auch keine der beiden Längenmessungen eine absolute Gültigkeit beanspruchen.

> Die Länge eines Körpers in seiner Bewegungsrichtung hängt vom Bezugssystem ab, in dem die Längenmessung durchgeführt wird.

Es läßt sich auch eine Aussage darüber machen, wie stark verkürzt der bewegte Körper im System I erscheint. Im Minkowski-Diagramm besteht völlige Symmetrie zwischen x- und t-Achse. Dies erlaubt, in Bild 8.4 zwei kongruente Dreiecke einzuzeichnen. Daraus läßt sich ablesen, daß der bewegte Körper um den gleichen Faktor $\sqrt{1 - v^2/c^2}$ verkürzt gemessen wird, um den auch eine bewegte Uhr langsamer geht.

> Die Länge l eines bewegten Körpers wird in seiner Bewegungsrichtung um den Faktor $\sqrt{1 - v^2/c^2}$ kleiner gemessen, als die im Ruhsystem gemessene Eigenlänge l_0:
>
> $l = l_0 \sqrt{1 - v^2/c^2}$.

Man bezeichnet diese Verkürzung eines bewegten Körpers als **Lorentz-Kontraktion**. Die Lorentz-Kontraktion tritt nur in der Bewegungsrichtung, d.h. in der x-Richtung auf. In y- und z-Richtung messen alle Beobachter die gleiche Ausdehnung eines Körpers. In y- und z-Richtung hintereinander aufgestellte Uhren gehen für alle in x-Richtung bewegten Beobachter synchron: Senden zwei Uhren gleichzeitig für einen Beobachter Lichtsignale aus, so treffen sich die beiden Lichtsignale für alle anderen Beobachter auf der Mittelsenkrechten der Verbindungslinie beider Uhren. Solange man sich auf eine Bewegung in x-Richtung beschränkt, gibt es also in y- und z-Richtung eine Übereinstimmung in der Beurteilung von Gleichzeitigkeit für alle Systeme und auch eine einheitliche Längenmessung.

> Senkrecht zur Bewegungsrichtung messen alle Beobachter die gleiche Ausdehnung eines Körpers.

Ebenso wie die Zeitdilatation ist auch die Lorentz-Kontraktion ein zwischen zwei Systemen I und I' völlig symmetrischer Effekt. Ruht das von uns betrachtete Fahrzeug im System I, so wird dort die Eigenlänge l_0 = 1 Ls gemessen. Das Fahrzeug bewegt sich nun relativ zum System I' und eine Längenmessung in diesem System führt ebenfalls zu $l' < 1$ Ls (Bild 8.5).

8.2 Schein oder Wirklichkeit?

Die Formel für die Kontraktion eines Körpers in seiner Bewegungsrichtung war bereits vor Einstein von dem holländischen Physiker Hendrik Antoon Lorentz angegeben worden. Für diesen und andere wichtige Beiträge zur Theorie der Bewegung von Körpern und zur Elektrodynamik erhielt Lorentz 1902 den Nobelpreis.[1]

Im Gegensatz zu Einstein baute Lorentz sein physikalisches Weltbild nicht auf den Grundannahmen der Relativitätstheorie auf. Er hielt vielmehr an der Newtonschen Vorstellung einer absoluten Zeit und eines absoluten Raumes fest, in dem der Äther

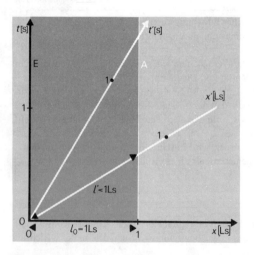

Bild 8.5 Ruht das Fahrzeug in I, so hat es dort die Eigenlänge l_0. Eine Längenmessung in I' führt nun zu $l' < l_0$.

ruht. Wie Lorentz dennoch bei der Erklärung der physikalischen Beobachtungen zu den gleichen Formeln gelangte wie später die Relativitätstheorie, zeigen wir am Beispiel des Michelson-Morley-Versuchs.

Der Michelson-Morley-Versuch sollte den Einfluß auf die Lichtgeschwindigkeit aufzeigen, den die Bewegung der Erde durch den ruhenden Äther hervorruft. Hierzu durchläuft ein Lichtsignal in Richtung der Erdbewegung eine Strecke der Länge D hin und zurück. In Kapitel 2 hatten wir gezeigt, daß das Licht für den Hin- und Herweg die Zeit

$$t_1 = \frac{2D}{c} \frac{1}{1-v^2/c^2}$$

benötigt. Ein zweites Signal, das senkrecht zur Bewegungsrichtung der Erde eine gleichlange Strecke D hin und zurück durchläuft, braucht hingegen nur die Zeit

$$t_2 = \frac{2D}{c} \frac{1}{\sqrt{1-v^2/c^2}}.$$

Mit dem Michelson-Interferometer sollte der Laufzeitunterschied $t_1 - t_2$ gemessen werden. Das Ergebnis war jedoch negativ, denn man konnte keinen Unterschied der beiden Laufzeiten beobachten.

Lorentz erklärte den negativen Ausgang damit, daß alle Körper bei der Bewegung durch den Äther schrumpfen. Durch dieses Schrumpfen, das nur in der Bewegungsrichtung auftritt, wird die Laufzeit t_1 kleiner. Nimmt man an, daß alle Körper um den Faktor $\sqrt{1-v^2/c^2}$ kleiner werden, so hat auch der Spektrometerarm in Richtung der Erdbewegung nur noch die Länge $D\sqrt{1-v^2/c^2}$. Für die Laufzeit t_1 erhält man dann

$$t_1 = \frac{2D\sqrt{1-v^2/c^2}}{c} \frac{1}{1-v^2/c^2} = \frac{2D}{c}\frac{1}{\sqrt{1-v^2/c^2}}$$

Damit ist $t_1 = t_2$, und der erwartete Effekt kann nicht mehr beobachtet werden. Auf diese Weise erhielt Lorentz bereits im Jahr 1895 die gleiche Formel für die Längenkontraktion wie später Einstein aus seiner Relativitätstheorie. Trotz der gleichen Ergebnisse sind die beiden Theorien jedoch völlig verschieden.

Für Einstein sind die Prinzipien der Relativität und der Invarianz der Lichtgeschwindigkeit grundlegende Eigenschaften der Natur. Einstein selbst vergleicht sie in ihrem prinzipiellen Charakter mit dem Satz von der Erhaltung der Energie. Diese Grundprinzipien führen zu neuen Aussagen über Raum und Zeit, die den klassischen Vorstellungen zum Teil widersprechen. Eine davon ist die relativistische Längenkontraktion bewegter Körper.

Lorentz sucht dagegen nach einer *mechanischen* Erklärung für die Längenänderung bewegter Körper. Er glaubt, daß die Bewegung eines Körpers durch den ruhenden Äther die Kräfte zwischen den Molekülen beeinflußt. In seiner Arbeit *„Der Interferenzversuch Michelsons"* aus dem Jahre 1895 schreibt er darüber:[2]

„So befremdend die Hypothese auch auf den ersten Blick erscheinen mag, man wird dennoch zugeben müssen, daß sie gar nicht so fern liegt, sobald man annimmt, daß

auch die Molekularkräfte, ähnlich wie wir es gegenwärtg von den elektrischen und magnetischen Kräften bestimmt behaupten können, durch den Äther vermittelt werden. Ist dem so, so wird die Translation die Wirkung zwischen zwei Molekülen oder Atomen höchstwahrscheinlich in ähnlicher Weise ändern, wie die Anziehung oder Abstoßung zwischen geladenen Teilchen. Da nun die Gestalt und die Dimensionen eines festen Körpers in letzter Instanz durch die Intensität und Molekularwirkungen bedingt werden, so kann dann auch eine Änderung der Dimensionen nicht ausbleiben."

Es hat lange gedauert, bis die Physiker von Lorentz' Ideen Abstand gewannen und sich der Relativitätstheorie zuwandten. Bezeichnend dafür ist, daß Einstein den Nobelpreis nicht für seine Untersuchungen zur Relativitätstheorie, sondern für seine „Verdienste um die Theoretische Physik, besonders für die Entdeckung des für den Photoelektrischen Effekt geltenden Gesetzes" zuerkannt erhielt. Im Jahre 1921 war die Relativitätstheorie eben noch immer heftig umstritten!

Für uns ist heute die Lorentz-Kontraktion nicht in dem Sinne real, daß damit eine mechanische Verformung und Stauchung von Körpern verbunden ist. Dann würden nämlich beispielsweise die Räder des Autos in Bild 8.1 bei der Drehung unter der Last der ständigen Verformungen zerspringen. Das bedeutet jedoch nicht, daß mit der relativistischen Erklärung der Lorentz-Kontraktion diese nur scheinbar vorhanden ist und sich einer Beobachtung entzieht. Dies soll in den folgenden beiden Beispielen gezeigt werden.

Die Lorentz-Kontraktion des Coulomb-Feldes

Fliegt ein energiereiches, elektrisch geladenes Teilchen, z. B. ein Elektron oder ein Proton, durch eine Nebel- oder eine Blasenkammer, so ionisiert es Teilchen in der Kammer und hinterläßt dadurch eine Spur. Die Spur ist umso deutlicher, je größer das Ionisierungsvermögen des Teilchens ist, d. h. je mehr Teilchen pro Wegstück ionisiert werden.

Bild 8.6 zeigt, daß das Ionisierungsvermögen von der kinetischen Energie der Teilchen abhängt. Mit zunehmender kinetischer Energie nimmt das Ionisierungsvermögen zunächst ab, um nach Durchlaufen eines Minimums wieder zuzunehmen.

Bei der Ionisierung übt das energiereiche, elektrisch geladene Teilchen über sein Coulomb-Feld eine Kraftwirkung auf die Hüllenelektronen eines Atoms oder eines Moleküls aus und reißt durch seine Bewegung ein Elektron ab. Dabei verrichtet es Arbeit und verliert einen entsprechenden Teil seiner kinetischen Energie.

Die anfängliche Abnahme erklärt man so, daß mit zunehmender Geschwindigkeit die Zeit kürzer wird, in der das ionisierende Teilchen in der Nähe eines Atoms verweilt. Die Wahrscheinlichkeit, daß das vorbeifliegende Teilchen ein Elektron mitreißt, wird damit zunehmend geringer. Trotzdem nimmt das Ionisationsvermögen bei hohen Geschwindigkeiten wieder zu. Dies läßt sich mit der Lorentz-Kontraktion erklären, wie die folgende Überlegung zeigt. Das elektrische Feld eines ruhenden Teilchens weist sternförmig nach außen. In einem bestimmten Abstand sind die Feldlinien überall gleich dicht und die elektrische Feldstärke hat den gleichen Wert.

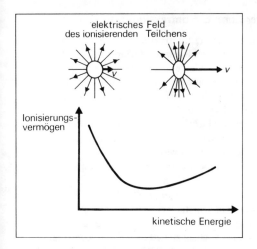

Bild 8.6 Das Ionisierungsvermögen eines geladenen Teilchens als Funktion seiner kinetischen Energie. Das kugelsymmetrische Coulomb-Feld eines langsam und das Lorentz-kontrahierte Coulomb-Feld eines schnell bewegten Teilchens sind oben dargestellt.

Dieses kugelsymmetrische Feld wird durch die Lorentz-Kontraktion verformt. Die elektrischen Feldlinien werden in der Ebene senkrecht zur Bewegungsrichtung zusammengedrängt, so daß dort die elektrische Feldstärke zunimmt (Bild 8.6). Dadurch übt das Coulomb-Feld des Teilchens eine stärkere Kraft auf andere Ladungen aus. Die Folge ist ein Anwachsen des Ionisierungsvermögens sehr schnell fliegender Teilchen. (Auf die Lorentz-Kontraktion des Coulomb-Feldes werden wir in Kapitel 16 nochmals zurückkommen.)

Die kosmische Strahlung

In Kapitel 5 hatten Sie gehört, daß die Höhenstrahlung in der Atmosphäre Myonen in großer Zahl erzeugt. Diese Elementarteilchen, deren Halbwertszeit nur $1,5\,\mu s$ beträgt, fliegen mit nahezu Lichtgeschwindigkeit zur Erde. Nach klassischer Rechnung sollte man an der Erdoberfläche keine Myonen nachweisen können, denn sie entstehen in rund 20 km Höhe. Nehmen wir Lichtgeschwindigkeit an, so sollten die Myonen in der Zeit $\Delta t = 1,5\,\mu s$ höchstens den Weg

$$\Delta s = c \cdot \Delta t = 3 \cdot 10^8 \text{ m/s} \cdot 1,5\,\mu s = 450 \text{ m}$$

zurücklegen können. Tatsächlich wird aber noch etwa ein Fünftel der ursprünglich erzeugten Myonen an der Erdoberfläche nachgewiesen.

In Kapitel 5 hatten wir diese Beobachtung mit der Zeitdilatation erklärt, die zu einer erheblichen Lebenszeitverlängerung der schnell bewegten Teilchen führt. Ein großer Teil der längerlebigen Myonen gelangt zur Erdoberfläche, bevor er zerfällt.

Diese Beobachtung können wir auch mit der Lorentz-Kontraktion erklären. Hierzu begeben wir uns in das Ruhsystem der Myonen. Jetzt fliegt die Erdatmosphäre mit nahezu Lichtgeschwindigkeit an den Teilchen vorbei und erscheint stark verkürzt. Die Höhe 20 km hat nur noch eine Ausdehnung von weniger als 300 m (siehe hierzu Aufgabe 10.3). Diese Strecke kann ein Teil der Myonen während deren Halbwertszeit von $1,5\,\mu s$ durchfliegen und gelangt zur Erde.

8.3 Die Unsichtbarkeit der Lorentz-Kontraktion

Es stellt sich die Frage, ob man die Lorentz-Kontraktion eines schnell bewegten Objekts mit dem Auge sehen oder mit einer Kamera fotografieren kann. Würde der Mann in Bild 8.1 das Auto tatsächlich in der gezeichneten Weise verkürzt sehen? Lange Zeit glaubten die meisten Physiker unkritisch, daß dies prinzipiell möglich sei. Erst in den fünfziger Jahren hatte man erkannt, daß die Lorentz-Kontraktion unsichtbar ist.[3] Ausschlaggebend hierfür ist die Tatsache, daß bei der *visuellen* Beobachtung die Laufzeit des Lichts vom Objekt zum Beobachter berücksichtigt werden muß: Das Licht, das von verschiedenen, voneinander entfernten Punkten eines Objekts gleichzeitig ausgesendet wird, gelangt nicht zugleich in das Auge eines Beobachters bzw. in das Objektiv einer Kamera. Ein Beispiel soll dies erläutern.

In Bild 8.7 bewegt sich ein Eisenbahnwagen mit großer Geschwindigkeit v nach rechts. Welches Bild sieht ein Mann, an dem der Wagen vorüberfährt? Um das Problem zu vereinfachen, soll der Beobachter weit von den Gleisen entfernt stehen. Dann brauchen wir nur parallele Lichtstrahlen zu betrachten. Zur Konstruktion des Bildes benutzen wir das von den vier Ecken A, B, C und D des Wagens ausgesendete Licht.

Da die Ecken A und B vom Beobachter weiter entfernt sind als die Ecken C und D, muß das von ihnen kommende Licht zu einem früheren Zeitpunkt ausgesendet werden (Bild 8.7a). Das von B kommende Licht gelangt jedoch nicht in das Auge des Beobachters, da es durch die Bewegung des Wagens auf dessen Stirnseite auftrifft. Anders das von A kommende Licht. Es durchläuft die Strecke, die der Breite b des Wagens entspricht, in der Zeit $\Delta t = b/c$. In dieser Zeit ist der Wagen um die Strecke $\Delta s = v \Delta t = v/c \cdot b$ weitergefahren (Bild 8.7b). Das Licht, das *nun* von den Ecken C und D ausgesendet wird, gelangt zugleich mit dem von A kommenden Licht in das Auge des Beobachters. Dieser würde demnach, ohne Berücksichtigung der Lorentz-Kontraktion, das im Bild 8.7c dargestellte, *verzerrte* Bild des Wagens sehen. Tatsächlich aber ist die Länge l des Wagens um den Faktor $\sqrt{1 - v^2/c^2}$ Lorentz-kontrahiert, so daß sich das im Bild 8.7d gezeichnete Aussehen ergibt. Das ist die Ansicht eines Wagens, der um den Winkel α gedreht ist, wie in Bild 8.7d zu sehen. Gilt für den Sinus des Drehwinkels α die Beziehung $\sin \alpha = v/c$, dann folgt für den Kosinus die Beziehung $\cos \alpha = \sqrt{1 - v^2/c^2}$: Dann ist von der Breite b des Wagens gerade die Projektion $b \sin \alpha = b \cdot v/c$ und von der Länge l des Wagens die Projektion $l \cos \alpha = l \sqrt{1 - v^2/c^2}$ zu sehen. Durch die Lorentz-Kontraktion wird also das Bild *entzerrt,* indem der Wagen um den Winkel α gedreht erscheint. Dieses an einem einfachen Beispiel hergeleitete Ergebnis gilt allgemein:

> Bewegte Objekte erscheinen bei visueller Beobachtung oder bei fotografischen Aufnahmen nicht kontrahiert, sondern gedreht.

In Kapitel 11 werden Sie die relativistische Addition von Geschwindigkeiten kennenlernen. Danach sollten Sie sich nochmals mit diesem Problem befassen. Sie werden dann verstehen, daß das im Ruhsystem des Wagens unter dem Winkel α schräg nach

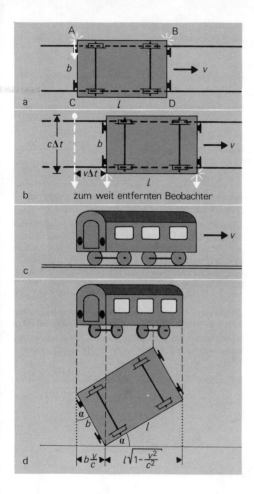

Bild 8.7 Der schnell bewegte Wagen wird von einem weit von den Gleisen entfernt stehenden Beobachter nicht kontrahiert, sondern gedreht gesehen.

hinten ausgesendete Licht im Bezugssystem des Beobachters senkrecht zu den Gleisen in dessen Auge fällt. Damit ergibt sich auch hier kein Widerspruch.

Aufgaben

8.1 Ist die Lorentz-Kontraktion scheinbar oder wirklich? Äußern Sie sich zu dieser Frage.

8.2 In Bild 8.5 wird im System I' die Länge eines Fahrzeugs verkürzt gemessen.
Wie erklärt ein Beobachter in I das Zustandekommen dieses Meßergebnisses?

8.3 Myonen werden in 20 km Höhe durch die Höhenstrahlung erzeugt. Mit der Geschwindigkeit $v = 0{,}9998\,c$ fliegen sie auf die Erde zu.
Wie stark ist im Ruhsystem der Myonen die Höhe $H = 20$ km kontrahiert?

8.4 In einem Linearbeschleuniger wird ein Elektron auf die Geschwindigkeit $v = 0,6\,c$ beschleunigt. Anschließend durchfliegt es mit konstanter Geschwindigkeit eine Strecke AB von 9 m Länge.

Wie lange braucht das Elektron, um diese Strecke zu durchfliegen?
Welche Zeit vergeht im Ruhsystem des Elektrons, bis die Strecke AB vorbeigeflogen ist?
Wie groß ist die Strecke AB für das Elektron?

Lösen Sie die Aufgabe, indem Sie in einem Minkowski-Diagramm das Laborsystem, das Ruhsystem des Elektrons und die Weltlinien der Punkte A und B und die des Elektrons zeichnen. Prüfen sie die geometrisch gewonnenen Werte durch Rechnung nach.

8.5 Im Jahre 1937 haben Wood, Tomlinson und Essen versucht,[4] einen rotierenden Stab mit Hilfe der Lorentz-Kontraktion zu longitudinalen Eigenschwingungen anzuregen.

Durch die Bewegung der Erde um die Sonne ($v = 30$ km/s) erwarteten sie, daß der rotierende Stab je nach Stellung kontrahiert und wieder entspannt wird. Bei der richtigen Drehfrequenz sollte es dann zu Resonanzschwingungen in der Längsrichtung des Stabes kommen. Nehmen Sie Stellung zu diesem Versuchsvorhaben!

8.6 Diese Aufgabe könnte einem Science-Fiction-Roman entnommen sein: Die grauen Kampfverbände haben einen neuen, 26 m langen Superpanzer erhalten, der eine Geschwindigkeit von $v = 12/13\,c$ erreicht. Mit diesem Panzer sollen die gegnerischen Stellungen erobert werden. Die grünen Truppen haben zu ihrer Verteidigung 13 m breite Gräben gezogen. Sie hoffen, daß der auf 10 m Lorentz-kontrahierte Panzer da hineinfällt. Die Panzerfahrer hingegen glauben, den aus ihrer Sicht auf 5 m kontrahierten Graben überfahren zu können.

Wer wird in dieser Schlacht siegen?

Zur Vorsorge haben die grünen Truppen noch einen starken Elektromagneten im Graben eingebaut, der eingeschaltet werden soll, wenn sich der Panzer über dem Graben befindet.

Versuchen Sie dieses nicht gerade einfache Problem an einem Minowski-Diagramm zu diskutieren. Beachten Sie dabei, daß es nach der Relativitätstheorie keinen absolut starren Körper geben kann (siehe Kapitel 9).

9 Lichtkegel und Kausalität

Alice, eine moderne Hexe aus Schwäbisch Hall,
sprach per Hyperfunk zu einer Kollegin im All:
Laß uns mal sehn,
ein vergangenes Ding zu drehn!
Die Kriminalpolizei interessiert sich nun für den Fall.

9.1 Die Lichtgeschwindigkeit als Grenze

Um diese Limerick-Hexerei zu verstehen, konstruieren wir einen Fall relativistischen Lottobetrugs. Was wir dazu benötigen, sind *Hyperradiowellen*. So bezeichnen wir Radiowellen, die sich mit Überlichtgeschwindigkeit ausbreiten.

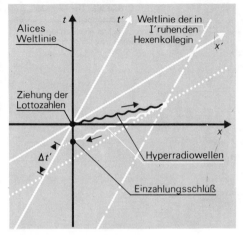

Bild 9.1 Alice ruht im Erdsystem I (x, t) und verfolgt die Ziehung der Lottozahlen. Die richtigen Zahlen sendet sie per Hyperfunk zu einer Kollegin im System I′, die sofort per Hyperfunk die Nachricht zurücksendet: die Mitteilung kommt gerade noch zum Einzahlungsschluß an.

Der Hexenplan läuft dann wie folgt ab: Alice, deren Weltlinie in Bild 9.1 gezeichnet ist, verfolgt am Samstagabend im Fernsehen die Ziehung der Lottozahlen. Die richtigen Zahlen sendet sie per Hyperfunkspruch an eine Kollegin. Die Hexenkollegin ruht in einem Inertialsystem I′, das sich mit großer Geschwindigkeit relativ zu unserem Erdsystem I bewegt. Sofort nach dem Empfang der Nachricht sendet die Kollegin ebenfalls mit Hyperradiowellen den Funkspruch an Alice zurück. (Dieses Signal läuft in I′ zwar mit Überlichtgeschwindigkeit, es vergeht jedoch eine positive Zeitspanne $\Delta t'$, bis das Signal eintrifft. In I hingegen läuft das Signal zeitlich rückwärts!)

Wie Sie Bild 9.1 entnehmen können, trifft der Funkspruch gerade noch zum Einzahlungsschluß ein. Die Sache wäre unentdeckt geblieben, hätte Alice nicht gleich sieben Scheine mit den richtigen Zahlen ausgefüllt.

Diese Gedankenspielerei sollte zeigen, daß man mit Signalen, die sich mit Überlichtgeschwindigkeit ausbreiten, Botschaften in die eigene Vergangenheit senden kann. Wir sind jedoch ziemlich sicher, daß so etwas unmöglich ist. Daher kann es keine Hyperradiowellen geben. Signale können sich nicht mit Überlichtgeschwindigkeit ausbreiten.

Auch einen Körper wird man demnach nicht auf Überlichtgeschwindigkeit beschleunigen können. Man könnte sonst eine Nachricht auf den Körper schreiben und ihn mit Überlichtgeschwindigkeit zum Empfänger schicken.

Dieser Schluß folgt allein aus dem Relativitätsprinzip und der Invarianz der Lichtgeschwindigkeiten. Mit diesen Annahmen wurde das Minkowski-Diagramm konstruiert, das uns soeben zu der Erkenntnis führte:

> Signale und Körper können nicht mit Überlichtgeschwindigkeit von einem Ort zu einem anderen gelangen.

1974 wurde in Stanford am dortigen Linearbeschleuniger ein Präzisionsexperiment durchgeführt, um die Geschwindigkeit von hochbeschleunigten Elektronen mit der Lichtgeschwindig-

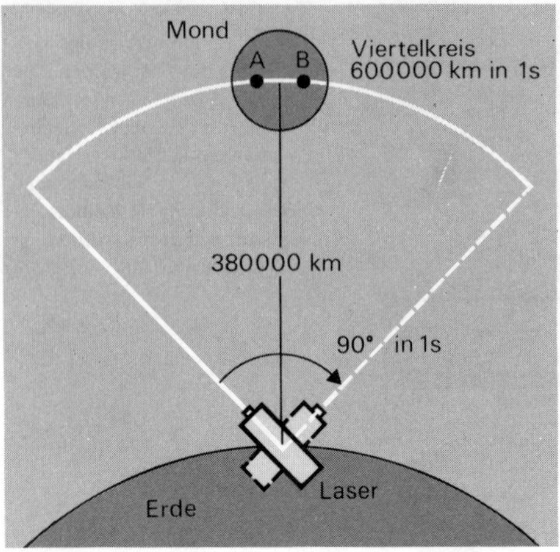

Bild 9.2 Der Lichtfleck läuft mit doppelter Lichtgeschwindigkeit über den Mond.

(Abbildung: Mond mit Punkten A und B, Viertelkreis 600000 km in 1s, 380000 km Abstand, 90° in 1s, Laser auf der Erde)

keit zu vergleichen. Nach klassischer Rechnung hätte die kinetische Energie ausgereicht, um den Elektronen eine Geschwindigkeit vom 300fachen Wert der Lichtgeschwindigkeit zu geben. Man stellte jedoch fest, daß die Elektronen nur Lichtgeschwindigkeit erreicht hatten (in Kapitel 13 werden wir ausführlicher auf dieses Experiment eingehen).[1]

Die Aussage, daß Signale und Körper keine Überlichtgeschwindigkeit erreichen können, bedeutet jedoch nicht, daß es keine Überlichtgeschwindigkeit gibt.

Leuchten wir zum Beispiel mit einem Laserstrahl auf den Mond, so wird dort ein Lichtfleck zu beobachten sein. Wird der Laser gedreht, so wandert der Lichtfleck über die Mondoberfläche (Bild 9.2). Bei einer Drehgeschwindigkeit von nur 90° pro Sekunde huscht der Lichtfleck bereits mit doppelter Lichtgeschwindigkeit über den Mond hinweg. Signale können jedoch nicht mit doppelter Lichtgeschwindigkeit von einer Stelle A des Mondes zu einer anderen Stelle B übertragen werden. Angenommen, die Nachricht über eine gelungene Mondlandung an der Stelle A soll nach B übermittelt werden.

Hierzu wird der Laser auf dreiviertel seiner Lichtstärke eingestellt. Es wird vereinbart, daß volle Lichtstärke die gelungene, halbe Lichtstärke die mißlungene Mondlandung anzeigt. Dazu muß ein Lichtsignal von der Stelle A auf dem Mond zu dem Laser auf der Erde gesandt werden, um dem Operateur mitzuteilen, wie er den Laser einzustellen hat. Sie erkennen bereits, daß der Lichtfleck inzwischen schon längst Punkt B *ohne* Informationsgehalt erreicht hat.

Signale können sich höchstens mit Lichtgeschwindigkeit ausbreiten. Dies führt zu einer weiteren Erkenntnis:

> Es gibt keinen absolut starren Körper.

Wenn wir gegen das eine Ende eines absolut starren Körpers stoßen, so würde sich im gleichen Moment das andere Ende mitbewegen. Dies widerspricht ebenfalls der Relativitätstheorie. Statt in Bild 9.1 Hyperradiowellen zu benutzen, könnte ein sehr langer, absolut starrer Stab durch den Raum verlegt werden. Mit Morsezeichen würden Signale dann sogar unendlich schnell übertragen. Irgendeine Stauchung, Streckung oder Verbiegung kann sich in einem Körper daher höchstens mit Lichtgeschwindigkeit fortpflanzen.

9.2 Vergangenheit, Gegenwart und Zukunft

In Kapitel 6 haben Sie erfahren, daß relativ zueinander bewegte Beobachter Ereignisse in zeitlich umgekehrter Reihenfolge wahrnehmen können. Wird dadurch nicht jenes Prinzip aufgehoben, das besagt, eine Ursache geht ihrer Wirkung zeitlich immer voraus? Kann sich für irgendeinen Beobachter ein Kausalzusammenhang derart umkehren, daß eine Wirkung ihrer Ursache vorausgeht?

Betrachten wir zwei Ereignisse A und B, die im Inertialsystem I gleichzeitig zur Zeit $t_A = t_B = 22$ min an zwei verschiedenen Orten stattfinden. Wir nehmen an, Ereignis A ist ein Auffahrunfall und Ereignis B eine Nachricht, die ein Rundfunksprecher gerade in das Mikrofon spricht.

Im System I′ sind die beiden Ereignisse nicht mehr gleichzeitig. Aus Bild 9.3 liest man ab, daß der Auffahrunfall zur Zeit $t'_A = 35$ min passiert, während der Rundfunksprecher die Nachricht 15 Minuten später zur Zeit $t'_B = 50$ min verliest. In I″ ist es gerade umgekehrt. Dort wird die Nachricht zur Zeit $t''_B = 5$ min verlesen und 15 Minuten später zur Zeit $t''_A = 20$ min ereignet sich der Unfall.

In I′ wird die Nachricht nach dem Unfall ausgestrahlt. Sie könnte daher ein Bericht über den Unfall sein. In I″ erfolgt die Ausstrahlung vor dem Unfall. Nehmen wir an, der Fahrer des Unfallwagens hört in I″ aus dem Autoradio die Nachricht von seinem Unfall. Er gerät darüber so in Aufregung, daß er kurz darauf in I′ den Unfall tatsächlich verursacht. Oder er fährt woanders hin und vermeidet so den Unfall!
– So etwas kann nicht sein. Hier muß uns ein Denkfehler unterlaufen sein. Ein Ereignis, das sich selbst verursacht oder verhindert, würde unsere Vorstellung von Kausalität aufheben.

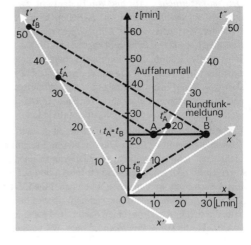

Bild 9.3 Die Ereignisse A und B finden in verschiedenen Inertialsystemen zu verschiedenen Zeiten statt.

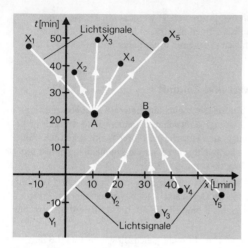

Bild 9.4 Das Ereignis A kann die Ereignisse X_i bewirken. Die Ereignisse Y_i können das Ereignis B bewirken.

Was wir falsch gemacht haben, zeigt Bild 9.4. Ereignis A kann nur solche Ereignisse X auslösen, die durch eine von A ausgehende Weltlinie zu erreichen sind. Die Weltlinien der von A ausgehenden *Lichtsignale* grenzen den Bereich dieser Ereignisse ab, da sich kein Signal schneller als mit Lichtgeschwindigkeit ausbreiten kann. Wir sehen, Ereignis B liegt außerhalb dieses Bereichs. In keinem Inertialsystem kann daher der Rundfunksprecher in B vom Ereignis A berichten, da er davon keine Kenntnis haben kann!

Der Rundfunk in B kann nur die Nachricht von solchen Ereignissen Y ausstrahlen, die durch Weltlinien von Y nach B verbunden werden können. Wiederum begrenzen die Weltlinien der beiden Lichtsignale, die in B eintreffen, den Bereich dieser Ereignisse. Ereignis A liegt außerhalb dieses Bereichs.

Den *'raum-zeitlichen' Abstand* von Ereignissen, zwischen denen ein kausaler Zusammenhang bestehen kann, wie zwischen A und X oder Y und B, bezeichnet man als *'zeitartiges'* Intervall. Die Abfolge zeitartiger Intervalle, z.B. erst A dann X, ist stets gleich. Es läßt sich kein Bezugssystem finden, in dem diese Reihenfolge umgekehrt werden könnte. Den 'raum-zeitlichen' Abstand von Ereignissen, die nicht aufeinander wirken können, wie zum Beispiel die Ereignisse A und B bezeichnet man als *'raumartiges'* Intervall. Ereignisse mit raumartigen Intervall können in verschiedenen Bezugssystemen umgekehrte zeitliche Abfolge haben. Stets läßt sich ein Bezugssystem finden, in dem sie gleichzeitig stattfinden.

Wir betrachten nun ein einziges Ereignis A, das wir der Einfachheit halber in den Koordinatenursprung legen. Die von diesem Ereignis ausgehenden Weltlinien von Lichtsignalen bilden in einem x-y-t-Diagramm einen nach oben geöffneten *'Lichtkegel'* (Bild 9.5). Alle Ereignisse im Innern und auf dem Mantel des Kegels können von A beeinflußt werden. Sie können daher die Gesamtheit dieser Ereignisse als die *'Zukunft des Ereignisses A'* bezeichnen. Ebenso bilden die Weltlinien der Lichtsignale, die sich in A treffen, einen nach unten geöffneten Lichtkegel, der die Ereignisse einschließt, die auf A einwirken können. Wir bezeichnen diese Ereignisse als die

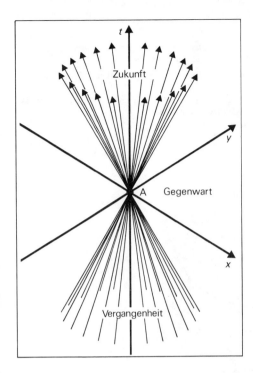

Bild 9.5 Der Lichtkegel unterteilt im Raum-Zeit-Diagramm die Ereignisse in vergangene, gegenwärtige und zukünftige bezüglich des Ereignisses A.

'Vergangenheit des Ereignisses A'. Alle Ereignisse, die außerhalb der beiden Lichtkegel liegen, können weder auf das Ereignis A einwirken, noch von ihm beeinflußt werden. Man kann diese Ereignisse als die *'Gegenwart des Ereignisses A'* bezeichnen, da für jedes Ereignis ein Bezugssystem gefunden werden kann, in dem es gleichzeitig mit A stattfindet.

Auch in der Relativitätstheorie gilt trotz des Fehlens einer absoluten Zeit das Kausalitätsprinzip, wonach stets die Ursache der Wirkung zeitlich vorausgeht.

Ereignisse mit 'raumartigem' Intervall können durch die Wahl eines anderen Bezugssystems in ihrer zeitlichen Abfolge umgekehrt werden. Diese Ereignisse können jedoch keinen kausalen Zusammenhang haben.

Ereignisse mit 'zeitartigem' Intervall haben in jedem Bezugssystem die gleiche zeitliche Abfolge. Sie können kausal aufeinander wirken.

Als 'Zukunft eines Ereignisses A' bezeichnet man die Gesamtheit der Ereignisse, die die Folge des Ereignisses A sein könnten. Die 'Vergangenheit' stellt all die Ereignisse dar, die Ereignis A hätten beeinflussen können. Alle anderen Ereignisse bezeichnet man als gegenwärtig.

Aufgaben

9.1 Stellen Sie in einem $x\text{-}t$-Diagramm die klassische Vorstellung von Vergangenheit, Gegenwart und Zukunft der relativistischen Auffassung gegenüber.

9.2 In einem Inertialsystem I (x/t) haben drei Ereignisse die Koordinaten A (0/0), B (4 Ls/1 s) und C (5 Ls/3 s).

Sind die Raum-Zeit-Intervalle der drei Ereignisse raum- oder zeitartig? Führen Sie Inertialsysteme ein, in denen Ereignisse gleichzeitig stattfinden.

Wie ist in diesen Systemen die zeitliche Abfolge der Ereignisse?

9.3 Bild 9.6 zeigt die Weltlinie eines Körpers, der sich zeitweise mit Überlichtgeschwindigkeit im System I bewegen soll. Welche Widersprüche ergeben sich daraus im System I'?

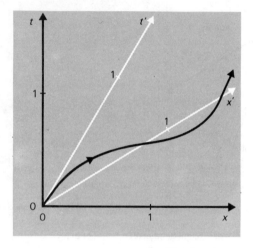

Bild 9.6

10 Der relativistische Doppler-Effekt

Sendet eine Schall- oder eine Lichtquelle periodisch Signale aus, so werden bei einer Bewegung des Senders oder des Empfängers die Signale im allgemeinen mit einem anderen zeitlichen Abstand aufgenommen, als sie vom Sender abgegeben werden. Dies bezeichnet man als akustischen bzw. optischen Doppler-Effekt.

Den akustischen Doppler-Effekt nehmen wir häufig wahr. Unser Gehör ist nämlich für Frequenzänderungen besonders empfindlich. Fährt beispielsweise ein Motorrad auf uns zu, so hören wir das Motorgeräusch in einer höheren Tonlage. Entfernt sich das Fahrzeug, so hören wir einen tieferen Ton. Deutlich vernehmen wir im Moment des Vorbeifahrens das Umschlagen des höheren in den tieferen Ton.

Christian Doppler (1803–1853) hatte erstmalig den nach ihm benannten Effekt für Schall gemessen. Den gleichen Effekt sagte er auch für Lichtwellen voraus, was später durch Messungen bestätigt wurde. Entfernt sich eine Lichtquelle, so treffen die Wellenberge der Lichtwelle in größeren Zeitabständen beim Beobachter ein. Die Frequenz des Lichts wird daher kleiner, die Wellenlänge größer gemessen. Das Spektrum der Lichtquelle ist zum roten Bereich hin verschoben. Bei einer Annäherung der Lichtquelle ist das Verhalten gerade umgekehrt.

Trotz aller Ähnlichkeit zwischen akustischem und optischem Doppler-Effekt besteht doch ein wesentlicher Unterschied. Während beim Schall die Luft als Träger der Schallwellen wirkt, gibt es beim Licht den Äther als Träger der Lichtwellen nicht. Daher muß man beim akustischen Doppler-Effekt zwischen der Bewegung des Senders und der des Empfängers relativ zur Luft unterscheiden. Beim optischen Doppler-Effekt gibt es diesen Unterschied nicht. Hier kommt es nur auf die Relativbewegung zwischen Sender und Empfänger an. Wenn wir im folgenden die Gesetzmäßigkeiten für den optischen Doppler-Effekt herleiten, können wir daher entweder den Sender oder den Empfänger als bewegt ansehen. Das Ergebnis ist davon unabhängig.

10.1 Der bewegte Sender

Zur Herleitung der Formel für den optischen Doppler-Effekt betrachten wir eine Apparatur, die Radiowellen aussendet und empfängt. Wir stellen uns vor, ein Radiosender entfernt sich mit der Geschwindigkeit $v = 3/5\,c$ von einem Empfänger. Dabei werden Radioimpulse im Abstand von T_S = 1 s ausgestrahlt. Die Signale laufen mit Lichtgeschwindigkeit zum Empfänger und werden dort auf einem Oszillographenschirm aufgezeichnet. Auch der Sender zeichnet die von ihm abgestrahlten Impulse auf. Als Zeitnormal verwenden beide eine Lichtuhr: Jedesmal wenn ein Lichtblitz die Uhr hin und zurück durchlaufen hat, sei eine Sekunde vergangen und ein Impuls wird ausgestrahlt (Bild 10.1).

In welchen Zeitabständen T_E treffen die Signale beim Empfänger ein? Um das Verständnis zu erleichtern, lösen wir das Problem schrittweise.

a) Sender in Ruhe

Auf dem Schirm des Empfängeroszillographen erscheinen die Impulse in Zeitabständen von einer Sekunde (Bild 10.2a).

b) Sender in Bewegung *(Die Zeitdilatation wird noch nicht in die Rechnung einbezogen.)*

Jeder Impuls durchläuft nun zusätzlich die Strecke vT_S, die der Sender zwischen dem Aussenden zweier Signale zurücklegt (Bild 10.3). Die Signale treffen daher um die Zeitspanne $\Delta T_S = vT_S/c$ später ein. Für die Zeitabstände T_E folgt damit

$$T_E = T_S + \Delta T_S = T_S + \frac{v}{c}\,T_S = \left(1 + \frac{v}{c}\right) T_S.$$

Für unser Zahlenbeispiel folgt mit $v = 3/5\,c : T_E = (1 + 3/5)\,1\,\text{s} = 8/5\,\text{s}$ (Bild 10.2b).

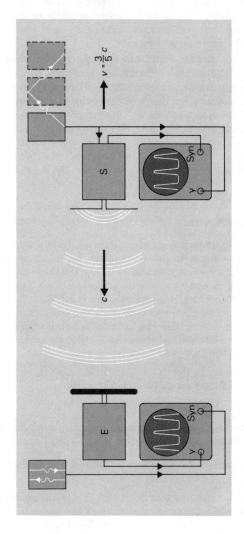

Bild 10.1 Ein Radiosender entfernt sich mit $v = 3/5\,c$ von einem Empfänger und sendet dabei im Sekundenabstand Radioimpulse aus.

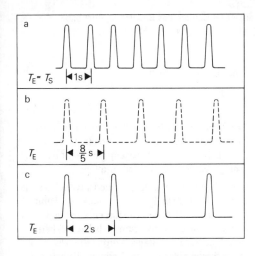

Bild 10.2 Oszillographenbild des Empfängers bei .....
a) ruhendem Sender,
b) bewegtem Sender ohne Berücksichtigung der Zeitdilatation und
c) Bewegtem Sender unter Berücksichtigung der Zeitdilatation der bewegten Senderuhr.

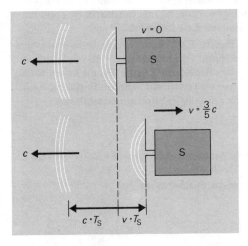

Bild 10.3 Räumlicher Abstand der Signale bei ruhendem und bei bewegtem Sender. Bei bewegtem Sender durchlaufen die Signale zusätzlich die Strecke vT_S

c) **Sender in Bewegung** *(Die Zeitdilatation der bewegten Senderuhr wird nun berücksichtigt.)*

Aufgrund der Zeitdilatation geht die bewegte Senderuhr langsamer. Die Impulse werden daher nicht nach einer Sekunde ausgestrahlt, sondern in Abständen, die um den Faktor $1/\sqrt{1 - v^2/c^2}$ größer sind. Nach $1\,\text{s}/\sqrt{1 - 9/25} = 5/4\,\text{s}$ folgt der jeweils nächste Impuls. Das Eintreffen der Signale erfolgt daher erst nach

$$T_E = \left(1 + \frac{v}{c}\right) \frac{T_S}{\sqrt{1 - v^2/c^2}}.$$

Demnach beobachtet der Empfänger tatsächlich das Bild 10.2c; dort haben die Impulse einen Abstand von $T_E = (1 + 3/5)\, 5/4\,\mathrm{s} = 2\,\mathrm{s}$. Mit der Gleichung

$$(1 - v^2/c^2) = (1 + v/c)(1 - v/c)$$

können wir die Gleichung für T_E umformen und erhalten

$$T_E = \sqrt{\frac{1 + v/c}{1 - v/c}}\; T_S.$$

Das ist die Formel für den relativistischen Doppler-Effekt. Wir haben diese Formel zwar für einen bewegten Sender hergeleitet, sie gilt jedoch auch dann, wenn wir den Empfänger als bewegt ansehen: Da es keine absolute Bewegung gibt, steht v in obiger Gleichung für die Relativbewegung zwischen Sender und Empfänger.

Das bekannteste Beispiel für den optischen Doppler-Effekt ist die Rotverschiebung der Spektren nahezu aller Milchstraßensysteme. Die Rotverschiebung und damit die Fluchtbewegung ist umso größer, je weiter die Galaxien von uns entfernt sind. Man schließt daraus auf eine allgemeine Expansion des Universums. Als Beispiel betrachten wir das Absorptionsspektrum des Milchstraßensystems 'Corona Borealis' (Bild 10.4). Die Absorptionslinien des Wasserstoffs und des Kaliums, die man darin erkennt, sind bis zu einer Wellenlänge von etwa 423 nm verschoben; im Spektrum einer ruhenden Lichtquelle befinden sich diese Linien bei 394 nm.

Mit der Formel für den optischen Doppler-Effekt kann man aus diesen Beobachtungen die Fluchtgeschwindigkeit berechnen: Eine harmonische Welle bewegt sich während der Schwingungsdauer T um eine Wellenlänge λ weiter. Für die Ausbreitungsgeschwindigkeit der Welle, das ist hier die Lichtgeschwindigkeit, folgt damit $c = \lambda/T$. Setzt man $T = \lambda/c$ in die Formel für den Doppler-Effekt ein, so erhält man

$$\lambda_E = \sqrt{\frac{1 + v/c}{1 - v/c}}\; \lambda_S,$$

wobei $\lambda_S = 394\,\mathrm{nm}$ die Wellenlänge der ruhenden Lichtquelle und $\lambda_E = 423\,\mathrm{nm}$ die Wellenlänge der relativ bewegten Quelle ist.

Lösen wir diese Gleichung nach v/c auf, so erhalten wir

$$\frac{v}{c} = \frac{(\lambda_E/\lambda_S)^2 - 1}{(\lambda_E/\lambda_S)^2 + 1}.$$

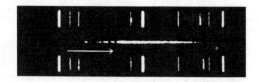

Bild 10.4 Das Absorptionsspektrum des Milchstraßensystems 'Corona Borealis', das in der Mitte des Bildes als nahezu kontinuierlicher Streifen erkennbar ist, nur unterbrochen von den H- und K-Absorptionslinien. Der Pfeil gibt die Verschiebung gegenüber dem Spektrum einer ruhenden Lichtquelle an, das zum Vergleich oberhalb und unterhalb mitaufgenommen wurde.

Mit $\lambda_E/\lambda_S = 423\,\text{nm}/394\,\text{nm} = 1{,}07$ folgt

$v/c = 0{,}0709$ oder $v = 21\,300$ km/s.

Sendet eine Lichtquelle Signale mit dem zeitlichen Abstand T_S aus, so werden diese Signale von einem Empfänger, der sich relativ mit der Geschwindigkeit v entfernt, mit dem zeitlichen Abstand

$$T_E = \sqrt{\frac{1+v/c}{1-v/c}}\; T_S$$

wahrgenommen. Bei Annäherung ist in dieser Formel v durch $(-v)$ zu ersetzen. Mit den Gleichungen $T = \lambda/c$ und $T = 1/f$ erklärt diese Formel auch die Wellenlängen- bzw. die Frequenzverschiebung der von einem bewegten Objekt emittierten Strahlung.

10.2 Der Doppler-Effekt und das Zwillingsparadoxon

Wir wollen hier nochmals auf das Zwillingsparadoxon zurückkommen und im Zusammenhang mit dem Doppler-Effekt ein Problem klären, das in der Vergangenheit häufig Anlaß zu Zweifeln an der Relativitätstheorie gab.

Stellen Sie sich vor, die beiden Zwillingsbrüder unterrichten sich während der Weltraumreise des einen gegenseitig per Funk über ihre Herztätigkeit. Wir betrachten das Herz als biologische Uhr und stellen uns vor, pro Herzschlag wird ein Funksignal ausgesendet. Da keiner von beiden an sich selbst eine Verlangsamung seiner Herztätigkeit beobachtet, sollte man annehmen, daß zwischen Abreise und Ankunft jeder von beiden die gleiche Zahl von Funksignalen aussendet. Dann hätten beide nach der Rückkehr das gleiche Alter und die Relativitätstheorie wäre widerlegt. Ist die Relativitätstheorie aber richtig, so sendet der Weltraumfahrer insgesamt weniger Signale aus als der Zwilling auf der Erde, denn er ist bei der Rückkehr der Jüngere. Müßte dann nicht ein Teil der Signale, die von der Erde ausgesendet werden, unterwegs auf unerklärliche Weise verlorengehen? Oder sollten umgekehrt auf der Erde mehr Signale ankommen, als vom Raumschiff ausgesendet werden? Sie werden sehen, daß der Doppler-Effekt dieses Rätsel auf einfache Art löst.

Dazu betrachten wir ein konkretes Beispiel: Eine Rakete mit einer Borduhr B fliege mit der Geschwindigkeit $v = 3/5\,c$ von der Erde weg. Nach 25 Minuten – gemessen von einer auf der Erde ruhenden Uhr A – kehrt die Rakete um und kehrt mit der gleichen Geschwindigkeit wieder zurück. Auf der Erde sind dann insgesamt 50 Minuten vergangen, $t_A = 50$ min.

Für die Uhr B in der Rakete sind währenddessen nur vierzig Minuten vergangen:

$$t'_B = t_A \sqrt{1 - v^2/c^2} = 50\,\text{min}\,\sqrt{1 - 9/25} = 40\,\text{min}.$$

Es wird verabredet, daß jede Uhr nach jeweils einer Minute ein Zeitsignal aussendet, das von der anderen Uhr empfangen wird. In den Minkowski-Diagrammen der Bilder 10.5 und 10.6 sind die Weltlinien dieser Signale gezeichnet. Betrachten Sie in Bild 10.5a die Zeitsignale, die von der Uhr B empfangen werden, während sie sich

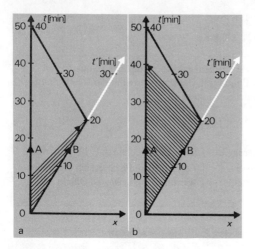

Bild 10.5 Minkowski-Diagramme des Flugs einer Rakete, die sich mit $v = 3/5\,c$ von der Erde entfernt und nach 20 Minuten mit gleicher Geschwindigkeit zurückkehrt. Während des Hinflugs empfängt die Rakete 10 Funksignale von der Erde (a) und sendet 20 Signale aus (b) ....

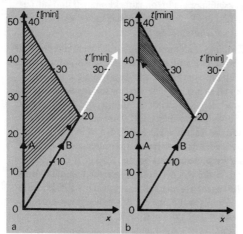

Bild 10.6 .... Während der 20 minütigen Rückkehr empfängt die Rakete 40 Signale (a) und sendet 20 Signale aus (b).

von der Erde entfernt. Auf der Erde sendet man während der ersten zehn Minuten des Fluges zehn Signale im zeitlichen Abstand von $T_A = 1$ min aus. Wegen des Doppler-Effekts treffen diese Signale nicht nach jeweils einer Minute bei der Rakete ein. Der Zeitabstand T_B ist größer, wie sich aus der Formel für den Doppler-Effekt ergibt:

$$T_B = \sqrt{\frac{1+v/c}{1-v/c}} \cdot T_A = \sqrt{\frac{1+3/5}{1-3/5}} \cdot 1\text{ min} = 2\text{ min}.$$

Es vergehen jeweils zwei Minuten, bis das nächste Signal die Rakete erreicht. Dieses Ergebnis liest man auch aus Bild 10.5a ab. Auf der Erde sendet man in den ersten zehn Minuten zehn Signale aus, die in der Rakete während der ersten zwanzig Minuten eintreffen. In diesen zwanzig Minuten sendet die Rakete ihrerseits zwanzig Signale aus, die wegen des Doppler-Effekts auf der Erde ebenfalls in der doppelten Zeit, also innerhalb von vierzig Minuten ankommen (Bild 10.5b).

Nach $t' = 20$ min ist der Hinflug beendet, und die Rakete kehrt zurück. Nun werden die Signale im Abstand von einer halben Minute empfangen. Das zeigt die folgende Rechnung, in der wir in der Formel für den Doppler-Effekt statt $v/c = +3/5$ nun $v/c = -3/5$ einsetzen:

$$T_B = \sqrt{\frac{1+v/c}{1-v/c}} \cdot T_A = \sqrt{\frac{1+(-3/5)}{1-(-3/5)}} \cdot 1 \text{ min} = \frac{1}{2} \text{ min}$$

Das gleiche Ergebnis liest man aus Bild 10.6a ab: Zwischen der zehnten und der fünfzigsten Minute werden von der Erde vierzig Signale ausgesendet, die während des zwanzigminütigen Rückflugs von der Rakete empfangen werden. Umgekehrt sendet in diesen zwanzig Minuten die Rakete zwanzig Signale aus, die auf der Erde zwischen der vierzigsten und der fünfzigsten Minute ankommen (Bild 10.6b).

Zählen wir die Zeitsignale zusammen, die jeder ausgesendet und empfangen hat. Auf der Erde zählt man in den ersten vierzig Minuten zwanzig ankommende Signale und in den folgenden zehn Minuten nochmals zwanzig Signale. Während auf der Erde fünfzig Minuten vergehen, werden nur vierzig Zeitsignale empfangen. Man weiß daher auf der Erde, daß in der Rakete inzwischen erst vierzig Minuten vergangen sind. Für die Rakete gilt andererseits, daß sie sich zwanzig Minuten lang von der Erde entfernt und in dieser Zeit zehn Signale empfängt. Während der zwanzigminütigen Rückkehr werden vierzig Signale empfangen. Man weiß daher auch in der Rakete, daß während des vierzigminütigen Flugs auf der Erde fünfzig Minuten vergangen sind.

Sie sehen, hier wundert sich niemand und paradox erscheint die Sache ebenfalls nicht.

> Der relativistische Doppler-Effekt bestätigt die Lösung des Zwillingsparadoxons, nach der ein weltraumreisender Zwilling weniger altert.

Aufgaben

10.1 Leiten Sie die Formel für den optischen Doppler-Effekt unter der Annahme her, daß der Sender ruht und der Empfänger sich mit der Geschwindigkeit v entfernt. Gehen Sie bei der Herleitung analog zu Abschnitt 10.1 vor. Beachten Sie, daß nun die bewegte Empfängeruhr langsamer geht.

10.2 Erläutern Sie den Unterschied zwischen dem akustischen und dem optischen Doppler-Effekt. Zeigen Sie, daß die in Abschnitt 10.1 und in Aufgabe 10.1 hergeleiteten Formeln für den akustischen Doppler-Effekt gelten, solange man dort die Zeitdilatation noch nicht berücksichtigt hat.

10.3 Ein Raumschiff entfernt sich von der Erde mit der Geschwindigkeit $v = 12/13\, c$. Eine Fernsehübertragung aus dem Raumschiff zur Erde beginnt, wenn die Uhr im Raumschiff 20.00 Uhr zeigt und endet um 21.00 Uhr. Wie lange dauert die Fernsehsendung auf der Erde?

10.4 Die H- und K-Absorptionslinien im Spektrum des Spiralnebels 'Hydra' haben eine Wellenlänge von 475 nm, während man bei ruhender Quelle eine Wellenlänge von 394 nm mißt. Wie groß ist die Fluchtgeschwindigkeit des Spiralnebels?

10.5 Ein Raumschiff startet am Neujahrstag des Jahres 1980 und fliegt mit einer Geschwindigkeit von $v = 0{,}8\,c$ zu dem erdnächsten Stern Alpha Centauri, der etwa vier Lichtjahre von uns entfernt ist. Nach einem Aufenthalt von zwei Jahren kehrt das Raumschiff mit $v = 0{,}6\,c$ zur Erde zurück. Jeweils zur Jahreswende soll von der Erde und vom Raumschiff ein Neujahrsgruß per Funk ausgesendet werden.

Zeichnen Sie in einem Minkowski-Diagramm den Verlauf der Weltraumreise. Tragen Sie in das Diagramm auch die Weltlinien der Neujahrsbotschaften ein.

In welchem Jahr kehrt das Raumschiff zur Erde zurück, und wieviel Botschaften wurden inzwischen ausgesendet?

11 Das Geschwindigkeitsadditionstheorem

Wir hatten bereits mehrfach davon gesprochen, daß Geschwindigkeiten in der Relativitätstheorie nicht in gleicher Weise addiert werden, wie wir dies von der klassischen Physik her gewohnt sind. Begegnen sich zum Beispiel zwei Elektronen, die beide die Geschwindigkeit $v = 0{,}8\,c$ haben, so wäre klassisch gerechnet die Geschwindigkeit des einen Elektrons im Ruhsystem des anderen Elektrons $v = 1{,}6\,c$. Die Invarianz der Lichtgeschwindigkeit und das Relativitätsprinzip führen demgegenüber zu der Aussage, daß es für Körper und Signale keine Überlichtgeschwindigkeit geben kann. Damit hatten wir uns in Kapitel 9 befaßt. Die experimentelle Erfahrung stimmt mit dieser Aussage überein. Die Geschwindigkeit von Elementarteilchen überschreitet nicht den Wert der Lichtgeschwindigkeit, obwohl bei vielen Experimenten in Beschleunigern die kinetische Energie der Teilchen ausreicht, um nach klassischer Rechnung Überlichtgeschwindigkeit zu erreichen.

11.1 Die relativistische Addition von Geschwindigkeiten

Die Formeln für die relativistische Addition von Geschwindigkeiten leiten wir her, indem wir von der Definitionsgleichung

Geschwindigkeit = Weg/Zeit

ausgehen. Diese Gleichung stellen wir für ein bestimmtes Inertialsystem auf und transformieren bei einem Wechsel des Bezugssystems den Weg und die Zeit mit den Lorentz-Transformationsgleichungen.

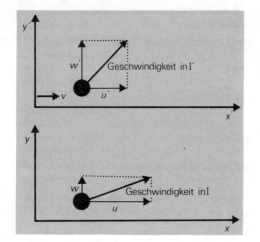

Bild 11.1 Eine Kugel hat im Inertialsystem I′ die Geschwindigkeitskomponenten u' und w' in x'- bzw. y'-Richtung. Wie groß sind die Komponenten u und w in I, wenn sich I′ relativ zu I mit der Geschwindigkeit v bewegt?

Dabei wird folgendes auftreten: Bewegt sich ein Körper in x-Richtung, so wird beim Wechsel des Bezugssystems der Weg Lorentz-kontrahiert und die Zeit gedehnt. Bei einer Bewegung nur in y- oder z-Richtung bleibt hingegen der Weg erhalten, und allein die Zeitdilatation tritt auf. Die x- und die y-Komponenten der Geschwindigkeit werden demnach unterschiedlich transformiert. Daher behandeln wir bei der folgenden Herleitung die beiden Komponenten getrennt.

In Bild 11.1 bewegt sich eine Kugel im Inertialsystem I′ mit der Geschwindigkeitskomponente u' in x'-Richtung und mit der Komponente w' in y'-Richtung. Welche Geschwindigkeitskomponenten u und w hat die Kugel im Inertialsystem I? (Das System I′ bewegt sich relativ zum System I mit der Geschwindigkeit v.)

Für die Geschwindigkeitskomponenten im Inertialsystem I gilt

$$u = \frac{x}{t} \quad \text{und} \quad w = \frac{y}{t}.$$

Mit der Lorentz-Transformation (Kapitel 7) $x = k(x' + vt')$, $y = y'$ und $t = k(t' + x'v/c^2)$ folgt daraus

$$u = \frac{k(x' + vt')}{k(t' + x'v/c^2)} \quad \text{und} \quad w = \frac{y'}{k(t' + x'v/c^2)}$$

$$u = \frac{x'/t' + v}{1 + x'/t' \cdot v/c^2} \qquad w = \frac{y'/t'}{k(1 + x'/t' \cdot v/c^2)}$$

Mit $x'/t' = u'$, $y'/t' = w'$ und $k = 1/\sqrt{1 - v^2/c^2}$ erhält man

$$u = \frac{u' + v}{1 + u'v/c^2} \quad \text{und} \quad w = w'\,\frac{\sqrt{1 - v^2/c^2}}{1 + u'v/c^2}.$$

101

> **Geschwindigkeitsadditionstheorem**
> Bewegt sich ein Körper im Inertialsystem I' mit den Geschwindigkeitskomponenten u' und w' in x'- bzw. y'-Richtung, so hat er im Inertialsystem I die Geschwindigkeitskomponenten
>
> $$u = \frac{u' + v}{1 + u'v/c^2} \quad \text{in } x\text{-Richtung}$$
>
> und
>
> $$w = w' \frac{\sqrt{1 - v^2/c^2}}{1 + u'v/c^2} \quad \text{in } y\text{-Richtung;}$$
>
> v ist die Geschwindigkeit von I' relativ zu I in x-Richtung.

Die relativistischen Gleichungen gehen für kleine Geschwindigkeiten in die bekannten Gleichungen der klassischen Geschwindigkeitsaddition über: Vernachlässigt man die Terme, die c^2 im Nenner enthalten, so folgt

$$u = u' + v \quad \text{und} \quad w = w'.$$

Das relativistische Additionstheorem der Geschwindigkeiten enthält das Prinzip von der Konstanz der Lichtgeschwindigkeit. Um das zu zeigen, nehmen wir an, ein Photon fliegt in I' in x'-Richtung. Damit hat es die Geschwindigkeitskomponenten $u' = c$ und $w' = 0$. Für die Komponenten in I folgt aus obigen Gleichungen

$$u = \frac{c + v}{1 + cv/c^2} = c \quad \text{und} \quad w = 0.$$

Das Photon hat auch im Inertialsystem I die Geschwindigkeit c. Fliegt das Photon nicht in x'-Richtung, sondern in y'-Richtung, so ist das Prinzip von der Konstanz der Lichtgeschwindigkeit ebenfalls erfüllt: Die Komponenten lauten jetzt $u' = 0$ und $w' = c$. Damit folgt

$$u = v \quad \text{und} \quad w = c\sqrt{1 - v^2/c^2} .$$

Mit dem pythagoreischen Lehrsatz erhält man daraus die Gesamtgeschwindigkeit

$$\sqrt{u^2 + w^2} = \sqrt{v^2 + c^2(1 - v^2/c^2)} = c.$$

Auch hier ergibt sich wieder die Lichtgeschwindigkeit. Bemerkenswert ist, daß das Photon in I Geschwindigkeitskomponenten in x- *und* y-Richtung hat, die von Null verschieden sind. Es fliegt daher in I in einer anderen Richtung als in I'. In Abschnitt 11.4 werden wir darauf näher eingehen.

Das Geschwindigkeits-Additionstheorem zeigt also, wieso die Lichtgeschwindigkeit in jedem System den gleichen Wert beibehalten hat und löst damit ein Problem, mit dem sich Albert Einstein im Alter von 16 Jahren beschäftigt hat, wie er in seiner Autobiographie berichtet:

„Wenn ich einem Lichtstrahl nacheile mit der Geschwindigkeit c, so müßte ich einen solchen Lichtstrahl als ruhend wahrnehmen. So etwas scheint es aber nicht zu geben. Intuitiv klar schien es mir von vornherein, daß von einem solchen Beobachter

aus beurteilt, alles sich nach denselben Gesetzen abspielen müsse wie für einen relativ zur Erde ruhenden Beobachter."

Die folgenden Abschnitte behandeln einige Versuche zur Überprüfung des Additionstheorems.

11.2 Der π^0-Mesonen-Zerfall

1964 bestätigten Alväger, Farley, Kjellmann und Wallin in einem eindrucksvollen Experiment[1] das Prinzip von der Konstanz der Lichtgeschwindigkeit. Im europäischen Kernforschungszentrum CERN lenkten sie einen Strahl hochbeschleunigter Protonen auf Materie und beobachteten die dabei auftretende Streustrahlung. Durch den Zusammenstoß der hochenergetischen Protonen mit ruhenden Atomkernen entstehen neue Elementarteilchen, die mit großer Geschwindigkeit auseinanderfliegen. Das besondere Interesse galt bei diesem Versuch den π^0-Mesonen, die man von der übrigen Streustrahlung separierte. Die elektrisch neutralen π^0-Mesonen sind 264mal schwerer als Elektronen und zerfallen in ihrem Ruhsystem bereits nach $2 \cdot 10^{-16}$ Sekunden in zwei energiereiche Photonen γ_1 und γ_2:

$$\pi^0 \to \gamma_1 + \gamma_2$$

In dem Experiment hatten die π^0-Mesonen eine Geschwindigkeit von $v = 0{,}99975\,c$. Sie stellten somit eine nahezu mit Lichtgeschwindigkeit bewegte Lichtquelle dar. Alväger und Mitarbeiter untersuchten die Geschwindigkeit der in Richtung der Mesonenstrahls emittierten Photonen, um die relativistische Addition von Geschwindigkeiten zu prüfen.

Die Photonen werden im Ruhsystem der Mesonen mit Lichtgeschwindigkeit $c = u'$ ausgesandt und nach der Formel

$$u = \frac{u' + v}{1 + u'v/c^2} = \frac{c + 0{,}99975\,c}{1 + c \cdot 0{,}99975\,c/c^2} = c$$

auch im Laborsystem mit Lichtgeschwindigkeit beobachtet.

Sollten Abweichungen von dieser Formel auftreten, so konnte man sie unter den extremen Bedingungen dieses Versuchs erwarten. Gemessen wurde jedoch genau der Wert der Lichtgeschwindigkeit, obwohl man Abweichungen von $\Delta c/c = 10^{-4}$ noch hätte nachweisen können.

11.3 Das Fizeau-Experiment

Der französische Physiker A.H.L. Fizeau untersuchte 1849 die Fortpflanzungsgeschwindigkeit des Lichts und konnte nachweisen, daß sich das Licht im Wasser langsamer als in der Luft ausbreitet,[2] wie dies auch von der Relation $c_n = c/n$ vorhergesagt wird ($n = 1{,}33$ ist der Brechungsindex und c_n die Lichtgeschwindigkeit in Wasser). Besonderes Interesse fanden die Versuche Fizeaus zur Lichtausbreitung in strömenden Flüssigkeiten. Strömt eine Flüssigkeit durch ein Rohr, so ist die Lichtgeschwindigkeit für einen mitbewegten Beobachter c_n (Bild 11.2). Für einen Beobachter im Labor wird die Ausbreitungsgeschwindigkeit jedoch einen etwas anderen Wert annehmen.

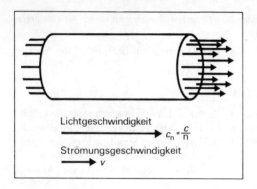

Bild 11.2 Für einen mit der Strömung mitbewegten Beobachter ist die Ausbreitungsgeschwindigkeit des Lichts in der Flüssigkeit c/n. Im Laborsystem mißt man einen anderen Wert.

Mit der Formel

$$u = \frac{u' + v}{1 + u'v/c^2}$$

können wir diese Geschwindigkeit berechnen. Mit der Strömungsgeschwindigkeit v und der Ausbreitungsgeschwindigkeit $u' = c_n = c/n$ folgt für die Geschwindigkeit im Laborsystem $u = c_{LS}$:

$$c_{LS} = \frac{c/n + v}{1 + v/(nc)}$$

Für kleine Strömungsgeschwindigkeiten v können wir dies vereinfachen, indem wir den Nenner entwickeln und nur Terme erster Ordnung in v beibehalten:

$$c_{LS} = \frac{c/n + v}{1 + v/nc} \approx \left(\frac{c}{n} + v\right)\left(1 - \frac{v}{nc}\right) \approx \frac{c}{n} - \frac{v}{n^2} + v$$

oder

$$c_{LS} = \frac{c}{n} + v\left(1 - \frac{1}{n^2}\right)$$

Dieses Ergebnis hatte Fizeau im Jahre 1851 auf experimentellem Wege gefunden. Die Erklärung ergibt sich heute zwanglos aus dem relativistischen Additionstheorem der Geschwindigkeiten. Zur damaligen Zeit war die Erklärung jedoch weniger einfach. Um die Lichtausbreitung in der Flüssigkeit zu verstehen, mußte man annehmen, daß der Lichtäther auch die Flüssigkeit durchsetzt. Den kleineren Wert c/n der Lichtgeschwindigkeit konnte man so noch recht anschaulich verstehen. Bei einer Bewegung der Flüssigkeit sollte man nun erwarten, daß der Äther entweder davon unberührt bleibt, oder von der Flüssigkeit mitgenommen wird. Im ersten Fall hätte die Lichtgeschwindigkeit unverändert den Wert c/n. Im zweiten Fall sollte die Strömungsgeschwindigkeit zur Lichtgeschwindigkeit addiert werden: $c/n + v$. (Wir nehmen hierbei an, daß Strömungsgeschwindigkeit und Lichtgeschwindigkeit die gleiche Richtung haben.)

Das Fizeausche Versuchsergebnis bestätigt jedoch keine dieser beiden Annahmen. Um nicht in Konflikt mit der Äthertheorie zu geraten, mußte man daher annehmen, daß der Äther von der Flüssigkeit nicht mit der Strömungsgeschwindigkeit v mitgeführt wird, sondern nur mit dem Bruchteil $v(1 - 1/n^2)$. Man griff dabei auf ältere Vorstellungen des französischen Physikers A.J. Fresnel (1788–1827) zurück, weswegen man den Faktor $(1 - 1/n^2)$ als Fresnelschen Mitführungskoeffizienten bezeichnet.

In Kapitel 1 wurde davon gesprochen, daß man im vergangenen Jahrhundert die Eigenschaften des Äthers solange abänderte, bis man für den jeweils vorliegenden Versuch eigentlich keinen Effekt mehr erwarten durfte. Hier haben Sie ein Beispiel dafür, wie man dem Äther eine Eigenschaft zuschrieb, die ihn sogleich der Beobachtung entzog.

Wie konnte Fizeau die sehr kleinen Unterschiede der Lichtgeschwindigkeit messen, die durch unterschiedliche Strömungsgeschwindigkeiten hervorgerufen werden? Ebenso wie später im Michelson-Experiment nutzte er auch die Überlagerung von Lichtwellen aus. Mit einem halbdurchlässigen Spiegel spaltete er ein Lichtbündel in zwei Teile auf und ließ beide Teile über Umlenkspiegel in entgegengesetzter Richtung in einem Viereck umlaufen. Dabei legen beide Bündel den gleichen Weg durch strömendes Wasser zurück (Bild 11.3). Ein Bündel läuft in Strömungsrichtung und hat damit die größere Geschwindigkeit $c/n + v(1 - 1/n^2)$, während das andere Bündel der Strömung entgegenläuft und die kleinere Geschwindigkeit $c/n - v(1 - 1/n^2)$ hat. Die unterschiedliche Geschwindigkeit der beiden Lichtbündel führt dazu, daß bei der Überlagerung das erste dem zweiten vorauseilt. Je nach Strömungsgeschwindigkeit wird es einmal dazu kommen, daß die Wellenberge des einen Bündels mit den Wellentälern des anderen Bündels zusammenfallen und sich auslöschen. Bei einer anderen Strömungsgeschwindigkeit fallen die Wellenberge zusammen, und man beobachtet ein Intensitätsmaximum. Aus der Folge dieser Interferenzmaxima und -minima in Abhängigkeit von der Strömungsgeschwindigkeit erhielt Fizeau seine experimentellen Ergebnisse.

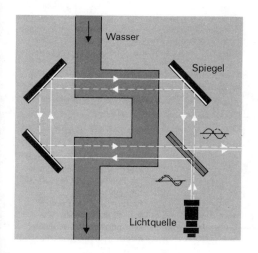

Bild 11.3 Versuchsaufbau von Fizeau:
Ein Lichtbündel wird von einem halbdurchlässigen Spiegel aufgespalten. Die beiden Teilbündel durchlaufen eine strömende Flüssigkeit in entgegengesetzten Richtungen.

11.4 Vorwärtsstrahlung schnell bewegter Teilchen

Ein Teilchen fliegt im Laborsystem I mit großer Geschwindigkeit v in x-Richtung. Dabei soll es in seinem Ruhsystem I' Strahlung in y'-Richtung aussenden. Der Winkel ϵ' zwischen Strahlrichtung und Bewegungsrichtung ist also ein rechter. Stellen wir uns die Strahlung im Photonenbild vor, so haben die emittierten Photonen im Ruhsystem I' keine Geschwindigkeitskomponente in x'-Richtung. Es gilt

$$u' = 0 \quad \text{und} \quad w' = c.$$

Im Laborsystem I ist die Geschwindigkeitskomponente der Photonen in x-Richtung jedoch von Null verschieden:

$$u = \frac{u' + v}{1 + u'v/c^2} = \frac{0 + v}{1 + 0v/c^2} = v.$$

Daher erfolgt die Strahlung im Laborsystem nicht in y-Richtung: Sie ist vielmehr in die Bewegungsrichtung des Teilchens gedreht.

Für den Winkel ϵ, den die Strahlung im Laborsystem mit der x-Richtung einschließt, folgt mit $w = w'\sqrt{1 - v^2/c^2}/(1 + u'v/c^2) = c\sqrt{1 - v^2/c^2}$ die Beziehung (Bild 11.4)

$$\tan \epsilon = \frac{w}{u} = \frac{c\sqrt{1 - v^2/c^2}}{v}.$$

Beispiel: Für $v = 0{,}8\,c$ folgt $\tan \epsilon = 3/4$ und daraus $\epsilon = 36{,}9°$; sendet ein mit $v = 0{,}8\,c$ fliegendes Teilchen in seinem Ruhsystem Strahlung normal zu einer Bewegungsrichtung aus, so tritt diese Strahlung im Laborsystem unter dem Winkel $\epsilon = 36{,}9°$ auf.

Allgemein gilt eine entsprechende Aussage für Strahlung, die im Ruhsystem I' unter irgendeinem Winkel ϵ' ausgestrahlt wird. Der Winkel ϵ unter dem die Strahlung im Laborsystem beobachtet wird, ist bei einer Bewegung des Teilchens in x-Richtung

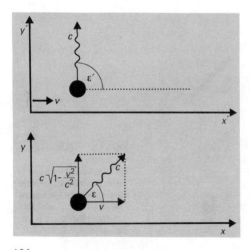

Bild 11.4 Im Inertialsystem I' (oben) sendet ein dort ruhendes Teilchen Licht in y'-Richtung aus.
Im Inertialsystem I (unten) schließt das Licht den Winkel ϵ mit der x-Achse ein, der kleiner ist als der Winkel $\epsilon' = 90°$.

stets kleiner als ϵ'. Die Strahlung ist im Laborsystem in die Vorwärtsrichtung des Teilchens konzentriert.

Mit den Additionstheoremen

$$w = w'\sqrt{1 - v^2/c^2} /(1 + u'v/c^2) \text{ und}$$
$$u = (u' + v)/(1 + u'v/c^2)$$

folgt für den Winkel ϵ die Beziehung

$$\tan \epsilon = \frac{w}{u} = \frac{w'\sqrt{1 - v^2/c^2}}{u' + v}.$$

Mit den Geschwindigkeitskomponenten

$$w' = c \sin \epsilon' \text{ und } u' = c \cos \epsilon'$$

des Photons im System I' folgt daraus

$$\tan \epsilon = \frac{\sin \epsilon' \sqrt{1 - v^2/c^2}}{\cos \epsilon' + v/c}.$$

Für das nachfolgende experimentelle Beispiel ist dieser Zusammenhang mit $v = 0{,}999991\,c$ in Bild 11.5 dargestellt.

Codling und Madden[3] haben die Vorwärtsstrahlung schnell bewegter Teilchen gemessen, indem sie die sogenannte 'Synchrotronstrahlung' untersuchten. Diese Strahlung kommt auf folgende Weise zustande: In einem Synchrotron (siehe hierzu auch Kapitel 13) werden Elementarteilchen, z.B. Elektronen, annähernd auf Lichtgeschwindigkeit beschleunigt. Dabei fliegen die Teilchen auf einem Kreis, dessen Durchmesser beispielsweise im Deutschen Elektronensynchrotron (DESY) in Hamburg rund 100 m beträgt. Die Bewegung auf einer Kreisbahn ist stets beschleunigt: Selbst wenn sich der Betrag der Elektronengeschwindigkeit nicht ändert, üben Führungsmagnete ständig eine zum Kreismittelpunkt gerichtete Zentripetalkraft aus. Von beschleunigten elektrischen Ladungen weiß man, daß sie elektromagnetische Wellen aussenden. Beispielsweise werden in einer Röntgenröhre schnelle Elektronen

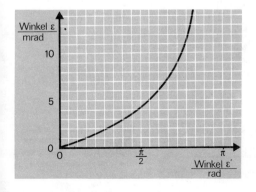

Bild 11.5 Der Zusammenhang
$$\tan \epsilon = \frac{\sin \epsilon' \sqrt{1 - v^2/c^2}}{\cos \epsilon' + v/c}$$
dargestellt für $v/c = 0{,}999991$.

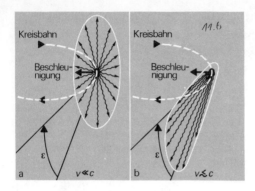

Bild 11.6 Die Strahlungscharakteristik eines Elektrons auf einer Kreisbahn; a) bei kleinen Geschwindigkeiten und b) bei Geschwindigkeiten nahe der Lichtgeschwindigkeit.

beim Auftreffen auf die Wolframanode so abrupt abgebremst, daß sie dabei die 'Röntgenbremsstrahlung' aussenden. Im Synchrotron kommt es durch die Zentripetalbeschleunigung zur Synchrotronstrahlung, die sich je nach Bauart des Synchrotrons vom sichtbaren Bereich des elektromagnetischen Spektrums bis hin zum Gebiet der Röntgenstrahlung erstreckt. Bei den Messungen von Colding und Madden betrug die Geschwindigkeit der Elektronen $v = 0{,}999991\,c$. Die emittierte Strahlung hatte eine Wellenlänge von 500 nm und war damit sichtbar.

In Bild 11.6a ist die Strahlungscharakteristik eines beschleunigten Teilchens qualitativ dargestellt. Die Bahngeschwindigkeit des Teilchens ist dabei im Vergleich zur Lichtgeschwindigkeit klein. Hier macht sich die relativistische Vorwärtsstrahlung noch nicht bemerkbar, so daß die Strahlung rotationssymmetrisch um die Beschleunigungsrichtung (das ist die radiale Richtung des Synchrotrons) erfolgt: Die Richtung der Bahngeschwindigkeit hat keinen Einfluß auf die Strahlungscharakteristik des Teilchens. Anders jedoch bei Bahngeschwindigkeiten nahe der Lichtgeschwindigkeit (Bild 11.6b). Nun ist die Strahlung in einem schmalen Bündel um die Bewegungsrichtung des Teilchens zusammengedrängt. Codling und Madden untersuchten die Intensität der Synchrotronstrahlung in Abhängigkeit vom Winkel ϵ: Klassisch sollte man

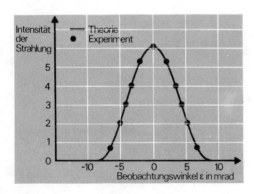

Bild 11.7 Messung der Synchrotronstrahlung durch Codling und Madden (1965). Die Elektronengeschwindigkeit betrug $v = 0{,}999991\,c$.

dabei keinerlei Veränderung erwarten. Die Messungen ergaben jedoch die relativistisch erwartete starke Abhängigkeit. In Bild 11.7 liegen die experimentellen Werte sehr genau auf der theoretisch ermittelten Kurve.

Aufgaben

11.1 Ein Flugzeug fliegt mit einer Geschwindigkeit von 1000 km/h und feuert in Vorausrichtung ein Geschoß mit ebenfalls 1000 km/h ab.
Welche Geschwindigkeit hat das Geschoß relativ zur Erde?
Könnte man den relativistischen Effekt messen?

11.2 Zwei Raumschiffe fliegen mit den Geschwindigkeiten $v_1 = 0{,}8\,c$ und $v_2 = 0{,}7\,c$ in entgegengesetzter Richtung an der Erde vorbei.
Mit welcher Geschwindigkeit entfernen sich die beiden Raumschiffe voneinander?

11.3 Ein radioaktiver Kern fliegt mit einer Geschwindigkeit von $v = 0{,}5\,c$ in x-Richtung. In seinem Ruhsystem sendet er Elektronen mit einer Geschwindigkeit von $0{,}6\,c$ aus.
Welche Geschwindigkeit haben die Elektronen im Laborsystem, wenn sie im Ruhsystem des Kerns
a) in positiver x-Richtung
b) in y-Richtung und
c) in negativer x-Richtung emittiert werden?

11.4 Ein mit der Geschwindigkeit $v = 0{,}6\,c$ fliegendes K-Meson zerfällt in zwei π-Mesonen. Im Ruhsystem des K-Mesons haben beide π-Mesonen die Geschwindigkeit $u = 0{,}85\,c$. Welche Geschwindigkeit haben die π-Mesonen maximal und minimal im Laborsystem?

11.5 Neutrinos sind Elementarteilchen, die sich ebenso wie Photonen mit Lichtgeschwindigkeit bewegen.
In einem Inertialsystem I' fliegt ein solches Neutrino längs der Winkelhalbierenden des x'-y'-Koordinatensystems. Zeigen Sie, daß auch in einem relativ dazu bewegten Inertialsystem das Neutrino Lichtgeschwindigkeit hat.

11.6 Ein Fixstern, der sich senkrecht über der Ekliptik befindet, scheint im Verlaufe eines Jahres auf einem kleinen Kreis zu wandern: Ein Fernrohr muß zur Beobachtung des Sterns um 20,75 Bogensekunden aus der Senkrechten zur Ekliptik in die jeweilige Bewegungsrichtung der Erde um die Sonne ($v = 30$ km/s) geneigt werden. Erklären Sie diese, als 'Aberration des Sternenlichts' bezeichnete Erscheinung mit der Relativbewegung zwischen Erde und Stern.

11.7 Bei visueller Beobachtung erscheint ein schnell bewegtes Objekt gedreht (s. Abschnitt 8.3). Erklären Sie dies mit dem relativistischen Additionstheorem der Geschwindigkeiten.

Relativistische Dynamik

Wir kommen nun zu einem der wichtigsten Teile der speziellen Relativitätstheorie, nämlich zur relativistischen Dynamik und zur Relation $E = mc^2$. Um diese berühmte Beziehung herzuleiten, müssen wir vorerst unsere mathematischen Techniken etwas verfeinern. Dies soll in Kapitel 12 geschehen, in dem wir zunächst die invariante Raum-Zeit einführen und dann zu Vierervektoren übergehen, welche uns die Erweiterung der Methoden der Vektorrechnung auf die Relativitätstheorie ermöglichen werde

In heuristischer Weise können wir aber die Hauptergebnisse der folgenden Kapitel auch auf einfache Art herleiten, wie die Abschnitte 13.1 bis 13.3 zeigen. Wenn Sie wissen wollen, worauf die weiteren Überlegungen hinauslaufen, sollten Sie zunächst diese Abschnitte lesen.

12 Die invariante Raum-Zeit

In der klassischen Physik kommen den beiden Begriffen Länge und Zeit selbständige, voneinander unabhängige Bedeutungen zu. Eine Stunde vergeht hier auf der Erde eben so schnell wie auf irgendeinem fernen Stern. Ihre Dauer ist unabhängig davon, welchen Weg der Stern in dieser Zeitspanne zurücklegt. Ebenso ist der Erddurchmesser für jeden Beobachter aus dem Weltraum eine absolut feststehende Größe. Seine Länge hängt nicht davon ab, ob die Erde während der Beobachtungszeit ihren Standort verändert. Mathematisch drückt sich die Bedeutung von Länge und Zeit in deren ‚Invarianz' gegenüber der klassischen Galilei-Transformation aus. Als invariant, d.h. unveränderlich, bezeichnet man eine physikalische Größe, wenn sie bei einem Wechsel des Bezugssystems ihren Wert nicht verändert.

In der relativistischen Kinematik bleiben dagegen Länge und Zeit bei einem Wechsel des Bezugssystems nicht erhalten. Die Veränderung dieser Größen haben Sie als Lorentz-Kontraktion und Zeitdilatation kennengelernt. Länge und Zeit kommt daher nicht mehr die gleiche Bedeutung wie in der klassischen Physik zu. An deren Stelle tritt in der relativistischen Mechanik die invariante **Raum-Zeit**, deren Entdeckung am 21. September 1908 von Hermann Minkowski mit den berühmten Worten angekündigt wurde:[1]

„Meine Herren! Die Anschauungen über Raum und Zeit, die ich Ihnen entwickeln möchte, sind auf experimentell physikalischem Boden erwachsen. Darin liegt ihre Stärke. Ihre Tendenz ist eine radikale. Von Stund an sollen Raum für sich und Zeit für sich völlig zu Schatten herabsinken und nur noch eine Art Union der beiden soll Selbständigkeit bewahren."

12.1 Das Linienelement

Wir beginnen mit einigen Vorüberlegungen, welche die Geometrie der Ebene betreffen. Bild 12.1 zeigt eine Kurve in der xy-Ebene, deren Länge zu bestimmen ist. Dazu können wir folgendermaßen vorgehen: Wir unterteilen die Kurve in viele kleine Teilstücke und führen weitere Koordinatensysteme derart ein, daß jedes Teilstück

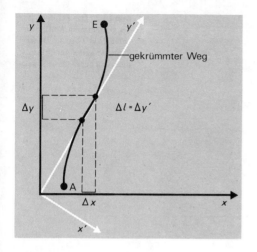

Bild 12.1 Ein Teilstück Δl des gekrümmten Weges in der Ebene hat in allen Koordinatensystemen die gleiche Länge

der Kurve mit der y-Achse eines dieser Systeme zusammenfällt oder dazu parallel ist. Die Länge dl jedes Teilstückes kann dann an der dazu parallelen y-Achse abgelesen werden, wobei $dl = dy'$ ist. Addition der Teilstücke ergibt die Gesamtlänge l der Kurve.

Einfacher ist es aber, nur *ein* Koordinatensystem heranzuziehen und die Länge der Kurve aus den Projektionen von dl auf die beiden Koordinatenachsen zu bestimmen. Der pythagoreische Lehrsatz besagt dann

$$dl = \sqrt{dx^2 + dy^2}.$$

Die Gesamtlänge der Kurve ergibt sich durch Integration über die Teilstücke:

$$l = \int dl.$$

Diese Länge hängt nicht von der speziellen Wahl des Koordinatensystems ab. Wählen wir ein gegenüber x und y verdrehtes System x' und y', so gilt

$$dl^2 = dx^2 + dy^2 = dx'^2 + dy'^2.$$

dl bzw. l ist daher ein *invariantes Maß* für die Länge der Kurve. Diese Tatsache ermöglicht es uns, von der Länge der Kurve zu sprechen, ohne jedesmal angeben zu müssen, in Bezug auf welches Koordinatensystem wir diese Angabe machen. Dagegen hängen die Projektionen dx und dy eines Kurvenstückes der Länge dl von der Wahl des Koordinatensystems ab und haben in jedem System verschiedene Werte.

Die gleichen Überlegungen können wir auch für Kurven im Raum durchführen. Die invariante Länge einer Kurve wird hier durch

$$dl^2 = d\mathbf{x}^2 = dx^2 + dy^2 + dz^2 = d\mathbf{x} \cdot d\mathbf{x}$$

bestimmt, wobei $d\mathbf{x} = (dx, dy, dz)$ ist. Auch hier hängt dl nicht von der Wahl des Koordinatensystemes ab, während die Projektionen dx, dy und dz in jedem System verschiedene Werte haben (relativ sind!).

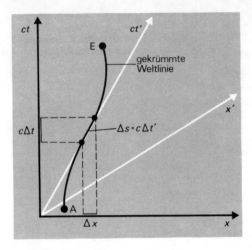

Bild 12.2 Das Teilstück Δs der gekrümmten Weltlinie ist parallel zur t'-Achse. Daher kann die Länge des Teilstücks direkt an der t'-Achse abgelesen werden: $\Delta s = \Delta t'$

Entsprechende Überlegungen führen wir nun für Weltlinien im Minkowski-Diagramm durch (Bild 12.2). Wir unterteilen die gekrümmte Weltlinie eines Teilchens in Bild 16.2 in viele Teilstücke und führen bewegte Bezugssysteme $x't'$ so ein, daß jedes Teilstück der Weltlinie parallel zu einer Zeitachse ist. Das betrachtete Teilchen ruht dann momentan in dem jeweiligen System $x't'$, welches daher auch *momentanes Ruhsystem* genannt wird. Für das Teilchen vergeht daher eine Zeitspanne — wir wollen sie mit ds bezeichnen — die mit der Zeitangabe dt' der Uhren im mitbewegten System übereinstimmt, $ds = dt'$.

Bewegt sich die Uhr entlang der gesamten Weltlinie, so kommt sie dabei von einem momentanen Ruhsystem zu immer wieder anderen. Eine mit dem Teilchen mitbewegte Uhr summiert automatisch alle Zeiten, die sie ruhend in den einzelnen Systemen verbringt. Die Zeitangabe der Uhr können wir so als Maß für die Länge der Weltlinie betrachten. Ebenso wie ein Metermaß ein Streckenmesser ist, können wir eine Uhr als „Weltlinienmesser" auffassen.

> Die Zeitangabe einer beliebig bewegten Uhr gibt die Länge ihrer Weltlinie an. Uhren sind Weltlinienmesser.

Ebenso wie die Länge einer Kurve in der Ebene invariant gegenüber einer Drehung des Koordinatensystems ist, so ist auch die Länge s der Weltlinie invariant gegenüber einem Wechsel des Inertialsystems. Um s zu bestimmen haben wir lediglich die Zeitangabe der bewegten Uhr am Beginn und am Ende der Weltlinie abzulesen und die Differenz zu bilden. Dies kann von jedem beliebigen Inertialsystem geschehen, und jeder Beobachter kommt hierbei zu denselben Werten (Die in den verschiedenen Inertialsystemen ständig ruhenden Uhren zeigen aber für Anfang und Ende der Weltlinie Zeitangaben, die von System zu System verschieden sind).

Die Zeitangabe der längs einer Weltlinie bewegten Uhr ist also ein *invariantes* Maß für die Länge dieser Weltlinie.

Die so bestimmte Länge der Weltlinie ist aber nicht etwa gleich ihrer geometrischen Länge im Minkowsko-Diagramm. Wir können ds nicht etwa mit Hilfe des pythagoreischen Satzes aus dx und dt bestimmen, da dieser Satz nur für *räumliche* Abstände gilt.

Zur Berechnung von s ist es wieder zweckmäßig, von den vielen momentanen Ruhsystemen abzugehen und ein einziges Inertialsystem x, t zugrunde zu legen. Die von der bewegten Uhr angezeigte Zeitspanne ds hängt mit der Zeitspanne dt wegen der Zeitdilatation durch

$$ds = dt\sqrt{1 - v^2/c^2}$$

zusammen, wobei die Geschwindigkeit v im allgemeinen eine Funktion der Zeit t ist. Die gesamte Länge s der Weltlinie der Uhr erhalten wir daraus durch Integration

$$s = \int_A^B ds = \int_A^B dt\sqrt{1 - v^2/c^2}\ .$$

Es spielt dabei keine Rolle, welches Inertialsystem wir der Rechnung zugrunde legen. Wählen wir ein anderes System t'', x'', in dem die Geschwindigkeit der Uhr v'' beträgt, dann gilt

$$s = \int_A^B ds = \int_A^B dt''\sqrt{1 - v''^2/c^2}\ .$$

Der Wert von s hängt genausowenig von der Wahl des Inertialsystemes ab, wie der Wert der Kurvenlänge l im Raume von der Orientierung des Koordinatensystems. Genau dies meint man mit der Invarianz von s.

Wir können dies auch durch eine explizite Rechnung überprüfen. Dazu betrachten wir den Ausdruck

$$ds^2 = dt^2 - dt^2 \cdot v^2/c^2 = dt^2 - dx^2/c^2,$$

da ja $v = dx/dt$ ist und daher $v\, dt = dx$ gilt. Eine direkte Rechnung zeigt, daß aus der Lorentz-Transformation

$$ds^2 = dt^2 - dx^2/c^2 = dt''^2 - dx''^2/c^2$$

folgt. Das bestätigt unsere früheren Überlegungen.

Würden wir dagegen die Länge einer Weltlinie beispielsweise durch $dt^2 + dx^2/c^2$ messen – wie es das Minkowski-Diagramm zunächst nahelegt, – so wäre diese Größe keine Invariante. Die so bestimmte Länge der Weltlinie hätte in jedem Inertialsystem einen anderen Wert, wäre also keine echte Eigenschaft der Weltlinie selbst.

Welche Bedeutung hat nun die Größe ds? Im dreidimensionalen Raum erlaubt es

$$dl^2 = d\mathbf{x}^2 = dx^2 + dy^2 + dz^2$$

die Länge von Kurven und die Abstände von Punkten zu bestimmen. dl^2 enthält also die geometrische Information über die Struktur des Raumes. Ebenso erlaubt es

$$ds^2 = dt^2 - (dx^2 + dy^2 + dz^2)/c^2 = dt^2 - d\mathbf{x}^2/c^2$$

Abstände in der Raum-Zeit zu ermitteln. Infolge der Zeitdilatation und der Lorentz-Kontraktion ist der räumliche Abstand und die Zeitspanne zwischen zwei Ereignissen relativ, sie hängen vom zugrunde gelegten Inertialsystem ab. Die oben angegebene Kombination ds^2 von zeitlichen und räumlichen Abständen ist dagegen invariant unter Lorentz-Transformationen, hat also in jedem Inertialsystem den gleichen Wert. ds^2 enthält also die geometrische Information über die Struktur der Raum-Zeit und heißt daher auch das **Linienelement** (der Raum-Zeit). Man nennt s auch die **Eigenzeit** der entlang der Weltlinie bewegten Uhr.

> Der Abstand zweier Ereignisse in der Raum-Zeit wird durch das **Linienelement**
>
> $$ds^2 = dt^2 - d\mathbf{x}^2/c^2$$
>
> bestimmt. Dieser Abstand hängt nicht vom zugrunde gelegten Inertialsystem ab, ist also **invariant**. Räumliche und zeitliche Abstände allein genommen hängen dagegen von der Wahl des Inertialsystemes ab, sind also **relativ**.

Damit sind wir zu der Größe vorgestoßen, auf die sich Minkowskis berühmte Worte beziehen: „Von Stund an sollen Raum für sich und Zeit für sich völlig zu Schatten herabsinken, und nur noch eine Art Union von beiden soll Selbständigkeit bewahren." Diese Union ist die Raum-Zeit, das Abstandsmaß in ihr das Linienelement.

Raum und Zeit bilden ebenso eine Einheit, wie die verschiedenen Richtungen im Raum nur zusammen den Raum ausmachen. Unserem irdischen Standpunkt erscheint allerdings oft eine Richtung – oben/unten – von den anderen Richtungen verschieden. Ebenso wie das Schwerefeld der Erde somit für uns eine Richtung auszeichnet, so zeichnet auch das Ruhsystem der Erde (bzw. der Sonne) für uns ein Inertialsystem aus, in dem wir uns – verglichen mit der Lichtgeschwindigkeit – nur langsam und mühselig bewegen. Dieser eingeengte Standpunkt zertrennt die Raum-Zeit für uns in Raum und Zeit.

Als Anwendungsbeispiel für die bisher entwickelten Ideen betrachten wir verschiedene Wege in der Ebene, die von einem Punkt P_1 zu einem Punkt P_2 führen und stellen sie verschiedenen Weltlinien gegenüber, die von einem Ereignis E_1 zu einem Ereignis E_2 führen. Zwischen der Länge einer Strecke in der x-y-Ebene und dem raum-zeitlichen Abstand in einem Minkowski-Diagramm besteht trotz aller Ähnlichkeit ein wesentlicher Unterschied.

In der Ebene stellt die Gerade die kürzeste Verbindung zwischen zwei Punkten P_1 und P_2 dar. Jeder Umweg führt zu einer längeren Wegstrecke.

Im Minkowski-Diagramm stellt die Gerade zwischen zwei Ereignissen E_1 und E_2 den *größten* raum-zeitlichen Abstand dar. Jede Weltlinie, die auf einem ‚Umweg' von E_1 nach E_2 führt, hat einen *kleineren* raum-zeitlichen Abstand. Die mathematische Erklärung hierfür finden Sie in dem Minuszeichen unter der Wurzel. Die physikalische Erklärung kennen Sie bereits als Lösung des Uhrenparadoxons. Für die gleichförmig bewegte Uhr, deren Weltlinie zwischen E_1 und E_2 eine Gerade ist, ist beim Zusammentreffen mit einer ‚reisenden' Uhr die meiste Zeit vergangen. Die reisende Uhr, deren Weltlinie gekrümmt ist oder durch einen zumindest einmal abgeknickten Streckenzug dargestellt wird, zeigt bei ihrer Rückkehr eine geringere Zeit an.

Den größten Umweg machen Lichtsignale, die durch Reflexion an Spiegeln von E_1 nach E_2 gelangen.

Lichtsignale legen in der Zeit Δt den Weg $\Delta x = \pm c\Delta t$ zurück. Damit wird

$$\Delta s = \sqrt{c^2 \Delta t^2 - \Delta x^2} = 0.$$

Für Lichtsignale steht die Zeit still.

In Bild 12.3 sind Beispiele dafür gezeigt, wie man zwei Ereignisse E_1 und E_2 durch Weltlinien sehr verschiedener Länge verbinden kann, ebenso wie es verschieden lange Verbindungen zwischen zwei Punkten im Raume gibt. Zwillingsparadoxon und Zeitdilatation werden damit fast zur Selbstverständlichkeit.

> Im Raum können zwei Punkte durch Kurven unterschiedlicher Länge verbunden werden.
>
> In der Raum-Zeit können zwei Ereignisse durch Weltlinien unterschiedlicher Länge verbunden werden.

Die Zeitdilatation ist also ebensowenig überraschend, wie die Tatsache, daß Sie von Hamburg nach München auf verschieden langen Wegen reisen können!

12.2 Vierervektoren

Viele Grundgesetze der klassischen Physik haben die Form von Vektorgleichungen, wie z.B. das zweite Newtonsche Gesetz oder der Impulssatz. Auch viele Gesetze der relativistischen Physik lassen sich vektoriell formulieren, wobei wir allerdings den Vektorbegriff vom Raum auf die Raum-Zeit verallgemeinern müssen.

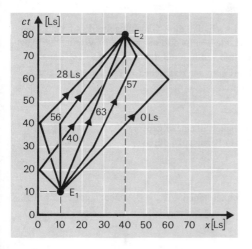

Bild 12.3 Verschiedene Weltlinien führen vom Ereignis E_1 zum Ereignis E_2. Die Zahlen geben die raumzeitliche Gesamtlänge der Weltlinien an. Prüfen Sie einige Werte nach!

Bei Drehungen um die z-Achse gehen die Komponenten des Ortsvektors eines Punktes $x = (x, y, z)$ im Raum in die neuen Komponenten

$$x' = x \cos\varphi - y \sin\varphi$$
$$y' = x \sin\varphi + y \cos\varphi$$
$$z' = z$$

über, wobei das Quadrat des Vektors invariant bleibt

$$\mathbf{x}^2 = \mathbf{x}\cdot\mathbf{x} = x\cdot x + y\cdot y + z\cdot z = \mathbf{x}'\cdot\mathbf{x}' = \mathbf{x}'^2,$$

wie eine kurze Rechnung bestätigt. Bei Koordinatentransformationen müssen sich die Komponenten eines beliebigen Vektors $\mathbf{a} = (a_x, a_y, a_z)$ ebenso verhalten wie die Komponenten von $\mathbf{x}$. Es muß also gelten

$$a'_x = a_x \cos\varphi - a_y \sin\varphi$$
$$a'_y = a_x \sin\varphi - a_y \sin\varphi$$
$$a'_z = a_z$$

Bei Drehungen bleibt das Quadrat $\mathbf{a}^2$ ebenso invariant wie das Skalarprodukt zweier Vektoren $\mathbf{a}$ und $\mathbf{b}$:

$$\mathbf{a}\cdot\mathbf{b} = a_x b_x + a_y b_y + a_z b_z = a'_x b'_x + a'_y b'_y + a'_z b'_z = \mathbf{a}'\cdot\mathbf{b}'.$$

Die Bedeutung von Vektorgleichungen für die klassische Physik beruht darauf, daß aus der Gültigkeit einer derartigen Gleichung in einem Inertialsystem auch die Gültigkeit der Gleichung in einem dazu verdrehten Inertialsystem folgt. Gilt z.B. in einem System $\mathbf{f} = m\mathbf{a}$, so gilt diese Gleichung im verdrehten System, da $\mathbf{f}$ und $\mathbf{a}$ als Vektoren gleichermaßen transformieren und m eine Invariante ist. Dadurch wird keines der gegeneinander verdrehten Inertialsysteme ausgezeichnet, so daß das Relativitätsprinzip hier gewahrt ist. Dies wäre für eine Gleichung der Form

$$f_x = ma_y \quad f_y = ma_x \quad f_z = ma_z$$

nicht der Fall; man rechnet leicht nach, daß diese Gleichung ihre Form bei Drehungen des Inertialsystems verändert. Sie könnte also nur in einem System, nicht aber in einem dazu verdrehten gelten und würde somit dieses System auszeichnen.

Etwas komplizierter ist die Situation in der klassischen Physik bei einer Relativbewegung zweier Systeme, die durch

$$\mathbf{x}' = \mathbf{x} - \mathbf{v}t$$

beschrieben wird. Die Geschwindigkeit $\mathbf{u}'$ eines Körpers in Bezug auf das System I' hängt mit der Geschwindigkeit $\mathbf{u}$ in Bezug auf I durch

$$\mathbf{u}' = \frac{d\mathbf{x}'}{dt'} = \frac{d\mathbf{x}'}{dt} = \frac{d\mathbf{x}}{dt} - \mathbf{v} = \mathbf{u} - \mathbf{v}$$

zusammen, wobei wir $t' = t$ verwendet haben. Für die Beschleunigung erhält man ähnlich

$$\mathbf{a}' = \mathbf{a},$$

wobei wieder $t' = t$ wesentlich ist. Transformiert daher die Kraft **f** beim Übergang auf das bewegte Bezugssystem gemäß

f$'$ = **f**,

so gilt das zweite Newtonsche Gesetz **f** = *m***a** auch im neuen System, falls es im alten System gegolten hat.

Die Bedingung **f**$'$ = **f** ist in der klassischen Physik offensichtlich nur schwer zu erfüllen, wenn die Kraft von der Geschwindigkeit **u** abhängt, wie dies z.B. bei magnetischen Kräften

f$_{mag}$ = Q**u** $\times$ **B**

der Fall ist. Da sich **u** beim Übergang zu einem bewegten Inertialsystem zu **u**$'$ = = **u** − **v** verändert, ergeben sich hier Probleme, die am Beginn der Relativitätstheorie standen. Diese Probleme werden wir in Kapitel 15 genauer analysieren.

Wir gehen nun zur Raum-Zeit der Relativitätstheorie über. Dabei ist es zunächst zweckmäßig, aus den Raum- und Zeitkoordinaten eines Ereignisses einen *Vierervektor* **X** zu bilden:

$$\mathbf{X} = (ct, x, y, z)$$

Die Hinzufügung des Faktors c bei t bewirkt, daß alle vier Koordinaten die gleiche Dimension aufweisen. Dabei heißt $X_0 = ct$ die Zeitkomponente des Vierervektors, während $X_1 = x$, $X_2 = y$ und $X_3 = z$ die räumlichen Komponenten bilden.

Bei einer Drehung des Inertialsystemes verändern sich die räumlichen Komponenten von **X**, während die Zeitkomponente X_0 unverändert bleibt:

$$X'_0 = X_0$$
$$X'_1 = X_1 \cos\varphi - X_2 \sin\varphi$$
$$X'_2 = X_1 \sin\varphi + X_2 \cos\varphi$$
$$X'_3 = X_3$$

Bei einer Lorentz-Transformation[2] mit der Geschwindigkeit v in der x-Richtung verändern sich sowohl die räumlichen Komponenten, als auch die Zeitkomponente von **X**:

$$ct' = X'_0 = k\left(X_0 - \frac{v}{c}X_1\right) = k\left(ct - \frac{v}{c}x\right)$$
$$x' = X'_1 = k\left(X_1 - \frac{v}{c}X_0\right) = k\left(x - \frac{v}{c}ct\right)$$
$$y' = X'_2 = X_2 \qquad = y$$
$$z' = X'_3 = X_3 \qquad = z$$

($k = 1/\sqrt{1 - v^2/c^2}$), wie man aus den Ergebnissen des Kapitels 7 sieht.

Damit kennen wir ein Beispiel eines Vierervektors, das analog zum Ortsvektor ist.

Allgemein definieren wir:

> Ein Virervektor $\mathbf{A} = (A_0, A_1, A_2, A_3)$ ist eine Größe, die sich bei Drehungen und bei Lorentz-Transformationen ebenso verhält, wie der Virervektor $\mathbf{X} = (ct, x, y, z)$.

In der Vektorrechnung sind ferner das Quadrat eines Vektors und das Skalarprodukt zweier Vektoren wichtig. Beide Größen sind unter Drehungen invariant. Entsprechende invariante Größen können wir auch für die Virervektoren der Raum-Zeit definieren.

Zunächst könnte man versuchen, das Quadrat eines Virervektors durch $\mathbf{A}^2 = A_0^2 + A_1^2 + A_2^2 + A_3^2$ einzuführen. Diese Größe wäre aber nur bei Drehungen und nicht bei Lorentz-Transformationen invariant. Sie hätte also nicht in jedem Inertialsystem den gleichen Wert.

Auf die richtige Spur bringt uns dagegen die Betrachtung des Linienelements $ds^2 = dt^2 - d\mathbf{x}^2/c^2$ der Raum-Zeit, welches in unserer neuen Bezeichnung

$$ds^2 = (dX_0^2 - dX_1^2 - dX_2^2 - dX_3^2)/c^2$$

lautet. Dieses Linienelement ist sowohl bei Drehungen als auch bei Lorentz-Transformationen invariant. Es hat also in jedem beliebigen Inertialsystem immer den gleichen Wert. Da die Differentiale $d\mathbf{X}$ der Koordinaten ebenso transformieren, wie die Koordinaten $\mathbf{X}$ selbst, muß auch

$$\mathbf{X}^2 = X_0^2 - X_1^2 - X_2^2 - X_3^2$$

sowohl bei Lorentz-Transformationen, als auch bei Drehungen invariant sein. Da sich ein beliebiger Virervektor $\mathbf{A}$ bei diesen Transformationen ebenso verhält wie $\mathbf{X}$, muß schließlich auch

$$\mathbf{A}^2 = A_0^2 - A_1^2 - A_2^2 - A_3^2$$

in jedem Inertialsystem den gleichen Wert haben. Mit Hilfe der Transformationsformeln kann man dies auch explizit bestätigen.

Damit haben wir die Verallgemeinerung des Quadrates eines Vektors auf Virervektoren gefunden. Eine einfache Überlegung zeigt, daß auch das Skalarprodukt $\mathbf{A} \cdot \mathbf{B}$, zweier Virervektoren invariant ist, wenn wir es folgendermaßen definieren:

$$\mathbf{A} \cdot \mathbf{B} = A_0 B_0 - A_1 B_1 - A_2 B_2 - A_3 B_3$$

(Zum Beweis betrachten Sie $(\mathbf{A} + \mathbf{B})^2 = \mathbf{A}^2 + 2\mathbf{A} \cdot \mathbf{B} + \mathbf{B}^2$; da die linke Seite invariant ist und auch $\mathbf{A}^2$ bzw. $\mathbf{B}^2$ invariant sind, muß dies auch für $\mathbf{A} \cdot \mathbf{B}$ gelten.)

Wir fassen zusammen:

> Vierervektoren $\mathbf{A} = (A_0, A_1, A_2, A_3)$ sind Größen, die sich bei Koordinaten-Transformationen wie die Raum-Zeitkoordinaten (ct, x, y, z) verhalten. Das Quadrat eines Vierervektors
>
> $$\mathbf{A}^2 = A_0^2 - A_1^2 - A_2^2 - A_3^2$$
>
> und das Skalarprodukt zweier Vierervektoren
>
> $$\mathbf{A} \cdot \mathbf{B} = A_0 B_0 - A_1 B_1 - A_2 B_2 - A_3 B_3$$
>
> haben in allen Inertialsystemen die gleichen Werte, sind also invariant unter Lorentz-Transformationen.

Ferner haben wir auch einen einfachen Ausdruck für das Linienelement der Raum-Zeit erhalten:

> Das Linienelement der Raum-Zeit ist durch
>
> $$\mathrm{d}s^2 = \mathrm{d}\mathbf{X}^2/c^2$$
>
> gegeben. Mit seiner Hilfe können Abstände in der Raum-Zeit bestimmt werden.

Damit haben wir die wichtigsten Tatsachen über Vierervektoren kennengelernt. Das Quadrat $\mathbf{A}^2$ eines Vierervektors weist eine bemerkenswerte Ähnlichkeit mit dem Quadrat $\mathbf{a}^2$ eines Vektors im dreidimensionalen euklidischen Raum auf, allerdings treten nicht nur positive Vorzeichen, wie bei $\mathbf{a}^2 = a_x^2 + a_y^2 + a_z^2$ auf. Man nennt einen Vektorraum, in dem das Quadrat durch $\mathbf{A}^2 = A_0^2 - A_1^2 - A_2^2 - A_3^2$ gegeben ist, einen pseudo-euklidischen oder **Minkowski-Raum**.

Die Raum-Zeit weist also weitgehende Analogien zu einem vier-dimensionalen euklidischen Raum auf, wobei die Zeit (genauer ct) die vierte Koordinate darstellt. Die Vorzeichenunterschiede bei der Definition des Skalarproduktes haben aber bedeutende Unterschiede zwischen Zeitkoordinate und den drei Raumkoordinaten zur Folge.

Vor allem kann die von uns mit $\mathbf{A}^2$ bezeichnete Größe, also das Quadrat eines Vierervektors, sowohl positiv, wie negativ sein. Es kann aber auch $\mathbf{A}^2 = 0$ gelten, ohne daß daraus $\mathbf{A} = 0$ folgen würde. Wir werden noch Beispiele dafür kennenlernen.

12.3 Vierergeschwindigkeit und Viererbeschleunigung

Wir kommen nun zu den ersten Anwendungen von Vierervektoren. Um physikalische Probleme behandeln zu können, werden wir außer dem Ortsvektor $\mathbf{X} = (ct, x, y, z)$ in der Raum-Zeit vor allem Vierervektoren benötigen, die geeignete Verallgemeinerungen von Geschwindigkeit, Beschleunigung und Kraft sind.

Wir könnten zunächst versuchen, einen Vierervektor der Geschwindigkeit durch

$$\mathbf{V} = \frac{\mathrm{d}\mathbf{X}}{\mathrm{d}t} = \left(c, \frac{\mathrm{d}x}{\mathrm{d}t}, \frac{\mathrm{d}y}{\mathrm{d}t}, \frac{\mathrm{d}z}{\mathrm{d}t}\right) = (c, \mathbf{u})$$

zu definieren. Diese Größe wäre aber *kein Vierervektor,* da bei Lorentz-Transformationen nicht nur der Zähler dX, sondern auch der Nenner dt zu transformieren wäre (dt ist ja bei Lorentz-Transformationen keine Invariante!). Daher würde V ein anderes Verhalten aufweisen als X oder dX, was der Definition eines Vierervektors wiederspricht.

Um aus dX einen Vierervektor zu bilden, der der Geschwindigkeit entspricht, müssen wir dX offensichtlich durch eine Invariante dividieren, welche eine Verallgemeinerung von dt ist. Dazu eignet sich ds = d$t\sqrt{1-u^2/c^2}$, was im Bereich nichtrelativistischer Geschwindigkeiten mit dt übereinstimmt. Wir definieren die **Vierergeschwindigkeit** eines Teilchens daher als

$$\mathbf{V} = \frac{d\mathbf{X}}{ds},$$

also als Veränderung der Raum-Zeit-Position des Teilchens pro Eigenzeit-Element ds. Da bei einer Lorentz-Transformation ds = ds' gilt, hat V dabei das einfache Verhalten

$$V'_0 = k\left(V_0 - \frac{v}{c}V_1\right)$$
$$V'_1 = k\left(V_1 - \frac{v}{c}V_0\right)$$
$$V'_2 = V_2$$
$$V'_3 = V_3$$

$$k = \frac{1}{\sqrt{1-v^2/c^2}}$$

V transformiert also wie X, es ist daher ein Vierervektor.

Wie hängt V mit dem dreidimensionalen (räumlichen) Geschwindigkeitsvektor $\mathbf{u}$ = d$\mathbf{x}$/dt zusammen? Offensichtlich ist

$$\mathbf{V} = \frac{d\mathbf{X}}{ds} = \frac{d\mathbf{X}}{dt}\frac{dt}{ds} = k\frac{d\mathbf{X}}{dt} = k(c, \mathbf{u}).$$

(Da dt/ds = k aus ds = d$t\sqrt{1-\mathbf{u}^2/c^2}$ folgt). Die räumlichen Komponenten der Vierergeschwindigkeit V sind also gleich $k\mathbf{u}$. Damit können wir aus der Vierergeschwindigkeit die „gewöhnliche" Geschwindigkeit u herauslesen. Im Grenzfall nichtrelativistischer Bewegung ist die räumliche Komponente der Vierergeschwindigkeit einfach gleich der Geschwindigkeit u.

Wir können nun auch überprüfen, ob das Quadrat $\mathbf{V}^2$ der Vierergeschwindigkeit eines Teilchens eine Invariante liefert (wir verwenden d$\mathbf{X}^2 = c^2$ ds^2):

$$\mathbf{V}^2 = \frac{d\mathbf{X}}{ds}\cdot\frac{d\mathbf{X}}{ds} = c^2\frac{(ds)^2}{(ds)^2} = c^2$$

Es ist also $\mathbf{V}^2 = c^2$ tatsächlich eine Größe, die in jedem Inertialsystem den gleichen Wert hat, nämlich das Quadrat der Lichtgeschwindigkeit.

Nun kommen wir zur Viererbeschleunigung, die wir durch

$$\mathbf{A} = \frac{d^2\mathbf{X}}{ds^2}$$

definieren. Wiederum ist der Nenner eine Invariante, so daß $\mathbf{A}$ sich bei Lorentz-Transformationen wie $\mathbf{X}$ oder wie $\mathbf{V}$ verhält:

$$A_0' = k\left(A_0 - \frac{v}{c}A_1\right)$$
$$A_1' = k\left(A_1 - \frac{v}{c}A_0\right) \qquad k = \frac{1}{\sqrt{1 - v^2/c^2}}$$
$$A_2' = A_2$$
$$A_3' = A_3$$

Raum-Zeit-Vierervektor $\mathbf{X}$, Vierergeschwindigkeit $\mathbf{V}$ und Viererbeschleunigung $\mathbf{A}$ weisen also bei Drehungen und bei Lorentz-Transformationen übereinstimmendes Verhalten auf, während die Vektoren $\mathbf{x}$, $\mathbf{v}$ und $\mathbf{a}$ sich bei Galilei-Transformationen jeweils anders verhalten haben:

$$\mathbf{x}' = \mathbf{x} - \mathbf{v}t, \quad \mathbf{u}' = \mathbf{u} - \mathbf{v} \quad \mathbf{a}' = \mathbf{a}.$$

Dadurch eignen sich diese Vierervektoren viel besser zur Formulierung physikalischer Gesetze, die in jedem Inertialsystem die gleiche Form aufweisen − und damit dem Relativitätsprinzip genügen − als dies für ihre dreidimensionalen Gegenstücke der Fall ist.

Wir untersuchen noch, wie $\mathbf{A}$ mit der gewöhnlichen Beschleunigung $\mathbf{a}$ eines Teilchens zusammenhängt. Dazu wählen wir ein Inertialsystem, in dem das Teilchen im Moment ruht und soeben aus der Ruhe beschleunigt wird (momentanes Ruhsystem siehe Bild 12.2). In diesem System stimmt ds im betrachteten Augenblick mit dt überein. Daher ist

$$\mathbf{A} = \frac{d^2\mathbf{X}}{ds^2} = \frac{d^2\mathbf{X}}{dt^2} = \left(c\frac{d^2t}{dt^2}, \frac{d^2\mathbf{x}}{dt^2}\right) = (0, \mathbf{a})$$

(Da dt/dt = 1 gilt d^2t/dt^2 = 0). Im momentanen Ruhsystem hat also die Viererbeschleunigung nur einen räumlichen Anteil, der gleich der Beschleunigung $\mathbf{a}$ des Teilchens ist. Bilden wir in diesem System das Quadrat von $\mathbf{A}$, so folgt

$$\mathbf{A}^2 = 0^2 - \mathbf{a}^2 = -\mathbf{a}^2.$$

Da $\mathbf{A}^2$ eine Invariante ist, muß in jedem beliebigen Inertialsystem $\mathbf{A}^2$ gleich $-\mathbf{a}^2$ sein, wobei $\mathbf{a}$ die Beschleunigung im momentanen Ruhsystem ist.

Damit kennen wir einen Vektor $\mathbf{V}$ mit $\mathbf{V}^2 > 0$, und einen anderen Vektor $\mathbf{A}$ mit $\mathbf{A}^2 \leq 0$. Beide Arten von Vierervektoren kommen also tatsächlich vor.

Wir können nun auch das *Skalarprodukt* $\mathbf{V} \cdot \mathbf{A}$ aus Vierergeschwindigkeit und Viererbeschleunigung berechnen. Wieder muß sich eine Invariante ergeben. Diese Tatsache können wir bei der Rechnung ausnützen. Da $\mathbf{V} \cdot \mathbf{A}$ in jedem beliebigen Inertialsystem denselben Wert haben muß, können wir das Skalarprodukt z.B. im momentanen Ruhsystem des Teilchens ermitteln. In diesem System ist $\mathbf{V} = k(c, \mathbf{u}) = (c, \mathbf{0})$ und $\mathbf{A} = (0, \mathbf{a})$, so daß wir für das Skalarprodukt erhalten

$$\mathbf{V} \cdot \mathbf{A} = c \cdot 0 - \mathbf{0} \cdot \mathbf{a} = 0$$

Das Skalarprodukt hat in diesem System, und daher auch in jedem anderen Inertialsystem, den Wert Null.

Übungshalber führen wir die Rechnung noch auf einem zweiten Weg durch. Die Viererbeschleunigung **A** ist die Ableitung der Vierergeschwindigkeit **V** nach s,

$$\mathbf{A} = \frac{d\mathbf{V}}{ds}$$

Daraus folgt sofort

$$\mathbf{V} \cdot \mathbf{A} = \mathbf{V} \cdot \frac{d\mathbf{V}}{ds} = \frac{1}{2} \frac{d}{ds} (\mathbf{V} \cdot \mathbf{V}) = 0$$

da $\mathbf{V} \cdot \mathbf{V} = \mathbf{V}^2 = c^2$ ist.

Die Vierergeschwindigkeit **V** und die Viererbeschleunigung **A** eines Teilchens sind durch

$$\mathbf{V} = \frac{d\mathbf{X}}{ds} \quad \text{bzw.} \quad \mathbf{A} = \frac{d^2\mathbf{X}}{ds^2}$$

definiert. Für nichtrelativistische Bewegung ist

$$\mathbf{V} \approx (c, \mathbf{v}) \quad \text{bzw.} \quad \mathbf{A} \approx (0, \mathbf{a}).$$

Die Quadrate der Vektoren sind

$$\mathbf{V}^2 = c^2 \quad \text{bzw.} \quad \mathbf{A}^2 = -\mathbf{a}^2,$$

wobei **a** die Beschleunigung des Teilchens im momentanen Ruhsystem ist. Ferner gilt

$$\mathbf{V} \cdot \mathbf{A} = 0.$$

Alle bisherigen Überlegungen klingen zunächst sehr formal und scheinen nicht viel physikalischen Gehalt zu haben. Welche bedeutende Konsequenzen dahinterstecken wird das nächste Kapitel zeigen.

Aufgaben

12.1 Ein Teilchen bewegt sich mit konstanter Geschwindigkeit v entlang einer Kreisbahn, während ein zweites am Kreisumfang ruht. Wie verhalten sich die Längen der beiden Weltlinien der Teilchen zueinander. Fertigen Sie ein Raum-Zeit Diagramm dieser Situation an und erläutern Sie, warum die Länge der Weltlinie nicht mit der geometrischen Länge übereinstimmt.

12.2 Bestätigen Sie die Invarianz von $ds^2 = dt^2 - dx^2/c^2$ durch explizite Rechnung mit Hilfe der Lorentz-Transformation.

12.3 Zeigen Sie, daß $dt^2 + dx^2/c^2$ bei Lorentz-Transformationen nicht invariant bleibt.

12.4 Transformieren Sie die Viererbeschleunigung eines Teilchens vom momentanen Ruhsystem in ein beliebig bewegtes Bezugssystem und interpretieren Sie die auftretenden Größen physikalisch.

12.5 Zwei Uhren bewegen sich mit den Vierergeschwindigkeiten $\mathbf{V}_A$ und $\mathbf{V}_B$. Welche physikalische Bedeutung hat das Skalarprodukt $\mathbf{V}_A \cdot \mathbf{V}_B / c^2$?

13 Masse und Energie

„Das wichtigste Ergebnis der speziellen Relativitätstheorie betraf die träge Masse körperlicher Systeme. Es ergab sich, daß die Trägheit eines Systems von seinem Energieinhalt abhängen müsse und man gelangte geradezu zur Auffassung, daß träge Masse nichts anderes sei als latente Energie. Der Satz von der Erhaltung der Masse verlor seine Selbständigkeit und verschmolz mit dem von der Erhaltung der Energie."

In diesem Auszug aus einem Zeitschriftenartikel[1] faßt Albert Einstein das wichtigste Ergebnis der Relativitätstheorie zusammen. Es ist das der Zusammenhang zwischen Energie und Masse, der in der berühmten Formel $E = mc^2$ seinen Ausdruck findet.

Mit der Herleitung und der physikalischen Bedeutung dieser Gleichung befassen wir uns in diesem Kapitel.

Dabei wollen wir zunächst eine einfache, heuristische Herleitung des Zusammenhangs zwischen Masse und Energie geben, bevor wir die Theorie in ihrer vollen Allgemeinheit formulieren.

13.1 Die relativistische Massenzunahme

Wir beginnen mit einem Gedankenexperiment: Stellen Sie sich vor, im Weltall schwebt ein Raumschiff. Der Raketenmotor wird gezündet und das Raumschiff dadurch ständig beschleunigt (Bild 13.1). Der Motor sei so eingestellt, daß das Raumschiff eine konstante Beschleunigung a erfährt, die gerade gleich der Erdbeschleunigung $g \approx 10 \text{ m/s}^2$ ist. Dann wirkt auf alle Körper im Raumschiff eine zum Boden gerichtete Kraft, die gleich der Gewichtskraft der Körper auf der Erde ist. Die Raumfahrer werden den Eindruck haben, sich im Schwerefeld der Erde zu befinden.

Nach den Gesetzen der klassischen Physik wird bei dieser konstanten Beschleunigung die Geschwindigkeit v des Raumschiffes linear mit der Zeit t zunehmen: $v = g t$. Nach einer bestimmten Zeit t^* wäre die Lichtgeschwindigkeit erreicht. Die Zeit t^* ergibt sich aus $c = g t^*$ zu

$$t^* = \frac{c}{g} = \frac{3 \cdot 10^8 \text{ m/s}}{10 \text{ m/s}^2} = 3 \cdot 10^7 \text{ s} \approx 1 \text{ a}.$$

Nach den Aussagen der klassischen Physik würde das Raumschiff nach einem Jahr mit Überlichtgeschwindigkeit fliegen. Dies widerspricht dem grundlegenden Ergebnis der Relativitätstheorie, wonach sich ein Körper nicht mit Überlichtgeschwindigkeit bewegen kann (s. Kapitel 9).

Um diese fundamentale Aussage der Relativitätstheorie zu überprüfen, wurde 1974 in Stanford ein Beschleunigungsexperiment durchgeführt.[2] Im Linearbeschleuniger der Stanford-Universität (s. Abschnitt 13.2) können Elektronen auf die höchste Geschwindigkeit gebracht werden, die man mit Elementarteilchen im Labor erreicht. Nach klassischer Rechnung hätte die Geschwindigkeit der Elektronen ein Vielfaches der Lichtgeschwindigkeit betragen müssen. Innerhalb der Meßgenauigkeit hatten die Elektronen jedoch nur Lichtgeschwindigkeit.

Die Elektronen wurden auf eine Energie von $3{,}3 \cdot 10^{-9}$ J beschleunigt. Mit der klassischen Formel für die kinetische Energie ergibt sich daraus $v = 8{,}5 \cdot 10^{10}$ m/s = $283 c$! Nach der relativistischen Formel für die kinetische Energie, die wir in Abschnitt 13.2 herleiten werden, kann sich die Ge-

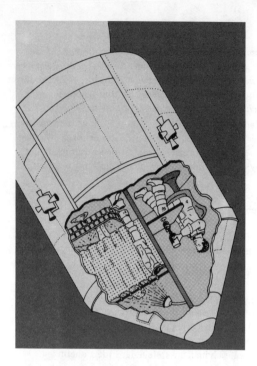

Bild 13.1 In einem mit $g = 10 \text{ m/s}^2$ beschleunigten Raumschiff leben die Astronauten wie auf der Erde.

schwindigkeit der Elektronen der Lichtgeschwindigkeit jedoch nur asymptotisch nähern. Die Rechnung zeigt, daß bei der angegebenen Energie die Geschwindigkeit der Elektronen um $\Delta v = 5 \cdot 10^{-10} c$ von der Lichtgeschwindigkeit verschieden ist. Das Experiment in Stanford sollte diese Vorhersage der Theorie bestätigen. Hierzu wurde die Geschwindigkeit der beschleunigten Elektronen mit der Geschwindigkeit eines Lichtsignals verglichen. Man ließ Elektronen und Licht eine Strecke von 1 km Länge durchlaufen und verglich ihre Laufzeiten. Die Zeitmessung war so genau, daß man einen Laufzeitunterschied von 10^{-12} s noch hätte feststellen können. Dem entspricht ein Geschwindigkeitsunterschied von $\Delta v = 3 \cdot 10^{-7} c$. Der relativistisch berechnete Unterschied $\Delta v = 5 \cdot 10^{-10} c$ ist jedoch nochmals um den Faktor 1000 kleiner, so daß im Rahmen der Meßgenauigkeit die Elektronengeschwindigkeit gleich der Lichtgeschwindigkeit sein sollte. Dies wurde auch experimentell bestätigt.

Wir können das Ergebnis des Stanford-Experiments nur verstehen, wenn wir annehmen, daß sich ein Körper mit größer werdender Geschwindigkeit weiterer Beschleunigung zunehmend widersetzt. Seine Masse muß ständig zunehmen und bei Annäherung an die Lichtgeschwindigkeit so groß werden, daß er nicht weiter beschleunigt werden kann.

Die Massenzunahme soll nun mit Hilfe eines Gedankenexperimentes hergeleitet werden. Eine Kugel fliegt in einem Inertialsystem I mit der konstanten Geschwindigkeit w gegen eine Wand. Beim Auftreffen schlägt die Kugel ein Loch in die Wand und bleibt darin stecken (Bild 13.2). Bei diesem Stoß überträgt sie ihren gesamten Impuls $p = mw$ auf die Wand (wir nehmen $w \ll c$ an, so daß die klassische Mechanik anwendbar ist). Die Tiefe des Einschlagloches ist ein Maß für diesen Impuls.

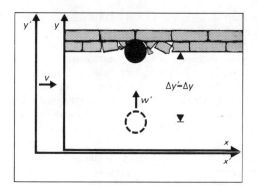

Bild 13.2 In einem Inertialsystem I fliegt eine Kugel mit der Geschwindigkeit w in y-Richtung gegen eine Wand und schlägt dort ein Loch von einer bestimmten Tiefe. Derselbe Vorgang wird aus einem Inertialsystem I' beobachtet, das sich relativ zu I mit v bewegt.

Wir betrachten nun diesen Vorgang von einem Inertialsystem I' aus, daß sich mit hoher Geschwindigkeit v parallel zur Wand bewegt. Von I' aus gesehen erscheinen alle Vorgänge in I um den Faktor $\sqrt{1 - v^2/c^2}$ verlangsamt. Auch die Geschwindigkeitskomponente w', mit der die Kugel auf die Wand zufliegt, beträgt demnach nur $w' = w\sqrt{1 - v^2/c^2}$.

Die Tiefe des Loches ist aber von I und von I' aus gesehen gleich. Daher hat für einen Beobachter in I' die Kugel trotz ihres langsamen Fluges den gleichen Impuls an die Wand abgegeben wie für einen Beobachter in I : $p' = p$. Dieses Ergebnis können wir nur dadurch erklären, daß die Masse der Kugel in I' nicht gleich m ist, sondern einen größeren Wert m' hat, der aus

$$p = mw = p' = m'w' = m'w\sqrt{1 - v^2/c^2}$$

folgt:
$$m' = \frac{m}{\sqrt{1 - v^2/c^2}} \ .$$

Die Masse eines mit der Geschwindigkeit v bewegten Körpers ist um den Faktor $1/\sqrt{1 - v^2/c^2}$ größer als die Masse des ruhenden Körpers. Wir bezeichnen die Masse des ruhenden Körpers als **Ruhmasse** m und die des bewegten Körpers als **dynamische Masse** m_d.

> Die dynamische Masse m_d eines mit der Geschwindigkeit v bewegten Körpers ist gegeben durch
>
> $$m_d = \frac{m}{\sqrt{1 - v^2/c^2}}$$
>
> m ist die Ruhmasse des Körpers.

Dieses Ergebnis werden wir in Abschnitt 13.4 allgemein und exakt begründen.

Nähert sich die Geschwindigkeit eines Körpers der Lichtgeschwindigkeit, so wird seine Masse beliebig groß, und der Körper kann nicht weiter beschleunigt werden. Damit haben wir eine dynamische Erklärung für die Beobachtung gefunden, daß die Lichtgeschwindigkeit einen Grenzwert für die Geschwindigkeit aller Körper darstellt.

Die hier hergeleitete Massenzunahme ist in einer Reihe von Präzisionsexperimenten überprüft worden. Als Beispiel für eine neuere Messung sei die Arbeit einer Forschergruppe des Physik-Instituts der Universität Zürich aus dem Jahr 1963 angeführt. Elektronen, die man zuvor auf Geschwindigkeiten von $v = 0.99\,c$ beschleunigt hatte, wurden mit Hilfe elektrischer und magnetischer Felder abgelenkt. Aus den Bahnkurven konnte die Geschwindigkeit und die Masse der Elektronen bestimmt werden. Auch bei diesen hohen Geschwindigkeiten, bei denen sich die siebenfache Ruhmasse ergab, erwies sich die Formel für die dynamische Masse als richtig. Die Meßgenauigkeit hätte ausgereicht, eine Abweichung der Masse von 0,05 % vom theoretisch berechneten Wert nachzuweisen.[3]

Ausgehend von der relativistischen Massenzunahme können wir nun auch leicht den Ursprung der Äquivalenz von Masse und Energie, $E = mc^2$, einsehen. Dazu betrachten wir die Differenz der dynamischen und der Ruhmasse

$$m_d - m = m \left(\frac{1}{\sqrt{1 - v^2/c^2}} - 1 \right)$$

und entwickeln die Wurzel gemäß $(1-x)^{-1/2} \approx 1 + x/2$ für $x = v^2/c^2 \ll 1$:

$$m_d - m \approx m \left(1 + \frac{1}{2}\frac{v^2}{c^2} - 1 \right) = \frac{1}{c^2}\frac{mv^2}{2} = \frac{E_K}{c^2},$$

wobei $E_k = mv^2/2$ die kinetische Energie des Teilchens ist. Das Ergebnis (im Grenzfall nichtrelativistischer Geschwindigkeit v)

$$m_d - m = \frac{E_k}{c^2}$$

können wir folgendermaßen interpretieren:

> Führt man einem System die Energie E zu, so erhöht sich dadurch seine Masse um E/c^2.

Dies ist die Schlußfolgerung von Einsteins berühmter Arbeit „Hängt die Trägheit eines Körpers von seinem Energieinhalt ab?". Wir haben dieses Ergebnis hier zumindest für den Fall plausibel gemacht, daß einem langsam bewegten Teilchen (System) kinetische Energie E_k zugeführt wird.

Unser Ergebnis $m_d - m = E_k/c^2$ gilt *allgemein,* falls wir die kinetische Energie eines Teilchens durch

$$E_k = (m_d - m)\,c^2 = mc^2 \left(\frac{1}{\sqrt{1 - v^2/c^2}} - 1 \right) = mc^2\,(k - 1)$$

definieren. Für $v \ll c$ stimmt diese Definition mit dem Newtonschen Wert $mv^2/2$ überein. Für $v \lesssim c$ wird die Massenzunahme merklich und die kinetische Energie ist daher größer als in der klassischen Physik (Bild 13.3). Für $v \to c$ geht m_d und auch die kinetische Energie gegen Unendlich. Das Teilchen kann daher nicht auf Lichtgeschwindigkeit beschleunigt werden, was mit unseren früheren Ergebnissen übereinstimmt.

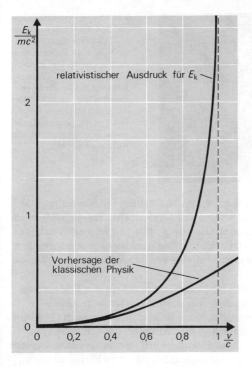

Bild 13.3 Der klassische und der relativistische Term für die kinetische Energie eines Teilchens als Funktion seiner Geschwindigkeit v/c. Der klassische Term $E_k = mv^2/2$ ist näherungsweise nur für Geschwindigkeiten $v < 0{,}2\,c$ anwendbar. Für größere Geschwindigkeiten muß die relativistische Formel verwendet werden. Strebt die Geschwindigkeit eines Körpers gegen die Lichtgeschwindigkeit, so wächst seine kinetische Energie über alle Grenzen.

Die kinetische Energie eines Körpers mit Ruhmasse m beträgt

$$E_k = mc^2 \left(\frac{1}{\sqrt{1 - v^2/c^2}} - 1 \right)$$

Dieser Ausdruck stimmt für nichtrelativistische Geschwindigkeiten mit der klassischen Formel $E_k = mv^2/2$ überein. Für $v \to c$ geht die kinetische Energie infolge der Massenzunahme gegen Unendlich.

In Abschnitt 13.4 sollen diese heuristischen Überlegungen auf gesicherte Grundlagen gestellt werden. Zunächst betrachten wir aber einige Anwendungen unserer Ideen.

13.2 Hochenergiephysik

Die Umwandlung von Energie in Masse und auch umgekehrt, die Umwandlung von Masse in Energie, ist vor allem in der Kernphysik (Kapitel 14) und in der Hochenergiephysik von Bedeutung. Dieser Forschungszweig, der zusammen mit der Festkörperphysik zu den größten der Physik zählt, beschäftigt sich mit der Erforschung der kleinsten Teilchen, aus denen die Materie aufgebaut ist.

Die wichtigsten Forschungseinrichtungen der Hochenergiephysik sind die großen **Beschleuniger,** in denen Elektronen, Protonen oder Atomkerne durch elektrische

Bild 13.4 Ein energiereiches Teilchen der Höhenstrahlung (100 GeV) schlägt zufällig in die Wand einer Blasenkammer ein und erzeugt über hundert Elementarteilchen. Durch ein senkrecht zur Bildfläche gerichtetes Magnetfeld werden die positiv geladenen Teilchen in der einen, die negativ geladenen Teilchen in der anderen Richtung abgelenkt.

Felder auf hohe Energie beschleunigt werden. Treffen diese Teilchen auf feste Objekte, sogenannte Targets, auf, so wird ein Teil der kinetischen Energie in Masse umgewandelt, und neue Teilchenarten werden erzeugt. Bild 13.4 zeigt ein Beispiel der Vorgänge, die man dabei beobachtet. Bevor wir auf diese Beobachtungen eingehen, wollen wir kurz die wichtigsten Eigenschaften der heute bestehenden Beschleuniger besprechen.

Die ersten Beschleuniger arbeiteten mit einem einzigen elektrischen Feld bei einer möglichst hohen elektrischen Spannung. Ein elektrisch geladenes Teilchen wird durch das elektrische Feld beschleunigt, wobei die kinetische Energie des Teilchens zunimmt. Diese Energie berechnet sich als Produkt aus der durchlaufenen Spannung U und der Ladung des Teilchens. Elektronen und Protonen besitzen, abgesehen vom Vorzeichen, die gleiche Elementarladung e. Die kinetische Energie ist daher $E_k = eU$. Als Maßeinheit für die Energie benutzt man in der Elementarteilchenphysik meist das Elektronvolt (eV). Das ist die Energie, die ein Elektron oder ein Proton zusätzlich erhält, wenn es eine Spannung von einem Volt durchläuft. Mit der Elementarladung $e = 1{,}6 \cdot 10^{-19}$ As kann man die Beziehung zwischen den Energieeinheiten Elektronvolt (eV) und Joule (J) herleiten, denn es ist 1 J = 1 VAs:

$$1\,\mathrm{eV} = 1{,}6 \cdot 10^{-19}\,\mathrm{As} \cdot \mathrm{V} = 1{,}6 \cdot 10^{-19}\,\mathrm{J}$$

Für größere Teilchenenergien benutzt man die dezimalen Vielfachen Kiloelektronvolt: 1 keV = 10^3 eV, Megaelektronvolt: 1 MeV = 10^6 eV und Gigaelektronvolt: 1 GeV = 10^9 eV (Tabelle 13.1).

Mit einem von Van de Graaf im Jahre 1930 entwickelten Generator erreicht man heute Spannungen von 7 Millionen Volt. Elektronen oder Protonen erhalten durch diese Spannung eine Energie von 7 MeV. Das ist eine erhebliche Energiezunahme, doch reicht sie für heutige Untersuchungen nicht aus. Isolationsprobleme verhindern jedoch ein weiteres Erhöhen der angelegten Spannung. Van de Graaf-Generatoren dienen daher heute nur noch als Vorbeschleuniger, als ‚Injektoren' für größere Beschleunigeranlagen.

Um die Isolationsprobleme bei hohen Spannungen zu umgehen, entwarf Wideröe im Jahre 1930 ein Verfahren, das man als ‚Ei des Kolumbus' bezeichnen könnte. Nicht

Tabelle 13.1

Teilchenenergien

Thermische Energie eines Teilchens bei den tiefsten, im Labor erreichten Temperaturen	10^{-10} eV
Thermische Energie von Teilchen bei Zimmertemperatur	$3.8 \cdot 10^{-2}$ eV
Chemische Energie	$\geqslant 1$ eV
Photonenenergie des sichtbaren Lichts	2–3 eV
Bindungsenergie des Elektroms im Wasserstoffatom	13,5 eV
Kinetische Energie von Atomkernen im Sterninnern	$\geqslant 1$ keV
Ruheenergie des Elektrons	0,51 MeV
Bindungsenergie von Teilchen im Atomkern	8 MeV
Ruheenergie von Mesonen	$\geqslant 100$ MeV
Ruheenergie des Protons	1 GeV
Ruheenergie der schwersten bekannten Teilchen	3,6 GeV
Höchste bekannte Energie eines Teilchens der Höhenstrahlung	10^{12} GeV

Protonensynchrotrons (Maximalenergie $\geqslant 10$ GeV)	
Dubna (USSR, 1957)	10 GeV
Tsukuba (Japan, 1975)	12 GeV
Argonne (USA, 1963)	12,5 GeV
CERN PS (Schweiz, 1959)	28 GeV
Brookhaven (USA, 1960)	33 GeV
Serpukhov (USSR, 1967)	76 GeV
Fermi Lab. (USA, 1972)	400 GeV
CERN SPS (Schweiz, 1976)	400 GeV

Elektronensynchrotrons (Maximalenergie $\geqslant 5$ GeV)	
Daresbury (GB, 1966)	5 GeV
Erevan (USSR, 1967)	6 GeV
Hamburg (BRD, 1964)	7 GeV
Cornell (USA, 1967)	10 GeV

Elektronenlinearbeschleuniger	
Stanford (USA, 1966)	21 GeV

eine einzige hohe Spannung, sondern viele kleine Spannungen sollten das Teilchen beschleunigen. Hierzu muß die beschleunigende Spannung an eine Folge hintereinandergeschalteter Elektrodensysteme angelegt werden. Dies muß jedoch nacheinander im gleichen Takt geschehen, mit dem das Teilchen die einzelnen Systeme durchläuft. Die erforderlichen hohen Schaltfrequenzen beherrschte man zur damaligen Zeit noch nicht. Daher kam man mit einem solchen ‚Linearbeschleuniger' zunächst nicht weiter.

E.O. Lawrence hatte im Jahr 1932 die entscheidende Idee, nicht eine Folge von hintereinandergeschalteten Beschleunigungsstrecken zu benutzen, sondern nur eine einzige, die immer wieder von den Teilchen durchlaufen wird. Das läßt sich erreichen, wenn man die Teilchen im Kreis herumführt. Wir wissen, daß dies mit einem starken Magnetfeld möglich ist. So wurde der erste Zirkularbeschleuniger, das Zyklotron, gebaut. Seinen Aufbau zeigt Bild 13.5. Im Feld eines großen Elektromagneten befinden sich zwei D-förmige Elektroden, die zusammen wie eine in der Mitte durchschnittene runde Schachtel aussehen. Diese Schachtel wird senkrecht von einem starken Magnetfeld durchsetzt. An die beiden Schachtelhälften wird eine Wechselspannung angelegt. Sie beschleunigt die Teilchen jedesmal, wenn diese sich im Raum zwischen den beiden D-förmigen Elektroden befinden. Mit zunehmender Geschwindigkeit wird der Radius der Kreisbahn größer, so daß die Teilchen spiralig von innen nach außen laufen.

Die besonders einfache Arbeitsweise des Zyklotrons beruht darauf, daß im gleichen Maße, wie sich die Geschwindigkeit erhöht, auch der Radius der Kreisbahn größer wird:

Um ein Teilchen, das die Masse m besitzt und mit der Geschwindigkeit v fliegt, auf einer Kreisbahn mit dem Radius r zu halten, ist die Zentripetalkraft $F_z = mv^2/r$ er-

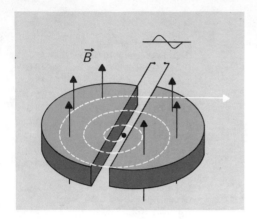

Bild 13.5 ‚D'-förmige Elektroden eines Zyklotrons. Von der Mitte ausgehend läuft das Teilchen mit immer größer werdender Geschwindigkeit spiralig von innen nach außen.

forderlich. Hier wirkt die magnetische Kraft $F_{magn} = e\,v\,B$ als Zentripetalkraft, daher kann man die Terme gleichsetzen:

$$mv^2/r = e\,v\,B.$$

Lösen wir diese Gleichung nach r auf, so ergibt sich für den Radius r der Kreisbahn

$$r = \frac{m\,v}{e\,B}.$$

Der Radius r und damit auch der von den Teilchen zu durchlaufende Halbkreis wächst proportional mit der Geschwindigkeit v. Die Teilchen kommen daher unabhängig von ihrer Geschwindigkeit immer nach der gleichen Zeit wieder in den Beschleunigungsraum. Die angelegte Wechselspannung kann daher eine konstante Frequenz haben, was eine wesentliche Vereinfachung darstellt.

Dies gilt jedoch nur, solange die Geschwindigkeit nicht allzu groß wird. Nur dann ist die Masse der Teilchen praktisch konstant. Bei relativistischer Massenzunahme wächst der Kreisbahnradius schneller als die Geschwindigkeit. Die Teilchen ‚verspäten sich' und geraten außer Takt mit der beschleunigenden Wechselspannung. Für Elektronen tritt wegen ihrer geringen Masse dieser Fall so früh ein, daß das Zyklotron für diese Teilchen nicht brauchbar ist.

Protonen können jedoch auf eine Energie von etwa 25 MeV gebracht werden. Mit solchen energiereichen Protonen hat man in den Jahren 1932 bis 1945 eine Reihe wichtiger Kernreaktionen und Kernumwandlungen durchgeführt. Dabei wurde auch der uralte Traum der Alchimisten, Gold herzustellen, auf moderne Art verwirklicht. Es gelang die Umwandlung von Quecksilberkernen in Goldkerne.

Das Außer-Takt-Geraten der Protonen bei hohen Geschwindigkeiten vermeidet das Synchrozyklotron. In gleichem Maße, wie durch die relativistische Massenzunahme die Umlauffrequenz kleiner wird, verringert man auch die Frequenz der beschleunigenden Wechselspannung. Mit dem 1946 in Berkeley erbauten Synchrozyklotron konnte man dann Protonen auf Energien von 100 MeV beschleunigen.

Die heute in Betrieb befindlichen Großbeschleuniger nutzen alle das Prinzip der Mehrfachbeschleunigung durch nacheinander durchlaufene Beschleunigungsstrecken aus. Im Gegensatz zu den dreißiger Jahren bedeutet die Erzeugung und Steuerung der erforderlichen hochfrequenten Wechselfelder heute keine technischen Schwierigkeiten mehr.

Man verwendet zwei Typen, die sich in der Anordnung der Beschleunigungssysteme unterscheiden. Bei einem *Linearbeschleuniger* sind sie hintereinander, bei einem *Zirkularbeschleuniger* im Kreis angeordnet.

Der bisher größte Linearbeschleuniger wurde 1966 in Stanford (USA) gebaut. Auf einer Länge von 3,2 km werden Elektronen von 240 Beschleunigungssystemen auf eine Energie von 22 000 MeV gebracht. Das evakuierte Rohr, in dem die Elektronen laufen, hat dabei einen Durchmesser von nur 10 cm. Am Ende der Beschleunigungsstrecke sind die Elektronen 40 000 mal schwerer als ruhende Elektronen. Ordnet man die Beschleunigungsstrecken nicht hintereinander sondern im Kreis an, so hat man den Vorteil, daß die Teilchen das System mehrmals durchlaufen können. Um sie in dem engen Führungsrohr auf einer genau vorgeschriebenen Kreisbahn zu halten, braucht man nun aber ein Magnetfeld. Dieses Feld wird von meterhohen Elektromagneten erzeugt, die sich zwischen den Beschleunigungsstrecken befinden. Wegen des fest vorgegebenen Durchmessers der Kreisbahn kann die Stärke des Magnetfeldes nicht konstant bleiben, sondern muß mit zunehmender Teilchenenergie synchron erhöht werden. Daher rührt der Name Synchrotron für diese Anlage. Das Synchrotron ist die inzwischen meist gebaute Großbeschleunigeranlage.

Das größte Synchrotron der Welt wurde 1976 im europäischen Kernforschungszentrum CERN bei Genf in Betrieb genommen. Die als Superprotonensynchrotron (SPS) bezeichnete Anlage verleiht Protonen eine Energie von 400 GeV (Bild 13.6). Von dem Superprotonensynchrotron kann man jedoch nur die Laboratorien und die Verwaltungsgebäude sehen. Der 7 km lange Beschleunigerring liegt nämlich in einem 4 m breiten Tunnel etwa 40 m unter der Erde. Hier kreisen die Protonen in einem Vakuumrohr aus rostfreiem Stahl, dessen Querschnitt die Form einer abgeflachten Ellipse von 100 mm Breite und 50 mm Höhe besitzt. Der Ring enthält 744 Führungsmagnete von je 6,25 m Länge. Dazwischen befinden sich 216 Fokussiermagnete, die den Protonenstrahl abwechselnd horizontal und vertikal zusammendrücken. Der

Bild 13.6 Blick in den 40 m unter der Erde gelegenen, 7 km langen Tunnel des Superprotonensynchrotrons in CERN. Man sieht die meterhohen Ablenkmagnete des Protonenstrahls.

Beschleunigungsring ist nahezu kreisförmig. Sein mittlerer Durchmesser beträgt 2,2 km. Er enthält aber sechs lange gerade Abschnitte, darunter einen für den Einschuß (die Protonen werden in der alten Anlage vorbeschleunigt), zwei für die Auslenkung und einen für die Beschleunigung der Protonen. Nach dem Einschuß aus einem älteren Synchrotron haben die Protonen eine Energie von 10 GeV. Die 10^{13} Protonen eines Strahles erreichen nach 3,5 Sekunden eine Energie von 400 GeV.

In dieser Zeit durchlaufen sie 150 000 mal den Ring. An dem Bau und dem Betrieb des Superprotonensynchrotrons beteiligen sich Belgien, die Bundesrepublik Deutschland, Dänemark, Frankreich, Italien, die Niederlande, Norwegen, Österreich, Schweden, die Schweiz und Großbritannien. Bis zur Fertigstellung des SPS im Jahre 1979 bringen diese elf europäischen Staaten etwa 1,2 Milliarden DM auf (Tabelle 13.2). Wir hatten bereits erwähnt, daß man die hochbeschleunigten Teilchen auf Materie auftreffen läßt. Dabei entstehen neue Teilchen, deren Eigenschaften man untersucht. Um die subnuklearen Teilchen nachzuweisen, benutzt man heute zwei Methoden: Blasenkammeraufnahmen und die Registrierung mit elektronischen Detektoren.

Eine Blasenkammer ist ein fotografisches Atelier, in dem die Bahnen der Teilchen aufgenommen werden. Die Teilchen durchqueren dabei eine Flüssigkeit, deren Druck und Temperatur so geregelt werden, daß die Flüssigkeit knapp vor dem Sieden steht. Unmittelbar vor dem Durchgang der Teilchen wird der Druck plötzlich vermindert, so daß die Flüssigkeit zu sieden beginnt. Die ersten Blasen bilden sich an den Stellen, an denen elektrisch geladene Teilchen die Flüssigkeit durchqueren und dabei Teilchen der Flüssigkeit ionisieren. Dabei ist es gleichgültig, ob es sich um einfallende Teilchen handelt, oder um neue, aus Zusammenstößen mit den Atomkernen der Kammerflüssigkeit hervorgegangene Teilchen. Der Zerfall eines Teilchens und das Entstehen neuer Teilchen kann auf diese Weise beobachtet werden. Durch das Feld eines großen Elektromagneten werden die Bahnen der Teilchen gekrümmt, wodurch eine Identifizierung der Teilchen möglich wird.

Im Folgenden werden Sie Forschungsergebnisse der Elementarteilchenphysik kennenlernen. Hier interessiert uns zunächst die Tatsache, daß in Beschleunigeranlagen Teilchen nahezu auf Lichtgeschwindigkeit beschleunigt werden. Die dynamische Masse der Teilchen nimmt bei Annäherung an die Lichtgeschwindigkeit sehr stark zu, so wie es die Formel $m_d = m/\sqrt{1 - v^2/c^2}$ beschreibt. Die beschleunigenden und ablenkenden Felder der Beschleunigeranlagen wurden mit dieser Formel berechnet,

Tabelle 13.2

Daten des europäischen Kernforschungszentrums CERN bei Genf

12 Mitgliedstaaten:	Personal (Stand 31.1.1974)
Belgien, BR Deutschland, Dänemark, Frankreich, Griechenland, Großbritannien, Italien, Niederlande, Norwegen, Österreich, Schweden, Schweiz	insgesamt 4739 Mitarbeiter
	davon 1570 Wissenschaftler
	Budget:
Ausstattung:	410 Millionen DM (1975)
0,6 GeV-Synchrozyklotron (1957)	Bis Ende 1974 wurden von den Mitgliedstaaten insgesamt 4,3 Milliarden DM aufgebracht.
28 GeV-Protonensynchroton (1959)	
Proton-Proton-Speicherring (1971)	
400 GeV-Superprotonensynchroton (1976)	

und die Funktionsfähigkeit der Anlagen beweist tagtäglich die Richtigkeit des Ansatzes.

Die Beschleuniger gestatten es jedoch nicht, die dynamische Masse sehr genau zu messen. Um nämlich bei kleineren Störungen, z. B. bei Stößen der Teilchen mit dem Restgas oder bei geringfügigen Magnetfeldabweichungen, den Strahl auf der vorgeschriebenen Bahn zu halten, ist die Teilchenbahn durch speziell geformte Felder stabilisiert. Kleine Abweichungen von der Formel für die relativistische Massenzunahme würden daher innerhalb gewisser Grenzen von dem Beschleuniger selbständig ausgeglichen.

Wozu dienen nun die riesigen Beschleunigeranlagen, die man als die Weltwunder des 20. Jahrhunderts bezeichnet? Die Physiker versuchen damit die alte Frage nach den kleinsten Bausteinen der Materie zu beantworten.

Seit die Menschen über den Aufbau der Materie nachdenken, versuchen sie eine Antwort auf die Frage nach den Urbausteinen aller Stoffe zu finden. John Dalton konnte im vergangenen Jahrhundert mit den Reaktionsgesetzen der Chemie die Existenz der Atome begründen. Ernest Rutherford beschoß Atome mit Heliumkernen und gelangte zu der Erkenntnis, daß das Atom aus einem positiv geladenen Atomkern und einer negativen Hülle aus Elektronen besteht. Später entdeckte man die Protonen und Neutronen als Bausteine der Atomkerne.

Im Jahre 1932 glaubte man, damit das Rätsel des Aufbaus der Materie gelöst zu haben. Die etwa 100 chemischen Elemente schienen sich aus nur drei Elementarteilchen aufbauen zu lassen. Leider war diese einfache Ansicht über die Urbausteine der Materie unhaltbar. Um dies einzusehen, gehen wir von der Frage aus, was geschieht, wenn man zwei Elementarteilchen mit großer Energie aufeinanderschießt. Kann man sie dadurch in noch kleinere Teile zerbrechen? Oder werden die Teilchen, ähnlich wie beim Stoß zweier Billiardkugeln, in andere Richtungen abgelenkt und weiterlaufen? Wir stehen hier vor dem alten Problem der Unteilbarkeit der atomaren Bestandteile, das schon in Griechenland zur Zeit Demokrits diskutiert wurde.

Das Experiment gibt hier allerdings eine neue, überraschende Antwort. Stoßen beispielsweise zwei Protonen mit hoher Energie zusammen, so zerbrechen sie weder in Teile noch werden sie einfach elastisch reflektiert. Es entstehen vielmehr neue, instabile Teilchen. Stoßen zwei Protonen mit hinreichend hoher Energie zusammen, so verlieren die beiden Protonen häufig einen Teil ihrer kinetischen Energie. Diese Energie wird in Masse umgewandelt und es entsteht beim Stoß ein drittes Teilchen, z. B. ein neutrales Pi-Meson:

$$p + p \to p + p + \pi^\circ.$$

Diese „Gleichung" ist von links nach rechts zu lesen und gibt die zeitliche Abfolge eines Stoßvorganges in Kurzschrift an. Dabei ist p das Symbol für das Proton und π° dasjenige für das Meson. Über den genauen Verlauf des Stoßvorganges wird keine Aussage gemacht, lediglich seine Anfangs- und Endprodukte werden registriert.

Bei anderen Stößen beobachtet man, daß eines der beiden beteiligten Protonen in ein Neutron umgewandelt wird und dafür ein positiv geladenes Pi-Meson entsteht:

$$p + p \to p + n + \pi^+.$$

Tabelle 13.3

Elementarteilchentabelle

	PHOTON	LEPTONEN		MESONEN		BARYONEN	
		Teilchen	Anti-teilchen	Teilchen	Anti-teilchen	Teilchen	Anti-teilchen
Ruhmasse ↑						Ω^-	
						Ξ^-	$\bar{\Xi}^+$
						Ξ^0	$\bar{\Xi}^0$
						Σ^-	$\bar{\Sigma}^+$
						Σ_0^0	$\bar{\Sigma}^0$
						Σ^+	$\bar{\Sigma}^-$
						Λ^0	$\bar{\Lambda}^0$
						n	$\bar{n}$
1000 MeV						p	$\bar{p}$
				η^0	η^0		
				K^0	$\bar{K}^0$		
				K^+	K^-		
				π^-	π^+		
				π^0	π^0		
100		μ^-	μ^+				
1		e^-	e^+				
0	ν	γ	$\bar{\gamma}$				
	0	+1 0 −1	+1 0 −1	+1 0 −1	+1 0 −1	+1 0 −1	+1 0 −1
	0	+1	−1	0	0	0	0
	0	0	0	0	0	+1	−1

Name	Ruhmasse in MeV	Ruhmasse in m_e	Lebensdauer in sec
neg. Omega-Hyperon	1675	3278	
neg.-Xi-Hyperon pos.-Anti-Xi-Hyperon	1321	2586	
neutr. Xi-Hyperon neutr. Anti-Xi-Hyperon	1314	2572	
neg. Sigma-Hyperon pos. Anti-Sigma-Hyp.	1197	2343	$\sim 10^{-10}$
neutr. Sigma-Hyperon neutr. Anti-Sigma-Hyp.	1192	2332	
pos. Sigma-Hyperon neg. Anti-Sigma-Hyp.	1189	2328	
Lambda Anti-Lambda	1115	2183	
Neutron Antineutron	939,5	1838	10^3
Proton Antiproton	938,3	1836	stabil
neutr. Eta-Meson	548	1072	10^{-18}
neutr. K-Meson neutr. Anti-K-Meson	498	974	$6 \cdot 10^{-8}$ $1 \cdot 10^{-10}$
pos. K-Meson neg. K-Meson	494	967	$1,2 \cdot 10^-$
neg. Pi-Meson pos. Pi-Meson	140	273	$2,5 \cdot 10^{-8}$
neutrales Pi-Meson	135	264	$2 \cdot 10^{-16}$
neg. Myon pos. Myon	106	206	$2,2 \cdot 10^{-6}$
Elektron Positron	0,51	1	stabil
Neutrino Antineutrino	0	0	stabil
Photon	0	0	stabil

LADUNGSZAHL
LEPTONENZAHL } Quantenzahlen
BARYONENZAHL

Aber nicht nur Pi-Mesonen können beim Stoß von hochenergetischen Teilchen erzeugt werden. Auch eine Fülle von anderen, neuen und kurzlebigen Elementarteilchen kann in Stoßprozessen produziert werden. Eindrucksvoll bestätigt Bild 13.4 die Erzeugung einer Vielzahl neuer Teilchen. Das Bild zeigt eine Blasenkammeraufnahme, die im europäischen Kernforschungszentrum CERN entstand. Sie erkennen darin die Spuren von mehr als hundert Elementarteilchen. Dieser *Teilchenschauer* wurde von einem einzelnen Teilchen erzeugt, das mit hoher kinetischer Energie zufällig im Moment der Aufnahme in die Wand der Kammer einschlug. Beim Abstoppen des Teilchens wurde dessen kinetische Energie zum Teil in Masse umgewandelt. Dadurch entstanden über hundert neue Elementarteilchen, die mit großer Geschwindigkeit durch die Kammer flogen und ihre Spuren hinterließen. Man kennt heute bereits etwa 200 verschiedene Arten dieser kurzlebigen Gäste unserer Welt, so daß sich die ursprüngliche Hoffnung auf einen einfachen Aufbau der Materie aus nur drei Elementarteilchen völlig zerschlagen hat.

Von einem Verständnis der Vorgänge in der Welt der Elementarteilchen sind wir heute noch weit entfernt, und man kennt nur erste, einfache Ansätze, die es erlauben, Elementarteilchen zu klassifizieren und ihre wechselseitige Umwandlung zu verstehen.

Bemerkenswert ist, daß die Existenz der Pi-Mesonen bereits im Jahre 1935 von dem japanischen Physiker und späteren Nobelpreisträger H. Yukawa vorhergesagt wurde. Seiner Theorie nach sollten Protonen und Neutronen im Atomkern durch Kräfte zusammengehalten werden, die von Mesonen übertragen werden, in ähnlicher Weise wie der Kern und das Elektron durch die Vermittlung des elektromagnetischen Feldes aneinander gebunden sind. Aus der Größe des Atomkerns schätzte Yukawa die Masse der Mesonen richtig zu etwa 200 Elektronenmassen ab (Tabelle 13.3). Dieser Erfolg bestätigt die Annahme, daß die von den Physikern weitgehend künstlich geschaffene Welt der Elementarteilchen tatsächlich ein Schlüssel zum Verständnis der Struktur der Materie ist.

Die Erforschung der Elementarteilchen begann jedoch nicht erst mit dem Bau großer Teilchenbeschleuniger. Die Mesonen hatte man bereits zuvor in einer energiereichen Teilchenstrahlung entdeckt, die die Natur selbst liefert. Die Erdatmosphäre wird nämlich ständig von einem Teilchenstrom aus dem Weltall getroffen. Dieser Teilchenstrom, den man als Höhenstrahlung oder kosmische Strahlung bezeichnet, besteht vor allem aus Protonen. Vereinzelt findet man aber auch Alpha-Teilchen, also Heliumkerne, und auch die Kerne von Atomen höherer Ordnungszahlen. Die Höhenstrahlung wurde im Jahre 1913 von dem Österreicher Viktor Franz Hess entdeckt und in den folgenden Jahren systematisch untersucht. Dafür erhielt Hess im Jahre 1936 den Nobelpreis.

Das besondere Kennzeichen der Höhenstrahlung ist die große Energie der Teilchen, die bis zu 10^{21} eV reicht. Durch die relativistische Massenzunahme ist ein Proton mit dieser Energie etwa so schwer wie 100 Milliarden ruhende Protonen. Die Erde erscheint dem Teilchen wie eine flache Scheibe, die wegen der Lorentz-Kontraktion nur 0,1 mm dick ist. Die Zeitdilatation läßt das Alter der Erde für diese Teilchen auf eine Woche zusammenschrumpfen. Diese Angaben veranschaulichen vielleicht, welch extreme Energien in der Höhenstrahlung erreicht werden. Die Höhenstrahlung ruft beim Auftreffen auf die obersten Atmosphärenschichten die gleichen Elementarteilchenprozesse hervor, die man auch im Labor beobachtet. Wird ein Stickstoff- oder Sauerstoffkern der Luft von einem energiereichen Teilchen getroffen, so zerfällt er explosionsartig in eine Vielzahl einzelner Stücke. Bei diesem Zerfall treten jedoch nicht nur die Kernbestandteile, Neutronen und Protonen auf. Man beobachtet eine Vielzahl neuer Elementarteilchen: Elektronen, Positronen, Myonen, Pi-Mesonen, K-Mesonen. Auch verschiedenste Hyperonen, das sind Teilchen, deren Ruhmasse größer als die der Neutronen und Protonen ist, kommen vor. Diese Teilchen sind ihrerseits ebenfalls sehr energiereich und stellen eine sekundäre Höhenstrahlung dar, die für weitere Stoßprozesse sorgt. In Bild 13.4 wurde solch ein Prozeß beobachtet.

Ein einziges energiereiches primäres Proton vermag durch eine Folge von komplizierten Prozessen 10^{11} Teilchen geringerer Energie zu erzeugen. Dabei schwillt die Zahl der Elementarprozesse lawinenartig an und die Teilchen gehen wie ein Schauer auf die Erde nieder. Indem man am Erdboden über ein weites Gebiet Meßgeräte mit zentraler Registrierung aufgebaut hatte, konnte man Schauer beobachten, die sich über ein Gebiet von mehreren Quadratkilometern erstreckten.

Durch die Höhenstrahlung ist der Mensch ständig einer natürlichen Strahlenbelastung ausgesetzt. Innerhalb eines Jahres nimmt er dadurch etwa die gleiche genetisch wirksame Strahlendosis auf wie bei einer Röntgen-Reihenuntersuchung.

Abschließend wollen wir ein Experiment besprechen, das die Umwandlung von Energie in Masse besonders anschaulich zeigt. Es handelt sich dabei um die Entdeckung der „Psi-Teilchen", für die Burton Richter (Stanford University) und Samuel C. Ting (Massachussetts Institute of Technology) im Jahre 1976 den Nobelpreis für Physik erhalten haben. Wir werden dabei das bei DESY (Deutsches Elektronensynchrotron) ausgeführte Experiment heranziehen[4].

Der DESY-Beschleuniger (Bild 13.7) kann Elektronen und Positronen auf eine Maximalenergie von 7.5 GeV beschleunigen. (Positronen sind positiv geladene Teilchen, deren Masse und sonstige Eigenschaften mit denjenigen der Elektronen übereinstimmen. Sie sind die Antiteilchen der Elektronen, wie in Abschnitt 13.3 erläutert wird) Diese Teilchen können dann im Doppelspeicherring DORIS für Stunden gespeichert werden, wobei Elektronen und Positronen in entgegengesetzten Richtungen kreisen. An den Kreuzungsstellen der beiden Ringe kommt es dabei zu Zusammenstößen der beiden Teilchenarten (Bild 13.8).

In dem Experiment variierte man die Geschwindigkeit v und dadurch die dynamische Masse $m_d = m/\sqrt{1 - v^2/c^2}$ der Elektronen und der Positronen gleichermaßen. Zu-

Bild 13.7 Eine Luftaufnahme des DESY-Geländes aus einer Zeit, als über dem Ringtunnel bei DORIS noch keine Erde aufgeschüttet war. Im Hintergrund das kreisrunde Synchrotron mit den beiden Experimentierhallen, im Vordergrund der Speicherring DORIS in der Form einer Sportplatz-Aschenbahn.

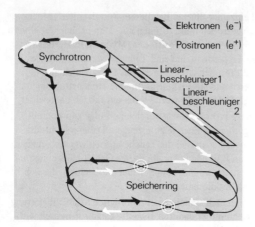

Bild 13.8 Prinzip-Darstellung der Beschleuniger- und Speicherring-Anlage des Deutschen-Elektronen-Synchrotrons DESY in Hamburg.

meist beobachtete man dabei nur wenige Stöße zwischen Elektronen und Positronen an den Kreuzungsstellen zwischen den beiden Strahlen. Bei weiterer Steigerung der Geschwindigkeit und Energie der Teilchen ergab sich ein unerwarteter Effekt: Die Zahl der Stöße stieg stark an, und bei jedem Zusammenstoß eines Elektrons mit einem Positron wurden diese beiden Teilchen in ein einziges, neues Elementarteilchen mit hoher Masse umgewandelt. Diesem Teilchen gab man den Namen Psi. Die Messung ergab, daß die Masse M des neuen Teilchens gleich der Summe der dynamischen Massen von Elektron und Positron war:

$$M = \frac{m}{\sqrt{1 - v^2/c^2}} + \frac{m}{\sqrt{1 - v^2/c^2}} = 7400 \cdot m.$$

Unter den Versuchsbedingungen war nämlich die dynamische Masse jedes der beiden zusammenstoßenden Teilchen 3700 mal größer als seine Ruhmasse. Die Ruhmasse des neu entstandenen Psi-Teilchens war daher auch 3700 mal größer als die Ruhmasse der beiden stoßenden Teilchen zusammengenommen. In Alltagsverhältnisse übersetzt bedeutet dies, daß beim Stoß von zwei Billardkugeln von je 1/2 kg plötz-

Bild 13.9 Blick in eine Experimentierhalle von DESY. Links erkennt man die Ablenkmagnete des Synchrotrons. Im Vordergrund und rechts zwei Führungssysteme, in denen die hochbeschleunigten Elektronen vom Synchroton zum Experiment gelenkt werden.

lich eine Riesenkugel von der Größe eines Elefanten mit der Masse 3700 kg liegenbleibt!

Die Hochenergiephysik bestätigt also tagtäglich in ihren Experimenten die Umwandelbarkeit von Energie in Masse und umgekehrt. Bei dem Stoß energiereicher Teilchen wird kinetische Energie in Ruhmasse umgewandelt und bei dem Zerfall oder der Zerstrahlung von Teilchen entsteht wieder kinetische Energie oder die Energie von Photonen. Welche Erhaltungssätze dabei gelten, und wie diese relativistisch formuliert werden, zeigt Abschnitt 13.4.

13.3 Materie und Antimaterie

Wir haben gesehen, daß die Umwandlung von Energie in Masse und von Masse in Energie möglich ist und im Experiment auch tatsächlich beobachtet wird. Dann kann man fragen, wieso es überhaupt stabile Materie gibt. Könnte es nicht sein, daß sich alle Materie in Energie auflöst? Um dies zu verhindern, muß es außer den bisher diskutierten Erhaltungssätzen noch andere physikalische Größen geben, die bei den Wechselwirkungen zwischen Elementarteilchen erhalten bleiben.

Ein Beispiel einer derartigen Erhaltungsgröße ist die *elektrische Ladung*. Bei allen Wechselwirkungen zwischen Elementarteilchen beobachtet man, daß die elektrische Ladung vor und nach der Wechselwirkung stets gleich ist. Man beobachtet zum Beispiel nie, daß zwei Elektronen zusammenkommen und sich in Strahlung auflösen:

$e + e \not\to 2\gamma$

Bei diesem Vorgang würde ja die elektrische Ladung der beiden Elektronen verschwinden.

Um die Erhaltung der Ladung zu beschreiben ordnen wir jedem Elementarteilchen eine Quantenzahl, die **Ladungszahl L** zu, die gleich der Anzahl der Elementarladungen ist, die das Teilchen aufweist. Für ein Proton ist also $L = 1$, für ein Elektron $L = -1$ (negative Ladung) und für ein Neutron $L = 0$. Die Summe der Ladungszahlen aller Teilchen, vor und nach einem Stoß gebildet, ist dann stets gleich. Man sagt, die Ladungszahl bleibt erhalten.

Allerdings genügt die Ladung allein nicht zum Verständnis aller Vorgänge. Man beobachtet zum Beispiel nie, daß sich ein Proton und ein Elektron in elektromagnetische Strahlung auflösen, also einen Vorgang wie

$p + e \not\to 2\gamma$.

Wäre dies möglich, wo würde sich jedes Wasserstoffatom und überhaupt jedes Atom nach kurzer Zeit auflösen. Es muß also noch weitere Erhaltungssätze geben, die die Möglichkeiten der Wechselwirkung von Elementarteilchen untereinander einschränken. Tatsächlich kennt die Elementarteilchenphysik heute eine Reihe von Quantenzahlen, die bei Stößen zwischen Elementarteilchen vorher und nachher stets den gleichen Wert haben. Um derartige Quantenzahlen kennenzulernen, betrachten wir die Tabelle auf Seite 134 der Elementarteilchen. Sie sehen dort verschiedene Familien von Teilchen. Die **Baryonen** verdanken ihren Namen der Tatsache, daß sie so schwer sind. Die **Leptonen** sind leicht, und die **Mesonen** liegen in der Mitte dazwischen. Bei allen Umwandlungen zwischen Elementarteilchen beobachtet man nun stets, daß die Anzahl der dabei vorkommenden Baryonen erhalten bleibt, ebenso die Anzahl der dabei vorkommenden Leptonen. Dagegen gibt es keine Erhaltungssätze für Photonen und Mesonen.

Um dies zu beschreiben, ordnet man jedem Baryon außer seiner Ladungszahl noch eine weitere Quantenzahl, die Baryonenzahl, zu. Nicht nur die Ladungszahl, sondern auch die Baryonenzahl bleibt dann bei allen Vorgängen erhalten. Auch die Leptonenzahl bleibt bei allen Elementarteilchenprozessen erhalten.

Der oben betrachtete Vorgang

$$p + e \not\rightarrow 2\gamma$$

ist also wegen der Erhaltung der Leptonenzahl und der Erhaltung der Baryonenzahl ausgeschlossen. Diese Erhaltungssätze sind es, welche die Umwandlung von Masse in Energie wesentlich einschränken und erklären, warum im Alltag nicht eine ständige Umwandlung von Masse in Energie stattfindet. Dagegen gibt es für Photonen und Mesonen *keine* Erhaltungssätze. Diese Teilchen können bei Reaktionen zwischen Elementarteilchen in beliebiger Zahl erzeugt und wieder vernichtet werden.

Nun gibt es noch ein weiteres Unterscheidungsmerkmal bei Elementarteilchen: Wir wissen heute, daß es zu jedem Teilchen ein Antiteilchen gibt. Als erster hat dies aufgrund theoretischer Überlegungen der englische Physiker Paul Adrian Dirac erkannt. Im Jahre 1929 macht er die bemerkenswerte Vorhersage, daß es außer dem negativ geladenen Elektron auch noch ein positiv geladenes Teilchen, das Positron, geben soll. Das Positron solle sich zwar in der Ladung vom Elektron unterscheiden, ihm in seinen sonstigen Eigenschaften, wie beispielsweise der Masse, aber gleichen. Das Positron wurde kurze Zeit später experimentell gefunden. Das Positron stellt das Antiteilchen zum Elektron dar. Heute hat man die Antiteilchen nahezu aller Elementarteilchen entdeckt.

Das Antiteilchen ist dadurch definiert, daß es alle Quantenzahlen *umgekehrt* wie das Teilchen hat, aber die gleiche Masse besitzt. So ist das Positron ebenso schwer wie das Elektron, es hat aber statt der Ladungszahl -1, wie das Elektron, die Ladungszahl $+1$. Außerdem hat das Positron die Leptonenzahl -1, während das Elektron die Leptonenzahl $+1$ besitzt. Bei der Zerstrahlung eines Elektron-Positron-Paares

$$e^- + e^+ \rightarrow \gamma_1 + \gamma_2$$

bleiben daher die Ladungszahl und die Leptonenzahl erhalten, denn Photonen haben sowohl die Ladungs- als auch die Leptonenzahl Null. Es gibt auch Teilchen, die ihre eigenen Antiteilchen sind. Beispiele derartiger Teilchen sind das Photon und das π°-Meson. Diese Teilchen zeichnen sich experimentell dadurch aus, daß sie allein erzeugt werden können. Alle anderen Teilchen können nur in Paaren entstehen. Zum Beispiel muß zu einem π^+-Meson immer auch ein negativ geladenes Teilchen erzeugt werden, damit die Ladungszahl erhalten bleibt. Zu einem Lambda-Teilchen wird immer auch irgendein Antibaryon erzeugt. Tatsächlich werden nur diese Wechselwirkungen in der Elementarteilchenphysik beobachtet (Bilder 13.10 bis 13.12).

Da Teilchen und Antiteilchen stets entgegengesetzte Quantenzahlen haben, können sie sich beim Zusammentreffen immer in Strahlung umwandeln. Hier ist also die vollständige Umsetzung von Masse in Energie möglich, die sonst wegen der Erhaltungssätze für Ladung, Baryonenzahl, Leptonenzahl etc. nicht stattfinden kann. Die bei der Begegnung von Materie und Antimaterie entstehende Strahlung nennt man *Vernichtungsstrahlung*. Man sucht heute nach ihren Spuren in der Strahlung, die uns aus dem Weltall trifft, um so festzustellen, ob es wesentliche Mengen an Antimaterie im Universum gibt.

13.4 Die Erhaltungssätze

Die einfachsten Vorgänge, die wir in der Dynamik betrachten können, sind Stöße zweier Teilchen. Bei einem Stoß liegen oft keinerlei detaillierte Angaben über die Kräfte vor, die zwischen den beiden Teilchen wirken. Dennoch erlauben es die Erhaltungssätze für Impuls und Energie zumindest Teilaussagen über den Verlauf des

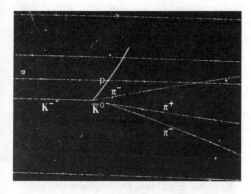

Bild 13.10 Ein negatives K-Meson stößt mit einem Impuls von 4,2 GeV/c gegen ein Proton der Blasenkammerflüssigkeit. Dabei entsteht ein negatives Pi-Meson und ein neutrales Anti-K-Meson, das keine Spur hinterläßt. Das neutrale Anti-K-Meson zerfällt in ein positives und ein negatives Pi-Meson. Durch das Magnetfeld in der Blasenkammer sind die Bahnen der positiven Teilchen nach oben die der negativen Teilchen nach unten gekrümmt.

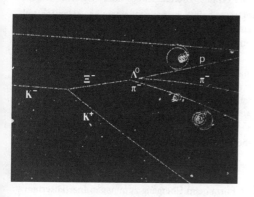

Bild 13.11 Ein negatives K-Meson (4,2 GeV/c) stößt gegen ein Proton. Dabei wandeln sich beide Teilchen um. Es entsteht ein negatives Xi-Hyperon und ein positives K-Meson. Das negative Xi-Hyperon zerfällt in ein neutrales Lambda und ein negatives Pi-Meson. Das neutrale Lambda zerfällt in ein Proton und ein negatives Pi-Meson. Impuls- und Energieerhaltungssatz fordern, daß bei dem Stoß des negativen K-Mesons noch ein neutrales Pi-Meson entsteht, das jedoch keine Spur hinterläßt.

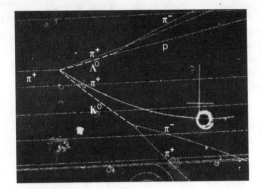

Bild 13.12 Ein positives Pi-Meson stößt mit einem Impuls von 5 GeV/c gegen ein Proton. Das Pi-Meson und das Proton wandeln sich dabei um in ein neutrales Lambda, ein neutrales K-Meson und zwei positive Pi-Mesonen. Das neutrale Lambda zerfällt in ein Proton und ein negatives Pi-Meson. Das neutrale K-Meson zerfällt in ein positives und ein negatives Pi-Meson.

Stoßvorgangs zu machen. Diese Aussagen wollen wir nun auf die relativistische Physik verallgemeinern.

Wir bezeichnen die Impulse der beiden Teilchen vor dem Stoß mit $\mathbf{p}_A$ und $\mathbf{p}_B$, ihre Energien mit E_{kA} und E_{kB}. Nach dem Stoß seien diese Größen durch $\mathbf{p}_C$ und $\mathbf{p}_D$ bzw. E_{kC} und E_{kD} gegeben. Die *Erhaltungssätze der klassischen Physik* lauten dann:

$m_A + m_B = m_C + m_D$ Massenerhaltung

$\mathbf{p}_A + \mathbf{p}_B = \mathbf{p}_C + \mathbf{p}_D$ Impulserhaltung

$E_{kA} + E_{kB} = E_{kC} + E_{kD}$ Energieerhaltung

(Falls beim Stoß nicht ein Teil einer Masse an der anderen haften bleibt ist einfach $m_A = m_C$ und $m_B = m_D$). Dabei ist der Impuls durch $\mathbf{p} = m\mathbf{u}$ definiert. In den folgenden Überlegungen bezeichnen wir die Teilchengeschwindigkeit mit u, um sie von der Relativgeschwindigkeit v des Inertialsystems zu unterscheiden.

Massenerhaltung und Energieerhaltung sind skalare Erhaltungssätze, sie verändern ihre Form bei Drehung des Inertialsystemes daher nicht. Die Impulserhaltung ist ein vektorielles Gesetz, das seine Form bei Drehungen des Inertialsystems beibehält.

Wie verhalten sich die Erhaltungssätze beim Übergang zu einem bewegten Inertialsystem? Da die Masse in der klassischen Physik nicht von der Geschwindigkeit abhängt, bleibt die Massenerhaltung beim Übergang zu einem neuen Bezugssystem völlig unverändert.

Der Impulssatz verändert sich dagegen zunächst, da die Geschwindigkeiten in Bezug auf das neue System gleich $\mathbf{u}' = \mathbf{u} - \mathbf{v}$ sein werden ($\mathbf{v}$ ist wieder die Relativgeschwindigkeit der beiden Systeme). Setzen wir dies ein, so folgt mit $\mathbf{u} = \mathbf{u}' + \mathbf{v}$

$$\mathbf{p}'_A + \mathbf{p}'_B + (m_A + m_B)\mathbf{v} = \mathbf{p}'_C + \mathbf{p}'_D + (m_C + m_D)\mathbf{v}$$

Wegen der Massenerhaltung heben sich die Terme proportional zu $\mathbf{v}$ weg und es bleibt

$$\mathbf{p}'_A + \mathbf{p}'_B = \mathbf{p}'_C + \mathbf{p}'_D$$

Der Impulssatz ändert also seine Form beim Übergang zum neuen Inertialsystem nicht, so daß das Relativitätsprinzip hier erfüllt ist. Ähnlich kann man zeigen, daß auch der Energiesatz beim Übergang zu einem neuen Inertialsystem unverändert gültig bleibt, wobei sich die zusätzlichen Terme infolge der Massen- und Impulserhaltung aufheben.

Die Erhaltungssätze der klassischen Physik behalten also bei Galilei-Transformationen ihre Form bei. Wenn wir diese Sätze nun in die Relativitätstheorie übertragen wollen, so müssen wir Erhaltungssätze finden, deren Form sich bei Lorentz-Transformationen und bei Drehungen nicht ändert. Diese Bedingung wird erfüllt sein, wenn wir die Erhaltungssätze in Form von Vierervektor-Gleichungen schreiben können (Abschnitt 12.2). Dazu bietet sich die Vierergeschwindigkeit $\mathbf{V} = d\mathbf{X}/ds$ an, aus der wir durch Multiplikation mit m den **Viererimpuls P** gewinnen können:

$$\mathbf{P} = m\,\frac{d\mathbf{X}}{ds} = km\,(c, \mathbf{u}).$$

Für $u \ll c$ ist $k \approx 1$, so daß die räumlichen Komponenten des Viererimpulses dann näherungsweise gleich $\mathbf{p} = m\mathbf{u}$ sind. Der räumliche Teil des Viererimpulses ist also eine geeignete Verallgemeinerung des Impulsbegriffes auf die Relativitätstheorie. Die zeitliche Komponente von $\mathbf{P}$ wird noch physikalisch zu deuten sein.

Wir setzen nun den verallgemeinerten Impulssatz in der Form

$$\mathbf{P}_A + \mathbf{P}_B = \mathbf{P}_C + \mathbf{P}_D$$

an. Dieser Ansatz erfüllt das Relativitätsprinzip, da er die Form einer Vierervektorgleichung hat.

Wir müssen nun feststellen, ob dieser Ansatz zu sinnvollen physikalischen Folgerungen führt. Die Zeit-Komponente des Viererimpulses $\mathbf{P}$ ist

$$P_0 = kmc = m_d c,$$

wobei $m_d = km = m/\sqrt{1 - u^2/c^2}$ die bereits bekannte dynamische Masse ist. Nach Division durch c führt daher die Zeitkomponente des Erhaltungssatzes auf

$$m_{dA} + m_{dB} = m_{dC} + m_{dD},$$

also die **Erhaltung der dynamischen Masse** beim Stoß.

Die räumlichen Komponenten von $\mathbf{P}$ sind gleich $km\mathbf{u} = m_d\mathbf{u}$, so daß ihre Erhaltung

$$m_{dA}\mathbf{u}_A + m_{dB}\mathbf{u}_B = m_{dC}\mathbf{u}_C + m_{dD}\mathbf{u}_D$$

bedeutet. Für relativistische Teilchen ist also der Impuls $\mathbf{p} = m_d\mathbf{u}$ beim Stoß erhalten. Dies bestätigt unsere früheren Überlegungen.

Die Erhaltung des Viererimpulses führt uns also auf sinnvolle Verallgemeinerungen der Stoßgesetze der klassischen Physik. Allerdings haben wir nur 4 Erhaltungssätze gewonnen (dynamische Masse und drei Komponenten des Impulses $m_d\mathbf{u}$), während früher 5 Gesetze (Masse, Energie und drei Komponenten des Impulses $m\mathbf{u}$) zur Verfügung standen. Der Erhaltungssatz für die Energie scheint also zu fehlen.

Die überraschende Schlußfolgerung, zu der wir nun gelangen werden ist, daß die **Erhaltungssätze für Masse und Energie in der Relativitätstheorie vereint auftreten,** so daß wir nur 4 Gesetze erwarten dürfen. Multiplizieren wir nämlich m_d mit c^2 so ist

$$m_d c^2 = \frac{mc^2}{\sqrt{1-u^2/c^2}} = mc^2 + mc^2 \left(\frac{1}{\sqrt{1-u^2/c^2}} - 1 \right) = mc^2 + E_k$$

wobei E_k die **relativistische kinetische Energie** ist. Wie wir bereits gesehen haben, ergibt diese Definition der kinetischen Energie den korrekten nichtrelativistischen Ausdruck $mu^2/2$ für $u \ll c$. Der mit c^2 multiplizierte Erhaltungssatz für die dynamische Masse besagt also, daß bei einem Stoß die Summe von mc^2 und der kinetischen Energie E_k erhalten ist. Falls sich die Ruhmassen bei dem Stoß nicht verändern, also die Erhaltung der Ruhmassen gilt, wie in der klassischen Physik angenommen wird, heben sich die Terme mc^2 aus dem Erhaltungssatz

$$m_A c^2 + E_{kA} + m_B c^2 + E_{kB} = m_C c^2 + E_{kC} + m_D c^2 + E_{kD}$$

heraus und es verbleibt die Energieerhaltung!

Die Terme mc^2 haben die Dimension einer Energie. Diese Energie ist auch vorhanden, wenn das betreffende Teilchen ruht. Man nennt daher mc^2 die **Ruhenergie** eines Teilchens oder Körpers und bezeichnet

$$E = m_d c^2 = mc^2 + E_k$$

als **Gesamtenergie** (zu der noch potentielle Energien hinzutreten können). Die Gesamtenergie E hängt mit der Zeitkomponente des Viererimpulses eines Teilchens gemäß $P_0 = E/c$ zusammen. Insgesamt hat also der Viererimpuls eines Teilchens die Komponenten

$$\mathbf{P} = (E/c, \mathbf{p})$$

wobei $\mathbf{p} = m_d \mathbf{u}$ der relativistische Impuls ist.

Wir fassen zusammen:

Erhaltungssätze der relativistischen Physik:

$\mathbf{p}_A + \mathbf{p}_B = \mathbf{p}_C + \mathbf{p}_D$ Impulserhaltung
$E_A + E_B = E_C + E_D$ Energieerhaltung

Dabei ist der Impuls p eines Teilchens durch

$$\mathbf{p} = m_d \mathbf{u} = \frac{m\mathbf{u}}{\sqrt{1-u^2/c^2}}$$

gegeben und die Gesamtenergie E

$$E = m_d c^2 = mc^2 + E_k$$

ist gleich der Summe aus Ruhenergie mc^2 und kinetischer Energie
$E_k = mc^2 (k-1)$.

Die Energieerhaltung unterscheidet sich wesentlich von dem entsprechenden Erhaltungssatz der klassischen Physik, da nur die *Summe* aus Ruhenergie und kinetischer Energie erhalten ist. In der Newtonschen Physik gilt dagegen ein separater Erhaltungssatz für Ruhmassen (oder Ruhenergien) und kinetische Energien. Die Vereinigung dieser beiden Erhaltungssätze legt die Vermutung nahe, daß sich Ruhenergie und kinetische Energie ebenso ineinander umwandeln können, wie andere Energieformen auch. Die Beispiele der vorangegangenen Abschnitte haben gezeigt, daß man derartige Vorgänge in der Elementarteilchenphysik häufig beobachtet.

Die Umwandlung von Ruhenergie mc^2 in kinetische Energie und andere Energieformen ist analog zu den zahlreichen Formen der Energieumwandlung, die wir aus allen Teilgebieten der Physik kennen: elektrische, magnetische, kinetische und potentielle Energie werden alltäglich in vielfältigster Form ineinander übergeführt.

Bei der Umrechnung von Ruhenergie in andere Energieformen ist c^2 der Umrechnungsfaktor von Masse in Energie. Verringert sich die Ruhmasse um Δm, so wird Δmc^2 in andere Energieformen umgewandelt. Der Faktor c^2 spielt dabei eine Rolle ähnlich dem mechanischen Wärmeäquivalent, das die Umrechnung von Wärme (genauer: innerer Energie) in andere Energieformen erlaubt.

Von unserem neuen Standpunkt aus erscheint es geradezu bemerkenswert, daß die Ruhenergie im Alltag eine Sonderrolle spielt und getrennt von den anderen Energieformen erhalten bleibt. Es hat sich aber erwiesen (Abschnitt 13.3), daß andere Erhaltungssätze, wie z.B. die Ladungserhaltung, für diese Sonderrolle der Ruhenergie verantwortlich sind.

> Der Ruhmasse m eines Teilchens entspricht eine Ruhenergie mc^2, die in andere Energieformen umgewandelt werden kann.

Abschließend kommen wir noch auf die Definition der kinetischen Energie

$$E_k = mc^2 \left(\frac{1}{\sqrt{1 - u^2/c^2}} - 1 \right)$$

zurück. Warum ist gerade dieser Ausdruck die korrekte Verallgemeinerung von $mu^2/2$?

Erinnern wir uns daran, wie man die kinetische Energie in der klassischen Physik einführt. Sie wird so definiert, daß man damit einen Erhaltungssatz für die Gesamtenergie, $mu^2/2 + U$, herleiten kann (U ist die potentielle Energie). Der Erhaltungssatz ist es, der die Definition der Energie rechtfertigt. Ebenso haben wir hier den neuen Ausdruck für die kinetische Energie gerade so definiert, daß sich mit seiner Hilfe ein Erhaltungssatz für die Gesamtenergie aufstellen läßt. Da sich der neue Ausdruck für E_k außerdem für $u \ll c$ auf $mu^2/2$ reduziert, ist es korrekt, ihn als relativistische Verallgemeinerung der kinetischen Energie zu bezeichnen.

Als Anwendungsbeispiel dieser Methoden betrachten wir die auf S. 137 erwähnte Entdeckung des Psi-Teilchens. Dabei entsteht beim Stoß *zweier* Teilchen *ein* neues Teilchen, so daß die Erhaltung des Viererimpulses hier

$$\mathbf{P}_A + \mathbf{P}_B = \mathbf{P}_C$$

erfordert, wobei A und B sich auf Elektron und Positron und C auf das neu entstehende Psi-Teilchen beziehen. Im Speicherring-Experiment sind diese Viererimpulse durch

$$\mathbf{P}_A = (E/c, p) = (m_d c, \mathbf{p}), \quad \mathbf{P}_B = (m_d c, -\mathbf{p}), \quad \mathbf{P}_C = (Mc, \mathbf{0})$$

gegeben, da die Impulse von Elektron und Positron entgegengesetzt gleich sind und das Psi-Teilchen nach dem Stoß ruht. Die Viererimpuls-Erhaltung ist erfüllt, falls

$$m_d + m_d = M$$

gilt, was mit unseren früheren Überlegungen übereinstimmt. Nunmehr wollen wir aber berechnen, welche Energie zur Erzeugung des Psi-Teilchens erforderlich wäre, falls nicht ein Speicherring, sondern ein Beschleuniger zu dem Experiment benützt wird, dessen Positronenstrahl auf *ruhende* Elektronen-Targets falle. In diesem Fall ist

$$\mathbf{P}_A = (E/c, \mathbf{p}), \quad \mathbf{P}_B = (mc, \mathbf{0}), \quad \mathbf{P}_C = ?$$

Zur Berechnung der notwendigen Energie E quadriert man am einfachsten die Vierervektor-Gleichung, wobei aus $\mathbf{P} = m\mathbf{V}$ ganz allgemein

$$\mathbf{P}^2 = m^2 \mathbf{V}^2 = m^2 c^2$$

folgt. Daher gilt

$$(\mathbf{P}_A + \mathbf{P}_B)^2 = \mathbf{P}_A^2 + 2\mathbf{P}_A \cdot \mathbf{P}_B + \mathbf{P}_B^2 = \mathbf{P}_C^2 = M^2 c^2,$$

wobei M die Masse des Psi-Teilchens ist. Setzen wir

$$\mathbf{P}_A^2 = \mathbf{P}_B^2 = m^2 c^2$$

und

$$\mathbf{P}_A \cdot \mathbf{P}_B = (E/c, \mathbf{p}) \cdot (mc, \mathbf{0}) = Em$$

ein, so erhalten wir schließlich

$$2m^2 c^2 + 2Em = M^2 c^2.$$

Daraus können wir die Energie E bestimmen, die zur Erzeugung des Psi-Teilchens erforderlich ist. Da $M = 7400\,m$ ist ergibt sich

$$2Em = (7400^2 - 2)\, m^2 c^2 \quad \text{oder} \quad E \approx 3 \cdot 10^7\, mc^2 \approx 14\,000\,\text{GeV}$$

Diese Energie überschreitet die Grenzen der größten Beschleuniger bei weitem! Dabei wird der größte Teil der aufgewendeten Energie nicht in Ruhmasse des neu gebildeten Teilchens umgewandelt, sondern in kinetische Energie dieses Teilchens.

13.5 Photonen und der Compton-Effekt

Die klassische Physik ging von der Vorstellung aus, daß Licht eine elektromagnetische Welle sei. Zahlreiche Interferenz- und Beugungserscheinungen belegten diese Behauptung. Umso größer war die Überraschung, als Photoeffekt und Compton-Effekt (Streuung von Licht an Elektronen) zeigten, daß Licht auch Quanteneigenschaften aufweist. Die Lichtquanten oder Photonen haben eine Energie

$$E = hf \quad h = 6{,}625 \cdot 10^{-34}\,\text{Js},$$

die proportional zur Frequenz f ist, wobei der Proportionalitätsfaktor das *Plancksche Wirkungsquantum* h ist. Eine Lichtquelle, wie z. B. eine 100 W Lampe sendet etwa 10^{20} Photonen pro Sekunde aus, so daß die Quantennatur des Lichtes im Alltag nicht sichtbar wird, ebenso wie wir üblicherweise den atomaren Aufbau eines Gases nicht bemerken. Bei hohen Frequenzen werden aber die Energiepakete $E = hf$ so groß, daß die Quantennatur des Lichtes entscheidend wird.

Wegen der grundlegenden Bedeutung des Lichtes und der Lichtgeschwindigkeit für die Relativitätstheorie wird gerade das Verständnis des Verhaltens von Lichtquanten für uns wesentlich sein. Versuchen wir aber Energie und Impuls eines Lichtquantes relativistisch zu berechnen, so erhalten wir aus

$$E = \frac{mc^2}{\sqrt{1 - u^2/c^2}} \quad \text{und} \quad \mathbf{p} = \frac{m\mathbf{u}}{\sqrt{1 - u^2/c^2}} = \frac{E\mathbf{u}}{c^2}$$

für $u = c$ nur dann endliche Resultate, wenn wir $m = 0$ setzen. Photonen müssen also Teilchen ohne Ruhmasse sein, nur dann können sie sich mit Lichtgeschwindigkeit bewegen.

Für $m = 0$ und $u = c$ liefert die Relativitätstheorie das unbestimmte Ergebnis $'0/0'$ für E und p, dem die Quantentheorie dann durch $E = hf$ einen wohldefinierten Wert gibt. Setzen wir dies in $p = Eu/c^2$ ein, so erhalten wir mit $u = c$ den Impuls der Photonen zu $p = hf/c$.

> Photonen sind Teilchen ohne Ruhmasse. Ihre Energie E und ihr Impuls p werden durch die Quantentheorie bestimmt und betragen
>
> $E = hf \qquad p = hf/c.$

Die Richtung des Impulses ist dabei durch die Ausbreitungsrichtung des Lichtes festgelegt.

Aus E und $\mathbf{p}$ können wir nun auch den Viererimpuls $\mathbf{P}$ der Lichtquanten berechnen:

$$\mathbf{P} = (E/c, \mathbf{p}) = (hf/c, hf/c, 0, 0),$$

falls sich das Licht in der x-Richtung ausbreitet. Das Quadrat des Viererimpulses folgt daraus zu

$$\mathbf{P}^2 = \mathbf{P} \cdot \mathbf{P} = (hf/c)^2 - (hf/c)^2 - 0 - 0 = 0.$$

Dies ist ein Spezialfall der allgemeinen Beziehung

$$\mathbf{P}^2 = (m\mathbf{V})^2 = m^2 \mathbf{V}^2 = m^2 c^2.$$

In jedem Fall ist das Quadrat des Viererimpulses also eine Invariante.

Als Anwendung dieser Ideen betrachten wir den **Compton-Effekt**. Nach der Entdeckung der Röntgenstrahlen im Jahre 1895 begann man sich intensiv mit ihren Eigenschaften zu beschäftigen, die für Physik und Medizin wichtige neue Möglichkeiten eröffneten. Dabei entdeckte man bald, daß Röntgenstrahlen bei der Streuung an Materie ihre Wellenlänge aus zunächst unbekannten Gründen um rund 10^{-12} m vergrößern. Dies machte sich durch eine Abnahme der Härte (Durchdringungsvermögen) der Strahlung bemerkbar. Vielerlei Erklärungen wurden für diesen Effekt vorgeschlagen, die jedoch nicht überzeugten. Erst im Jahre 1922 zeigte der englische Physiker A.H. Compton, daß sich dieser Effekt in allen Einzelheiten durch die Annahme erklären läßt, daß die Röntgenstrahlung aus Photonen besteht. Werden die

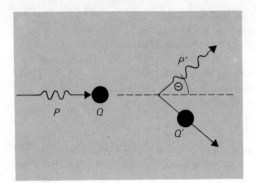

Bild 13.13 Compton-Effekt. Ein Photon mit dem Viererimpuls **P** trifft auf ein ruhendes Elektron, das den Viererimpuls **Q** hat. Dabei wird das Photon um den Winkel Θ gestreut. Nach dem Stoß hat das Photon den Viererimpuls **P'** und das Elektron den Viererimpuls **Q'**.

Photonen an Elektronen gestreut, so geben sie einen Teil der Energie an die Elektronen ab. Wegen $E = hf$ bedeutet diese Verringerung der Energie eine Frequenzverminderung, also eine Vergrößerung der Wellenlänge.

Diese Erklärung brachte den Durchbruch für die Hypothese der Lichtquanten, die damit auf sehr direkte Weise überprüft war und wurde zu einem Wendepunkt in der Geschichte der Quantentheorie.

Die folgende Berechnung des Compton-Effekts soll die Vorteile des Rechnens mit Vierervektoren deutlich machen. Bild 13.13 zeigt ein Photon, das auf ein ruhendes Elektron trifft und dabei um den Winkel θ gestreut wird. Dabei erleidet das Elektron einen Rückstoß. Wir bezeichnen den Viererimpuls des Photons vor dem Stoß mit **P**, denjenigen des Elektrons mit **Q**. Dann gilt

$$\mathbf{P} = (hf/c, hf/c, 0, 0) \qquad \mathbf{Q} = (mc, 0, 0, 0),$$

da sich das Photon in x-Richtung bewegen soll und das Elektron ruht. Nach dem Stoß sei der Viererimpuls des Photons gleich

$$\mathbf{P}' = (hf'/c, \cos\theta \cdot hf'/c, \sin\theta \cdot hf'/c, 0),$$

wobei f' die neue Frequenz des Photons und θ der Streuwinkel ist.

Die Erhaltung des Viererimpulses bedeutet

$$\mathbf{P} + \mathbf{Q} = \mathbf{P}' + \mathbf{Q}',$$

wobei **Q'** der Viererimpuls des Elektrons nach dem Stoß ist. Da **Q'** in den meisten Experimenten nicht gemessen wird, werden wir versuchen, **Q'** zu eliminieren und die Frequenz f' als Funktion des Streuwinkels θ zu berechnen. Dazu multiplizieren wir den Erhaltungssatz zunächst mit **P'**:

$$\mathbf{P} \cdot \mathbf{P}' + \mathbf{Q} \cdot \mathbf{P}' = \mathbf{P}' \cdot \mathbf{P}' + \mathbf{Q}' \cdot \mathbf{P}'.$$

Da **P'** der Viererimpuls eines Photons, also eines Teilchens ohne Ruhmasse ist, gilt $\mathbf{P}' \cdot \mathbf{P}' = \mathbf{P}'^2 = 0$ und somit

$$\mathbf{P} \cdot \mathbf{P}' + \mathbf{Q} \cdot \mathbf{P}' = \mathbf{Q}' \cdot \mathbf{P}'.$$

Nun quadrieren wir den Erhaltungssatz für den Viererimpuls und beachten dabei
$\mathbf{P}^2 = \mathbf{P'}^2 = 0$ und $\mathbf{Q}^2 = \mathbf{Q'}^2 = m^2c^2$:

$$(\mathbf{P} + \mathbf{Q})^2 = m^2c^2 + 2\mathbf{P} \cdot \mathbf{Q} + 0 = m^2c^2 + 2\mathbf{P'} \cdot \mathbf{Q'} + 0 = (\mathbf{P'} + \mathbf{Q'})^2$$

und daher $\mathbf{P} \cdot \mathbf{Q} = \mathbf{P'} \cdot \mathbf{Q'}$. Setzen wir dies in unser obiges Ergebnis ein, so folgt

$$\mathbf{P} \cdot \mathbf{P'} + \mathbf{Q} \cdot \mathbf{P'} = \mathbf{Q} \cdot \mathbf{P}$$

Damit ist der Rückstoß-Viererimpuls $\mathbf{Q'}$ des Elektrons eliminiert. Nun brauchen wir nur noch die bekannten Größen $\mathbf{P}, \mathbf{P'}, \mathbf{Q}$ einzusetzen. Es ist mit $\mathbf{P} \cdot \mathbf{P'} = P_0 P_0' - P_1 P_1' - P_2 P_2' - P_3 P_3'$

$\mathbf{P} \cdot \mathbf{P'} = (hf/c)(hf'/c)(1 - \cos\theta) = h^2 ff'(1 - \cos\theta)/c^2$

$\mathbf{Q} \cdot \mathbf{P'} = mc(hf'/c) = mhf'$

$\mathbf{Q} \cdot \mathbf{P} = mc(hf/c) = mhf$

und damit

$$h^2 ff'(1 - \cos\theta)/c^2 + mhf' = mhf$$

Führen wir hier die Wellenlängen $\lambda = c/f$ und $\lambda' = c/f'$ ein, so liefert eine elementare Rechnung das Endergebnis

$$\lambda' - \lambda = \frac{h}{mc}(1 - \cos\theta)$$

Dabei heißt

$$\frac{h}{mc} = 2{,}42 \cdot 10^{-12}\,\mathrm{m}$$

die Compton-Wellenlänge des Elektrons.[5]

Das Rechnen mit Vierervektoren hat uns also eine überraschend einfache Berechnung des Compton-Effekts ermöglicht, wobei keinerlei Näherungen (wie z.B. nichtrelativistische Bewegung des Rückstoßelektrons) erforderlich waren. Dies ist eine Erfahrung, die Sie in der Physik immer wieder machen werden: Die Wahl der geeigneten formalen Werkzeuge macht zahlreiche Rechnungen einfach und dadurch in ihrem physikalischen Gehalt überblickbar.

Aufgaben

13.1 Erklären Sie mit eigenen Worten, was man unter dem Begriff ‚Masse' eines Körpers versteht.

13.2 Zwei Körper bestehen aus dem gleichen Stoff. Kann man sagen, daß ihre Massen den Anzahlen der Atome proportional sind?

13.3 Bis zu welcher Geschwindigkeit muß ein Elektron beschleunigt werden, damit seine dynamische Masse auf den doppelten Wert seiner Ruhmasse ansteigt?

13.4 Stellen Sie sich vor, Sie würden in den CERN-Beschleuniger eingeschossen. Welche Masse hätten Sie bei einer Endgeschwindigkeit von $v = 0{,}9994\,c$? Fühlen Sie sich dadurch dicker?

13.5 Erklären Sie, wie man aus der Ablenkung elektrisch geladener Teilchen durch elektrische und magnetische Felder deren Masse und Geschwindigkeit bestimmen kann.

13.6 Nennen Sie die wichtigsten Merkmale eines Zyklotrons, eines Synchrozyklotrons und eines Synchrotrons.

13.7 Erklären Sie, in welcher Form die klassischen Erhaltungssätze für Impuls, Masse und Energie in der relativistischen Dynamik gelten.

13.8 Zeigen Sie, daß der relativistische Ausdruck für die kinetische Energie für kleine Geschwindigkeiten näherungsweise in die klassische Formel $mu^2/2$ übergeht. Zeigen Sie außerdem, daß man die Formel für die relativistische kinetische Energie *nicht* erhält, wenn man einfach in der klassischen Formel statt m die dynamische Masse

$$m/\sqrt{1-u^2/c^2}$$ einsetzt.

13.9 Berechnen Sie die dynamische Masse der Elektronen, die im Deutschen Elektronensynchrotron DESY in Hamburg auf die Energie von 7500 MeV beschleunigt werden. Um welchen Faktor ist die dynamische Masse dann größer als die Ruhmasse der Elektronen? Wie schnell sind die Elektronen?

13.10 Zwei Teilchen gleicher Ruhmasse m und gleicher kinetischer Energie $E_K = 2mc^2$ stoßen zentral zusammen und bilden ein neues Teilchen. Wie groß ist die Ruhmasse M des neuen Teilchens?

13.11 Ein Photon der Energie $E = 2mc^2$ trifft auf ein ruhendes Teilchen der Ruhmasse m und wird von ihm absorbiert.

Wie groß ist die Geschwindigkeit des Teilchens nachher?

13.12 Ernährungstabellen empfehlen, pro Tag nicht mehr als 2500 Kalorien aufzunehmen (1 Kalorie = 1 kcal = 4187 J).

Berechnen Sie die Massenäquivalenz einer Kalorie! Könnte man demnach nicht sehr viel mehr Kalorien zu sich nehmen, ohne dick zu werden?

13.13 Was kostet 1 Gramm elektrischer Energie?

13.14 Betrachten Sie die Blasenkammeraufnahmen auf Seite 141/142. Bei welchen Elementarteilchenprozessen wurde kinetische Energie in Masse umgewandelt?

Bei welchen Prozessen wurde Masse in kinetische Energie umgewandelt?

Zeigen Sie, daß bei allen Prozessen die Ladungszahl und die Baryonenzahl erhalten bleiben.

Zeigen Sie, daß für die Mesonen keine Erhaltungszahl existiert.

13.15 Beim Zerfall eines Neutrons n entsteht ein Proton p, ein Elektron e und ein weiteres Teilchen:

n → p + e⁻ + ?

Warum muß bei diesem Zerfallsprozeß ein weiteres Teilchen auftreten?

Identifizieren Sie dieses Teilchen mit Hilfe der Elementarteilchentabelle.

13.16 Ein Photon kann sich im leeren Raum nicht in ein Elektron und ein Positron umwandeln. Warum nicht?

Aus dem gleichen Grund treten bei der Zerstrahlung eines Elektrons und eines Positrons mindestens zwei Photonen auf.

13.17 Zeigen Sie, daß der Energiesatz der klassischen Physik bei einem Übergang zu einem neuen Inertialsystem unverändert gültig bleibt, falls Massen- und Impulserhaltung gelten.

13.18 Es sei U die Vierergeschwindigkeit eines Beobachters und P der Viererimpuls eines Teilchens. Welche physikalische Bedeutung hat das Skalarprodukt U · P?

13.19 Es sei U die Vierergeschwindigkeit eines Beobachters und P der Viererimpuls eines Photons. Welche physikalische Bedeutung hat das Skalapodukt U · P?

13.20 Versuchen Sie, den Compton-Effekt ohne Benützung von Vierervektoren zu berechnen. Sie werden den Vorteil des Raum-Zeit Formalismus einsehen!

14 Der Massendefekt

Einstein hatte schon im Jahre 1905 erkannt, daß die Gleichung $E = mc^2$ bei Kernreaktionen eine wichtige Rolle spielen müsse. In einem Brief schreibt er:
„Eine Konsequenz ist mir noch in den Sinn gekommen ... Eine merkliche Abnahme der Masse müßte beim Radium erfolgen. Die Überlegung ist lustig und bestechend; aber ob der Herrgott nicht darüber lacht und mich an der Nase herumgeführt hat, das kann ich nicht wissen."[1]

14.1 Der Atomkern in Zahlen[2]

Im Periodensystem wird jedes chemische Element mit einer fortlaufenden Zahl versehen. Man bezeichnet diese Zahl als Ordnungszahl Z und schreibt sie gewöhnlich links unten vor das chemische Zeichen des betreffenden Elements:
Wasserstoff $_1$H, Helium $_2$He, Lithium $_3$Li, Beryllium $_4$Be, ... Eisen $_{26}$Fe, ... Uran $_{92}$U.
Die Ordnungszahl Z gibt die Zahl der Protonen im Atomkern an. So besteht der Kern des Wasserstoffatoms aus einem Proton, der Kern des Heliumatoms enthält zwei Protonen.

Ein Vergleich der Massen des Wasserstoff- und des Heliumatoms ergibt für das Heliumatom jedoch nicht den zweifachen, sondern ungefähr den vierfachen Wert des Wasserstoffatoms. Der Kern des Heliumatoms enthält nämlich neben den beiden Protonen noch zwei Neutronen. Proton und Neutron haben etwa die gleiche Masse, womit die vierfache Masse des Heliumatoms erklärt ist. Neutronen und Protonen faßt man unter dem Begriff „Nukleonen" zusammen, sie bilden die Bausteine aller Atomkerne. Die Summe aus Protonenzahl Z und Neutronzahl N eines Atomkerns bezeichnet man als seine Massenzahl A:

$A = Z + N.$

Diese Massenzahl schreibt man zur Kennzeichnung des Atomkerns links oben vor das chemische Zeichen des Elements:

$^1_1$H, $^4_2$He, $^7_3$Li, $^9_4$Be, $^{11}_5$B, $^{12}_6$C, ... $^{56}_{26}$Fe, ... $^{238}_{92}$U.

Während bei den leichten Elementen die Neutronenzahl etwa gleich der Protonenzahl ist, stellen wir mit wachsender Ordnungszahl einen Überschuß an Neutronen fest: Im Kern des Urans kommen auf zwei Protonen ungefähr drei Neutronen.

Ebenso wie das Heliumatom haben auch die Atome einiger anderer Elemente ein nahezu ganzzahliges Vielfaches der Masse des Wasserstoffatoms. Bei einer Reihe von Elementen trifft das jedoch nicht zu. Zum Beispiel findet man für Lithium statt dem 7-fachen nur den 6,9-fachen Wert. Diese Abweichung von der Ganzzahligkeit läßt sich erklären. Natürlich vorkommendes Lithium besteht nur zu 92,6 % aus Atomen der Massenzahl 7. Die restlichen 7,4 % der Lithiumatome haben statt vier nur drei Neutronen und sind daher leichter. Als Mittelwert ergibt sich aus diesen Zahlen
$7 \cdot 92,6\% + 6 \cdot 7,4\% = 6,9 \cdot 100\%$.

Atome mit gleicher Protonenzahl, jedoch verschiedener Neutronenzahl bezeichnet man als **Isotope**. Isotope verhalten sich chemisch völlig gleich. Das chemische Verhalten eines Atoms wird durch den Aufbau der Elektronenhülle bestimmt und Atome mit gleicher Kernladungszahl besitzen die gleichen Elektronenhüllen.

Heute weiß man, daß die meisten Elemente in ihrem natürlichen Vorkommen ein Gemisch verschiedener Isotope darstellen. Die folgenden Zahlen geben hierfür Beispiele:

Kohlenstoff:	$^{12}_{6}C$	98,892 %;
	$^{13}_{6}C$	1,108 %;
Chlor:	$^{35}_{17}Cl$	75,53 %;
	$^{37}_{17}Cl$	24,47 %;
Uran:	$^{234}_{92}U$	0,0058 %;
	$^{235}_{92}U$	0,715 %;
	$^{238}_{92}U$	99,28 %;

Durch Kernumwandlungen konnte man Isotope künstlich herstellen, die in der Natur nicht vorkommen. Meist sind diese Isotope radioaktiv und zerfallen mit einer für das betreffende Isotop charakteristischen „Halbwertszeit". Die Zeiten, in denen die Hälfte der ursprünglich vorhandenen Kerne zerfällt, reichen dabei von Mikrosekunden bis zu vielen Milliarden Jahren.

Bisher haben wir die Massen der Atome nur grob, d.h. bis auf eine Stelle nach dem Komma, angegeben. Im Rahmen dieser Genauigkeit läßt sich die Ganzzahligkeit der Atommassen vieler Elemente mit dem Aufbau der Kerne aus Protonen und Neutronen erklären. Abweichungen von dieser Regel werden durch das Auftreten von Isotopen verständlich.

Berücksichtigen wir aber die Massen der Atome genau, so treten erneut gravierende Abweichungen auf. Wir werden uns bei den folgenden Überlegungen auf die „relative Atommasse M" der Elemente beziehen, die man in Tabellen zusammengestellt findet. In diesen Tabellen geht man jedoch nicht von der Masse eines Wasserstoffatoms aus, wie wir dies der Einfachheit halber getan haben. International hat man sich darauf geeinigt, als „atomphysikalische Einheit der Masse"[3] den 12-ten Teil der Masse eines Kohlenstoffatoms mit der Massenzahl $A = 12$ zu verwenden. Das Kohlenstoffisotop $^{12}_{6}C$ hat damit per Definition die relative Atommasse

$M(^{12}_{6}C) = 12{,}000\,000\,00$.

Die relative Atommasse des Wasserstoffs hat nun nicht mehr genau den Wert 1, sondern beträgt

$M(^{1}_{1}H) = 1{,}007\,825\,22$.

Das Wasserstoffatom — aufgebaut aus einem Proton und einem Elektron — ist damit etwas leichter als das Neutron, dessen relative Atommasse $M(n)$ den folgenden Wert hat:

$M(n) = 1{,}008\,665\,44$.

Für die folgenden Überlegungen ist es wichtig, zu wissen, daß die Unsicherheit bei der Bestimmung der relativen Atommasse in der Regel nur $\Delta M = \pm\,0{,}000\,000\,2$ beträgt und häufig sogar noch geringer ist.

Betrachten wir als einfaches Beispiel das Element Beryllium (Be). Natürliches Beryllium enthält zu 100 % das Isotop $^9_4$Be und hat die relative Atommasse

$$M(^9_4\text{Be}) = 9{,}012\,185\,8.$$

Stellen wir uns vor, das Berylliumatom sei aus vier Wasserstoffatomen und fünf Neutronen aufgebaut. Addieren wir deren relative Atommassen, so erhalten wir:

$$\begin{array}{ll} 4 \cdot M(\text{H}) & = 4{,}031\,300\,88 \\ 5 \cdot M(\text{n}) & = 5{,}043\,327\,20 \\ \hline M(4\text{H und }5\text{n}) & = 9{,}074\,628\,08 \end{array}$$

Ein Vergleich mit der relativen Atommasse des Berylliums ergibt eine Differenz von

$$\begin{array}{ll} M(4\text{H und }5\text{n}) & = 9{,}074\,628\,08 \\ M(^9_4\text{Be}) & = 9{,}012\,185\,8 \\ \hline \Delta M & = 0{,}062\,442\,3, \end{array}$$

Das Berylliumatom ist um $\Delta M = 0{,}062\,442\,3$ atomphysikalische Masseneinheiten leichter als die Summe seiner Bestandteile. Diese Differenz beträgt zwar nur 0,7 %, übertrifft aber die experimentelle Unsicherheit bei der Bestimmung der relativen Atommasse um den Faktor 100 000. Es tritt also ein „Massendefekt" auf.

Die Erklärung für dieses Phänomen liefert die Relativitätstheorie. Die Gleichung $E = mc^2$ besagt, daß Energie träge ist. Gleichgültig ob die Energie als Photonenenergie, kinetische Energie oder Ruhenergie vorliegt, stets kommt dem Energiebetrag E die Masse $M = E/c^2$ zu. Ändert sich der Energieinhalt, so ändert sich auch die Masse. Man kann sagen:

Energiereichere Körper sind schwerer.

Diese Aussage widerspricht scheinbar völlig unserer alltäglichen Erfahrung. Niemand hat bisher beobachtet, daß kochendes Wasser schwerer ist als kaltes Wasser. Und doch sagt die Theorie eine Massenzunahme beim Erwärmen voraus. Man kann sie sogar berechnen. Um einen Liter Wasser von Zimmertemperatur auf 100 °C zu erwärmen, müssen wir eine Wärmemenge von etwa 360 000 Joule (J) zuführen. Dieser Energiezufuhr entspricht eine Massenzunahme von $\Delta m = E/c^2 = 360\,000\text{ J}/(3 \cdot 10^8 \text{ m/s})^2 = 4 \cdot 10^{-12}$ kg. Eine Analysenwaage, die mit 1 kg belastet werden darf, kann aber nur eine Massenänderung von einem millionstel Gramm (10^{-6} g) nachweisen. Es gibt zwar Ultra-Mikrowaagen, die noch Massenunterschiede von 10^{-13} kg feststellen können, der zu wägende Körper darf dann aber nur etwa die Masse einer Briefmarke haben (1/10 mg). Daher können wir die Massenzunahme selbst mit den empfindlichsten Waagen nicht nachweisen. Das gleiche gilt für alle chemischen Reaktionen. Obwohl zum Beispiel die Knallgasreaktion stark exotherm verläuft, reicht die freiwerdende Energie nicht aus, um den Massendefekt der aus Wasserstoff und Sauerstoff entstehenden H_2O-Moleküle nachzuweisen.

Bei Kernumwandlungen werden jedoch Energien freigesetzt, die im Verhältnis zu den Kernmassen groß sind. Der Massendefekt kann hier nachgewiesen werden. Kehren wir zum obigen Beispiel des Berylliumatoms zurück. Das $^9_4$Be-Isotop ist um

ΔM = 0,062 442 3 atomphysikalische Masseneinheiten leichter als die Gesamtmasse aus vier Wasserstoffatomen und fünf Neutronen. Diesem Massenverlust entspricht eine Energie, die beim Aufbau des Berylliumatoms aus seinen Bestandteilen freigesetzt wird. Da eine atomphysikalische Masseneinheit einem Energiebetrag von 931 MeV gleichkommt (siehe Aufgabe 14.1), entspricht dem Massendefekt des Berylliumatoms die Energie 0,062 442 3 · 931 MeV = 58 MeV.

Um diesen Betrag ist die Energie eines Berylliumatoms geringer als die Energie seiner freien Bestandteile. Wollte man einen Berylliumkern zerlegen, so müßte man die Energie von 58 MeV aufbringen. Man bezeichnet diese Energie als Bindungsenergie des Atomkerns.

Bei unserer Rechnung sind wir zwar von den relativen Atommassen ausgegangen. Die Bindungsenergie der Elektronen im Atom ist jedoch sehr viel kleiner als die Bindungsenergie der Nukleonen im Kern. Daher kann man den Massendefekt praktisch allein auf die Kernbindungsenergie zurückführen.

Um eine Vorstellung von der Größe der Kernbindungsenergie zu vermitteln, sei folgendes Beispiel angeführt: Wenn es gelänge, 1 kg Beryllium aus Wasserstoff und Neutronen herzustellen, so würde dabei eine Energie von 170 Millionen KWh freigesetzt. Zum Vergleich: Der Bedarf an elektrischer Energie der Stadt Flensburg (nahezu 100 000 Einwohner) betrug im Jahre 1975 insgesamt 269 Millionen kWh.

Möchte man wissen, wie stark das einzelne Nukleon (Proton oder Neutron) an den Kern gebunden ist, so dividiert man die Bindungsenergie des Kerns durch die Anzahl der Nukleonen. Im Berylliumkern sind demnach die Nukleonen mit einer Energie von 58 MeV/9 = 6,44 MeV an den Kern gebunden. Diesen Wert bezeichnet man als **mittlere Bindungsenergie pro Nukleon**. Die mittlere Bindungsenergie wird meist als negativer Wert angegeben, da sie dem Atomkern im Vergleich zu seinen freien Bestandteilen fehlt. In Bild 14.1 sind diese Werte für einige Elemente aufgetragen. Das

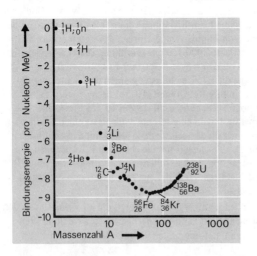

Bild 14.1 Die mittlere Bindungsenergie pro Nukleon aufgetragen über der Massenzahl A. (Zur besseren Einteilung wurde die Abszisse logarithmisch geteilt). Die Werte der mittleren Bildungsenergie erhält man aus dem experimentell bestimmten Massendefekt.

Bild zeigt, daß die Nukleonen bei den verschiedenen Elementen nicht gleich stark an den Kern gebunden sind. Nach anfänglichen Sprüngen strebt der Verlauf einem Minimum kleinster Bindungsenergie im Bereich der Massenzahlen 55 bis 60 zu. Kleinste Bindungsenergie bedeutet, daß die Nukleonen hier am stärksten gebunden sind. Bei den sich anschließenden schwereren Kernen steigt die Kurve wieder an. Die Nukleonen sind dort weniger stark an den Kern gebunden.

Die unterschiedliche Bindungsenergie der Nukleonen in den verschiedenen Atomen ist von größter Bedeutung. Sowohl bei der Verschmelzung leichter Kerne als auch bei der Spaltung schwerer Kerne können große Energiemengen freigesetzt werden. Ersteres bezeichnet man als „Kernfusion", letzteres als „Kernspaltung".

Indem die Relativitätstheorie eine Beziehung zwischen der Energie und der Masse eines Körpers herstellt, vermag sie die Erscheinung des Massendefekts zu erklären. Man könnte fast annehmen, der russische Chemiker D. I. Mendelejew hätte diesen Zusammenhang vorausgeahnt, als er 1871 in seiner Abhandlung über das Periodensystem der Elemente schrieb:[4]

„Selbst wenn man annimmt, daß die Materie der Elemente vollkommen gleichartig sei, ist kein Grund vorauszusetzen, daß n Gewichtsteile eines Elements oder n Atome bei der Umwandlung zu einem Atom eines zweiten Elements dieselben n Gewichtsteile liefern werden, so daß das Atom des zweiten Elements n mal schwerer sein wird, als beim ersten. Das Gesetz von der Erhaltung des Gewichts kann man als speziellen Fall des Gesetzes von der Erhaltung der Kraft oder der Bewegungen betrachten. Das Gewicht wird vielleicht durch eine besondere Art von Bewegungen der Materie verursacht, und es ist kein Grund vorhanden, die Möglichkeit einer Umwandlung dieser Bewegungen bei Bildung von Elementaratomen in chemische Energie oder irgendeine andere Bewegungsform abzusprechen."

14.2 Kernfusion[5]

Bei chemischen Reaktionen werden nur Elektronen der äußeren Atomhülle unter den Reaktionspartnern ausgetauscht, während die Atomkerne davon völlig unberührt bleiben.

Will man eine Kernreaktion auslösen, so müssen Teilchen in den Bereich des Atomkerns geschossen werden. Die Geschosse wie Protonen, Alphateilchen oder Atomkerne benötigen eine hohe kinetische Energie, um die abstoßende Coulomb-Kraft des Atomkerns zu überwinden. Die erforderliche Energie können die Teilchen in einem Beschleuniger erhalten.

Auch in einem genügend heißen Gas können durch die Temperaturbewegung der Teilchen Kernreaktionen ausgelöst werden. Solche thermonuklearen Reaktionen laufen im Innern der Sonne und der Fixsterne ab. Im Sonneninnern beträgt die Temperatur etwa 14 Millionen Kelvin. Einige Protonen haben bei dieser Temperatur eine ausreichend hohe Energie, so daß es zu Kernverschmelzungen kommen kann. Dabei laufen verschiedene Reaktionen ab.

Bei Stößen zwischen Protonen, den Kernen des Wasserstoffs, können Deuteronen ^2_1H gebildet werden, wobei ein Positron und ein Neutrino emittiert werden:

$$^1_1H + ^1_1H \to ^2_1H + e^+ + \nu.$$

Die Deuteronen verschmelzen bei weiteren Stößen mit energiereichen Protonen zu ^{3}He-Kernen:

$$^2_1H + {^1_1H} \rightarrow {^3_2He}.$$

Stoßen zwei ^{3}He-Kerne zusammen, so entstehen ein Heliumkern mit der Massenzahl 4 und zwei Wasserstoffkerne:

$$^3_2He + {^3_2He} \rightarrow {^4_2He} + 2\,{^1_1H}.$$

$^4_2$He-Kerne stellen das Endprodukt der thermonuklearen Prozesse in der Sonne dar. Als Nettoeffekt erhält man die Umwandlung von 4 Wasserstoffkernen in einen ^{4}He-Kern, zwei Positronen und zwei Neutrinos:

$$4\,{^1_1H} \rightarrow {^4_2He} + 2\,e^+ + 2\,\nu.$$

Bild 14.1 zeigt, daß die Nukleonen im ^{4}He-Kern mit nahezu -7 MeV gebunden sind. Bei der Bildung eines ^{4}He-Kerns wird daher die große Energiemenge von nahezu $4 \cdot 7$ MeV $= 28$ MeV (genauer Wert 26,7 MeV) freigesetzt. Diese Energie sorgt dafür, daß trotz der Energieabstrahlung durch die Sonne die Sonnentemperatur konstant bleibt. Die Kernfusionsprozesse können somit ständig ablaufen.

Die Sonne strahlt in einer Sekunde eine Energie von $4 \cdot 10^{26}$ Joule ab. Sie wird dadurch in jeder Sekunde um $\Delta m = \Delta E/c^2 = 4 \cdot 10^{26}$ J/$(3 \cdot 10^8$ m/s$)^2 = 4{,}4$ Millionen Tonnen leichter. Dieser Wert ist sehr groß, aber doch klein im Verhältnis zur Sonnenmasse. Der Wasserstoffvorrat der Sonne reicht daher noch für weitere 100 Milliarden Jahre.

Wenn es gelänge, die Fusion von Wasserstoffkernen zu Heliumkernen technisch nutzbar zu machen, dann wäre die Menschheit in Zukunft aller Energieversorgungsprobleme enthoben, denn Wasserstoff ist reichlich vorhanden. Bisher gelang diese Kernfusion aber nur bei der Explosion von Wasserstoffbomben. Die notwendigen hohen Temperaturen von über 10 Millionen Kelvin zur Einleitung der Kernfusion erzeugte man durch die Explosion einer Atombombe. Bei der Atombombe wird Energie durch Kernspaltung freigesetzt. Damit befassen wir uns im folgenden Abschnitt.

Man arbeitet heute in mehreren Forschungszentren der Erde an einer Nutzbarmachung der kontrollierten Kernfusion. In der Bundesrepublik Deutschland wurde ein Forschungszentrum in Garching bei München errichtet. Die technologischen Probleme, die dabei auftreten, überschreiten aber noch mehrfach die Grenzen des technischen Könnens. Daher kann man heute die Frage noch nicht beantworten, ob man in Zukunft einmal die kontrollierte Kernfusion zur Deckung des Energiebedarfs wird nutzen können.

14.3 Kernspaltung

Bei der Kernfusion wird durch die Verschmelzung leichter Atomkerne Energie frei. Man kann aber auch durch Spaltung schwerer Kerne Energie freisetzen. Wird ein Urankern gespalten, so können als Spaltprodukte Isotope der chemischen Elemente Barium und Krypton entstehen. Bild 14.1 zeigt, daß in den Kernen der beiden Spaltprodukte die Nukleonen fester gebunden sind als im Urankern. Bei der Spaltung eines Urankerns werden daher 180 MeV frei.

Die Geschichte der Atomkernspaltung begann im Jahr 1938, als Otto Hahn und sein Mitarbeiter Fritz Straßmann die Wirkung untersuchten, die Neutronen beim Beschuß von Urankernen hervorrufen. Hahn wollte jene Prozesse im Labor nachvollziehen, die in der Natur bei der Entstehung der schweren chemischen Elemente ablaufen. Als Ergebnis seiner Versuche erwartete Hahn die Bildung von Transuranen. Das sind Elemente mit höherer Ordnungszahl als die des Urans. Zu seiner Überraschung entdeckte er jedoch, daß die Uranproben nach dem Neutronenbeschuß das viel leichtere Element Barium enthielten. Lise Meitner und Otto Frisch erklärten die Entstehung des Bariums mit einer Spaltung des Uranisotops $^{235}_{92}U$ in ein Barium- und ein Kryptonisotop. Die folgende Gleichung gibt ein Beispiel für eine mögliche Spaltung:

$$^{235}_{92}U + ^1_0n \rightarrow ^{139}_{56}Ba + ^{94}_{36}Kr + 3\,^1_0n.$$

Durch die Absorption eines Neutrons gerät der Urankern offenbar in so starke Schwingungen, daß er in zwei Teile zerspringt. Obwohl man heute praktisch alle Atomkerne durch Beschuß mit Neutronen ausreichend hoher Energie spalten kann, kommt der Spaltung des Urankerns wegen der Eigenschaften des Uranisotops ^{235}U besondere Bedeutung zu. Zur Spaltung des Isotops ^{235}U reichen nämlich bereits sehr langsame, sogenannte thermische Neutronen aus. Außerdem entstehen bei der Spaltung weitere Neutronen. Sowohl der zerberstende Urankern, als auch die Bruchstücke senden Neutronen aus. So entstehen bei der Spaltung eines Urankerns im Mittel 2,5 Neutronen, die ihrerseits weitere Kernspaltungen auslösen. Dadurch kann es zu einer **Kettenreaktion** kommen.

In einer Atombombe, die man richtiger als Kernspaltungsbombe bezeichnet, läuft die Kettenreaktion unkontrolliert ab. Im Bruchteil einer Sekunde nimmt die Anzahl der gespaltenen Urankerne lawinenartig zu und setzt dabei Energie frei. Zur Zündung der Bombe werden mehrere ‚unterkritische Massen' zu einer ‚überkritischen Masse' zusammengeschossen. Unter einer ‚unterkritischen Masse' versteht man einen Uranblock aus isotopenreinem ^{235}U, dessen Abmessungen kleiner als 8 cm sind. Wegen ihres großen Durchdringungsvermögens legen Neutronen im Mittel im Uran etwa 10 cm zurück, bevor sie von einem Kern absorbiert werden und eine Kernspaltung auslösen. In einem Block mit unterkritischer Masse kommt es zu keiner Kettenreaktion, da die meisten Neutronen den Block verlassen, ohne eine Kernspaltung auszulösen. In einem Block mit „überkritischer Masse" wird die Kettenreaktion selbständig ausgelöst, da stets einige Neutronen durch spontanen Zerfall eines Kerns oder durch die Höhenstrahlung vorhanden sind.

In Reaktoren nutzt man heute die Kernspaltung in vielfältigster Weise zu friedlichen Zwecken aus. Je nach ihrem Verwendungszweck unterteilt man die Reaktoren in Forschungsreaktoren, Leistungsreaktoren und Produktionsreaktoren.

Forschungsreaktoren dienen der Ausbildung und der Reaktorentwicklung. Man untersucht hier das Verhalten von Werkstoffen bei Neutronenbeschuß. Außerdem stellen Forschungsreaktoren eine intensive Neutronenquelle für wissenschaftliche Untersuchungen dar. Leistungsreaktoren haben die Aufgabe, die bei der Kernspaltung freiwerdende Kernenergie einer wirtschaftlichen Nutzung zuzuführen. Produktionsreaktoren, die man auch als Brüter bezeichnet, sollen durch Neutronenbeschuß spaltbares Material herstellen. So kann man beispielsweise aus dem schwer spaltbaren Isotop

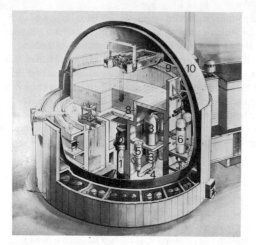

Bild 14.2 Schnittbildzeichnung eines Kernkraftwerks (1) Brennelemente, (2) Reaktordruckgefäß, (3) Wärmetauscher und Dampferzeuger, (4) Primärkreislauf, (5) Pumpe des Primärkreislaufs, (6) Notkühlanlagen bei Ausfall des Primärkühlsystems; Bei einer Undichtigkeit in den Stahlwänden (7) des Reaktordruckgefäßes sollen meterdicke Betonwände (8), der stählerne Sicherheitsbehälter (9) und die Betonaußenwand (10) ein Entweichen radioaktiver Stoffe in die Atmosphäre verhindern.

^{238}U das Plutoniumisotop $^{239}_{94}$Pu erzeugen. Ebenso wie mit dem Isotop ^{235}U kann man mit Plutonium Reaktoren betreiben und auch Kernspaltungsbomben herstellen.

Man kennt heute eine Vielzahl sehr verschiedenartiger Reaktortypen. Bei den Leistungsreaktoren in den Kernkraftwerken handelt es sich meist um sogenannte ‚Leichtwasserreaktoren'. Damit kennzeichnet man eine Reaktorbaulinie, bei der gewöhnliches Wasser zur Kühlung und zur Moderierung benutzt wird. Wir werden im folgenden etwas näher auf diese Bauart eingehen (Bild 14.2).

Den Kern des Reaktors bildet ein Druckbehälter, in dem sich Brennelemente aus Urandioxid UO_2 befinden. In diesen Brennelementen ist das Isotop ^{235}U, das im natürlichen Uranvorkommen nur zu 0,7 % enthalten ist, auf 2 bis 4 % angereichert. Die Brennelemente können Betriebstemperaturen von über 2000 °C erreichen. Zwischen die Brennelemente können Kontrollstäbe eingefahren werden. Mit diesen Stäben, die aus neutronenabsorbierendem Material bestehen, kann der Reaktor gesteuert werden. Bei irgendeiner Unregelmäßigkeit schaltet das automatische Überwachungssystem den Reaktor ab. Die Kontrollstäbe fallen dann zwischen die Brennelemente und unterbinden die weitere Kettenreaktion.

Es erhebt sich die Frage, wie man mit den relativ langsam reagierenden Kontrollstäben den Reaktor regeln kann, ohne befürchten zu müssen, daß er außer Kontrolle gerät. Diese Frage stellt sich insbesondere dann, wenn man die Neutronenproduktion betrachtet. 99,3 % aller Neutronen werden bereits 10^{-14} s nach Einleiten der Kernspaltung frei. Dennoch muß im Betrieb der Reaktor so genau eingestellt werden, daß die absorbierten Neutronen gerade durch neu entstehende Spaltungsneutronen ersetzt werden. Eine solch genaue Regelung wäre allein mit den sogenannten ‚prompten Neutronen' nicht möglich. Zu 0,7 % werden aber noch ‚verzögerte Neutronen' ausgesendet. Verzögerte Neutronen werden erst Sekunden bis Minuten nach der Kernspaltung von den Spaltprodukten emittiert. Durch die verzögerten Neutronen wird die Neutronenproduktion insgesamt so verlangsamt, daß der Reaktor gefahrlos geregelt werden kann.

Die von der freiwerdenden Kernenergie hoch erhitzten Brennelemente werden von dem Wasser des Primärkreislaufes gekühlt. Das Wasser steht unter hohem Druck und kann daher bis auf 300 °C erwärmt werden. Eine Pumpe befördert das Wasser des Primärkreislaufes zu einem Wärmetauscher. Dort wird in einem Sekundärkreislauf Dampf erzeugt, der eine Turbine antreibt. Die Turbine schließlich setzt einen Generator in Bewegung. Auf diese Weise wird die Kernenergie auf dem Umweg über die Innere Energie des Kühlwassers und des Dampfes in elektrische Energie umgewandelt. Dieser Umweg, der auch bei allen konventionellen Kraftwerken beschritten werden muß, hat zur Folge, daß sehr viel Energie als Abwärme abgeführt wird. Diese ungenutzte Energie fällt bei der Kondensation des Dampfes an und wird entweder an einen Fluß oder über Kühltürme an die Luft abgegeben. Beide Verfahren belasten die Umwelt in erheblichem Maße, weswegen Pläne zunehmend an Bedeutung gewinnen, diese Energie zu nutzen. Man denkt dabei an das Beheizen von Wohnräumen über Fernheizungssysteme sowie an das Beheizen von Gewächshäusern und Feldern in der Nachbarschaft der Kraftwerke.

Dem Wasser des Primärkreislaufs kommt neben der Kühlung der Brennelemente noch eine weitere Aufgabe zu. Es soll durch Streustöße die Neutronen hoher Energie auf geringe Energie abbremsen. Man bezeichnet dies als Moderierung des Reaktors. Bei Leichtwasserreaktoren bildet gewöhnliches Wasser die Moderatorsubstanz. Ohne Abbremsung würden die bei ihrer Entstehung sehr energiereichen Neutronen größtenteils von dem Isotop ^{238}U eingefangen. Dadurch könnte der Reaktor die Kettenreaktion nicht aufrecht erhalten. Langsame Neutronen werden hingegen sehr stark von dem leicht spaltbaren Isotop ^{235}U absorbiert. Auf diese Weise ist es möglich, einen Reaktor mit Brennelementen zu betreiben, in denen das Isotop ^{235}U nur zu einigen Prozent enthalten ist.

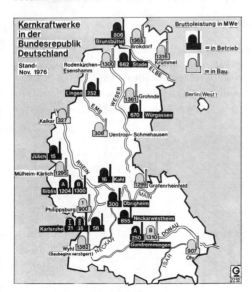

Bild 14.3 Kernkraftwerke in der Bundesrepublik Deutschland (Pressemitteilung vom Oktober 1976)

Der Bau von Kernkraftwerken geriet in jüngster Zeit in das Kreuzfeuer heftiger öffentlicher Kritik. Dabei steht hinter der Warnung vor einem übereilten Ausbau die Furcht vor einer möglichen radioaktiven Belastung der Umwelt. Die Frage nach den Standorten der Kernkraftwerke steht dabei ebenso im Mittelpunkt der Diskussion wie das Problem der Aufbereitung der abgebrannten und radioaktiv verseuchten Brennelemente. Auch die Frage der Endlagerug der radioaktiven Abfallstoffe ist noch nicht endgültig geklärt.

Der Anteil der Kernenergie bei der Deckung des elektrischen Energiebedarfs erreichte 1975 in der BRD erstmals einen Anteil von 5 % (zum Vergleich Schweiz 15 %, USA 9 %, England 12 %, Schweden 12 %). Zu Beginn des Jahres 1976 betrug die Leistung der Kernkraftwerke in der BRD 3260 Megawatt (MW). Durch die Inbetriebnahme weiterer Kernkraftwerke hatte sich dieser Wert bis September 1976 bereits verdoppelt (Bild 14.3). In der Europäischen Gemeinschaft war Anfang 1976 eine Kernkraftleistung von 14 500 MW installiert. Nach den Plänen der EG soll die Kapazität bis 1980 auf 57 000 MW und bis 1985 sogar auf 160 000 MW erhöht werden.

Aufgaben

14.1 Zeigen Sie, daß eine atomphysikalische Masseneinheit einer Energie von 931 MeV entspricht. Anleitung: 12 g Kohlenstoff enthalten $L = 6{,}025 \cdot 10^{23}$ (Loschmidtsche Zahl) Kohlenstoffatome. Berechnen Sie daraus die Masse eines Kohlenstoffatoms und mit der Gleichung $E = mc^2$ die Energie, die einer Masseneinheit (= 1/12 der Masse eines Kohlenstoffatoms) äquivalent ist.

14.2 Ein Nukleon ist im Mittel mit einer Energie von 8 MeV an den Atomkern gebunden (siehe Bild 14.1).

Wie schwer ist damit ein gebundenes Nukleon?

Was folgt daraus für die Ganzzahligkeit der relativen Atommasse isotopenreiner Elemente bezogen auf die Masse des Wasserstoffs?

14.3 Berechnen Sie den Massendefekt bei der Bildung eins Heliumkerns $^{4}_{2}\mathrm{He}$ aus vier Wasserstoffkernen. (Die relative Atommasse von $^{4}\mathrm{He}$ beträgt 4,002 604.)

14.4 Berechnen Sie die gesamte Bindungsenergie des Kohlenstoffisotops $^{12}\mathrm{C}$.

14.5 Um wieviel wird ein PKW schwerer, wenn er statt zu stehen mit einer Geschwindigkeit von 100 km/h fährt?

15 Grenzen der Weltraumfahrt

„Schnell stürzte sich mir die Erdkugel hinter dem reißenden Aufflug in den Abgrund, nur von einigen südamerikanischen Sternbildern bleich umgeben, und zuletzt blieb aus unserem Himmel nur noch die Sonne als ein Sternlein übrig. Vor einem fernen Kometen, der von der Erden-Sonne kam und nach dem Sirius flog, zuckten wir vorüber. Jetzo flogen wir durch die zahllosen Sonnen so eilig hindurch, daß sie sich vor uns kaum auf einen Augenblick zu Monden ausdehnen konnten, ehe sie hinter uns zu Nebelstäubchen verschwanden."

Jean Pauls Beschreibung einer „Traumreise durch die Milchstraße" stammt aus dem Jahre 1820. 150 Jahre später, am 20. Juli 1969 landeten erstmals Menschen auf dem Mond. Betrachten wir aber den Nachthimmel mit seinen zahllosen Sternen, Sternhaufen und Galaxien, so erkennen wir, welch winzigen Teil des Alls die bisherige Weltraumforschung erkundet hat. Können wir den Traum Jean Pauls wahr machen und Raketen bauen, mit denen wir andere Sterne und vielleicht sogar Milchstraßen besuchen könnten? Welche Voraussetzungen müssen dazu erfüllt sein? Wie lange würde eine derartige Reise dauern? Dies sind die Probleme, mit denen wir uns in diesem Kapitel beschäftigen.

Dabei wollen wir zunächst von der Annahme ausgehen, daß uns Raketen zur Verfügung stehen, welche die Lichtgeschwindigkeit fast erreichen können. In diesem Fall werden Effekte wie die Lorentz-Kontraktion bzw. die Zeitdilatation für die Möglichkeiten der Weltraumfahrt bedeutend. Wir haben ja bei der Untersuchung des Zwillingsparadoxons gesehen, daß für einen hinreichend schnell bewegten Weltraumfahrer wesentlich weniger Zeit vergeht als auf Erden. So könnte man sich vorstellen, daß eine Reise zum Andromedanebel vielleicht doch innerhalb der Lebensdauer eines Menschen möglich wäre, wenngleich dieser Nebel auch zwei Millionen Lichtjahre von uns entfernt ist. Gesehen von der Erde, müßten zwar mindestens zwei Millionen Jahre vergehen, bevor wir den Andromedanebel erreichen, selbst wenn wir fast mit Lichtgeschwindigkeit dahinfliegen. Für den Astronauten selbst würde aber wesentlich weniger Zeit vergehen. Von ihrem Standpunkt aus wäre dies der Tatsache zu verdanken, daß der Abstand Erde – Andromedanebel durch die Lorentz-Kontraktion verkürzt ist. Vom Standpunkt irdischer Beobachter wäre dagegen der Zeitablauf im Raumschiff verlangsamt, so daß das gleiche Ergebnis resultiert.

Um diese Möglichkeiten zu untersuchen, werden wir im nächsten Abschnitt zunächst den Ablauf einer Weltraumreise verfolgen, die mit der konstanten Beschleunigung $a = g = 10\,\mathrm{m/s^2}$ vor sich geht. Unter diesen Bedingungen werden sich die Astronauten in ihrem Raumschiff wie auf Erden fühlen. Welche Anforderungen in diesem Fall an den Raketenmotor zu stellen sind, soll im darauffolgenden Abschnitt diskutiert werden.

15.1 Die konstant beschleunigte Rakete

Für eine konstant beschleunigte Rakete sind Geschwindigkeit und Weg klassisch durch

$$v = at \quad \text{und} \quad x = \frac{a}{2}\,t^2$$

gegeben. Demnach würde die Rakete zur Zeit $t^* = c/a$ Lichtgeschwindigkeit erreichen und dann überschreiten. Für $a = 10\,\text{m/s}^2$ ist $t^* = 3 \cdot 10^7$ s, also ungefähr ein Jahr.

Wie verändert sich diese Überlegung durch die Relativitätstheorie? Auch hier wollen wir eine Rakete betrachten, deren Beschleunigung sich während des Fluges nicht ändert. Die Beschleunigung muß dabei im jeweiligen Ruhsystem der Rakete gemessen werden, denn nur wenn *diese* Beschleunigung konstant ist, werden die Astronauten mit der gewohnten Erdbeschleunigung in ihre Sessel gedrückt.

Von einem festen Inertialsystem aus gesehen — z.B. vom System der auf der Erde zurückbleibenden Beobachter — wird die Rakete wegen der Zeitdilatation und Lorentz-Kontraktion keine konstante Beschleunigung aufweisen. Nehmen wir an, die Rakete habe zur Zeit t (gemessen im Ruhsystem der Erde) die Geschwindigkeit v erlangt. Durch die Wirkung ihres Antriebs wird sich diese Geschwindigkeit in einem kleinen Zeitinterall dt um dv ändern, so daß die Rakete von der Erde aus gesehen die neue Geschwindigkeit $v + dv$ erlangt.

Betrachten wir diesen Vorgang nun vom momentanen Ruhsystem der Rakete aus. Hier betrage der Geschwindigkeitszuwachs der Rakete du, wobei du und dv nach dem Geschwindigkeits-Additionstheorem zusammenhängen:

$$v + dv = \frac{v + du}{1 + vdu/c^2} \approx v + du - v^2 du/c^2,$$

wobei wir Terme $\propto du^2$ vernachlässigt haben. Daher gilt

$$dv = du\,(1 - v^2/c^2).$$

Der ruhende Beobachter mißt also einen kleineren Geschwindigkeitszuwachs dv als der mit der Rakete mitfliegende Beobachter. Wenn die Rakete fast Lichtgeschwindigkeit erreicht, ergibt sich vom Standpunkt des ruhenden Beobachters fast überhaupt kein Geschwindigkeitszuwachs mehr. Dies ist der Grund dafür, warum die Rakete trotz konstanter Beschleunigung niemals die Lichtgeschwindigkeit überschreitet.

Wir können nun auch den Zusammenhang zwischen der in der Rakete gemessenen Beschleunigung a' und der auf Erden gemessenen Beschleunigung a ermitteln. Da die Beschleunigung als die zeitliche Veränderung der Geschwindigkeit definiert ist, gilt

$$a' = \frac{du}{dt'}\,;\quad a = \frac{dv}{dt}.$$

Setzen wir $dv = du\,(1 - v^2/c^2)$ und $dt' = dt\sqrt{1 - v^2/c^2}$ ein, so erhalten wir für den Zusammenhang der beiden Beschleunigungen

$$a = \frac{dv}{dt} = \frac{du}{dt}\,(1 - v^2/c^2)^{3/2} = a'\,(1 - v^2/c^2)^{3/2}$$

Die Beschleunigung erscheint also, von der Erde her gesehen um den Faktor $(1 - v^2/c^2)^{3/2}$ verringert. Da die Geschwindigkeit v der Rakete während des Fluges ständig steigt, wird ihre Beschleunigung a, gemessen im Erdsystem, immer geringer werden. Die Astronauten fühlen sich dagegen durch eine gleichbleibende Trägheitskraft in ihre Sessel gedrückt, falls a' konstant ist.

Um die Bewegung der Rakete zu bestimmen, gehen wir von der Gleichung

$$\frac{dv}{dt} = a = a'(1 - v^2/c^2)^{3/2}$$

aus, wobei $a' = 10 \, \text{m/s}^2$ ist. Diese Differentialgleichung wird durch

$$v = \frac{a't}{\sqrt{1 + a'^2 t^2/c^2}}$$

gelöst, wie Sie durch Differenzieren leicht bestätigen können. Dies stimmt für $a't/c \ll 1$ mit dem nichtrelativistischen Ergebnis $v = a't$ überein. Erst wenn die Geschwindigkeit nahe der Lichtgeschwindigkeit ist, machen sich Abweichungen bemerkbar, wobei die relativistisch berechnete Geschwindigkeit niemals c überschreitet.

Eine weitere kurze Rechnung zeigt, welchen Weg x die Rakete innerhalb der Zeit t zurücklegt und wieviel Zeit t' dabei an Bord vergeht. Da die Geschwindigkeit der Differentialquotient des Weges nach der Zeit ist, gilt

$$\frac{dx}{dt} = v = \frac{a't}{\sqrt{1 + a'^2 t^2/c^2}} \, .$$

Wieder können Sie durch Einsetzen nachrechnen, daß die Lösung dieser Gleichung durch

$$x = \frac{c^2}{a'} (\sqrt{1 + a'^2 t^2/c^2} - 1)$$

gegeben ist. Die Weltlinie dieser Bewegung ist in Bild 15.1 dargestellt. Sie erweist sich als Hyperbel, deren Asymptoten durch einen Lichtkegel gegeben sind.[1] Qualitativ können wir die Bewegung so beschreiben, daß die Rakete zunächst mit konstanter Beschleunigung a startet und zur Zeit $a't/c \simeq 1$ die Lichtgeschwindigkeit c fast erreicht. Für die betrachtete Rakete mit $a' = 10 \, \text{m/s}^2$ ist dies nach einem Jahr

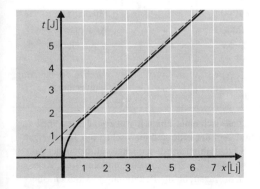

Bild 15.1 Die Weltlinie einer konstant beschleunigten Rakete. Von einem fixen Bezugssystem her gesehen fliegt die Rakete nach einer Beschleunigungsphase mit fast konstanter Geschwindigkeit weiter. Pro Jahr legt sie dabei ein Lichtjahr zurück.

der Fall. Ab diesem Zeitpunkt legt sie dann pro Jahr etwa die Entfernung $\Delta x = 1$ Lichtjahr zurück. Nach einigen Jahren könnte die Rakete daher die nächsten Fixsterne erreichen.

Wie sehen die Astronauten diesen Vorgang? Für sie vergeht während des Fluges die Eigenzeit

$$s = \int ds = \int dt \sqrt{1 - v^2/c^2}.$$

Setzen wir hier $v = a't/(1 + a'^2 t^2/c^2)$ ein und führen das Integral (mittels einer Integraltafel) aus, so folgt

$$t' = \frac{c}{a} \ln \left(\frac{a't}{c} + \sqrt{1 + a'^2 t^2/c^2} \right).$$

Damit können wir berechnen, welche Zeit t' in der Rakete verstreicht, während auf Erden die Zeit t vergeht. Es ist einfach, nun auch t und x als Funktionen von t' zu bestimmen. Das Ergebnis

$$x = \frac{c^2}{a} \left[\cosh\left(\frac{a't'}{c}\right) - 1 \right]$$

gibt an, welche Strecke x die Astronauten innerhalb der von ihnen gemessenen Flugzeit t' zurücklegen, wie weit sie also den Weltraum erforschen können. Die folgende Tabelle enthält die wichtigsten Angaben für eine Rakete mit der Beschleunigung $a' = 10 \, \text{m/s}^2$.

t'	x	t	v/c	Bemerkung
Jahre	Lichtjahre	Jahre		
1	0,54	1,18	0.76	
2	2,8	3,6	0.96	
4	26	27	0.9993	Wega
6	200	200	0.99999	
8	1500	1500		
10	11000	11000		
12	81000	81000		Milchstraße
15	1600000	1600000		Andromeda
18	$3,2 \cdot 10^7$	$3,2 \cdot 10^7$	≈ 1	Virgo Haufen
20	$2,4 \cdot 10^8$	$2,4 \cdot 10^8$		
25	$3,6 \cdot 10^{10}$	$3,6 \cdot 10^{10}$		Grenze des bekannten Universums
30	$6 \cdot 10^{12}$	$6 \cdot 10^{12}$		

Der Tabelle entnehmen wir z.B., daß nach einer Flugzeit von zwei Jahren 96 % der Lichtgeschwindigkeit erreicht sind. Auf der Erde sind inzwischen 3,6 Jahre vergangen, und eine Entfernung von 2,8 Lichtjahren wurde zurückgelegt. Nach vier Jahren beträgt der Abstand der Rakete von der Erde 26 Lichtjahre, und der Stern Wega ist erreicht. Sie werden sich vielleicht fragen, ob die Rakete nun nicht doch Überlichtgeschwindigkeit hat. Wie könnte sie sonst in nur vier Jahren eine Strecke von 26 Lichtjahren zurücklegen. Die Antwort darauf ist natürlich, daß das Ziel Wega von der Erde aus gesehen 26 Lichtjahre entfernt ist. Von der Rakete her erscheint der Abstand Erde – Wega wegen der Lorentz-Kontraktion aber sehr stark geschrumpft. Daher kann er in vier Jahren zurückgelegt werden.

Nach nur 12 Reisejahren haben wir bereits die Milchstraße hinter uns gelassen und im 15. Jahr nähern wir uns dem Andromedanebel. Auf der Erde sind inzwischen 1,6 Millionen Jahre vergangen. Nach 18 Jahren Flugdauer erreichen wir die tausenden Galaxien des Virgo-Haufens. Nach etwa 26-jähriger Reisedauer sind wir schließlich an den Grenzen des von der Erde sichtbaren Universums angekommen. Wir sind nun 10 Milliarden Lichtjahre von der Erde entfernt. In diesen 26 Jahren sind allerdings auf der Erde 10 Milliarden Jahre vergangen und die Erde hat lange aufgehört zu bestehen. Die Sonne, die wir hinter uns zurückgelassen haben, ist inzwischen zum roten Riesenstern geworden und dann zu einem weißen Zwerg zusammengefallen. Wie die Reise weitergeht, und welches Schicksal das Universum in der Folge erleiden wird, können wir mit den Mitteln heutiger Physik nicht vorhersagen. Nach nur 30-jähriger Flugdauer, die wir bequem in Sesseln zurückgelegt verbringen könnten, wären wir weit über die Grenzen ins Unbekannte vorgestoßen.

Leider ist eine Rakete, die 30 Jahre lang eine konstante Beschleunigung $a' = 10\,\text{m/s}^2$ aufrechterhalten kann, ein nicht realisierbarer Traum. Den Grund dafür finden Sie im nächsten Abschnitt.

15.2 Die relativistische Rakete

Es wäre schön, wenn wir uns bequem in die im vorigen Abschnitt erdachte Rakete setzen und die Reise durch den Weltraum genießen könnten. Doch leider wird es notwendig sein, zunächst die technischen Möglichkeiten für die Erbauung einer derartigen Rakete zu erkunden. Energie- und Impulserhaltung werden uns dabei einige störende Hindernisse in den Weg legen.

Gehen wir zunächst wieder von den Gleichungen der klassischen Physik aus, um die Gesetze der Raketenbewegung im einfachsten Fall zu erforschen. Die Rakete habe eine Masse M, die im Laufe der Zeit durch den Ausstoß von Treibgas kontinuierlich abnimmt. Stößt die Rakete einen Gasstrahl der Masse dM mit der Geschwindigkeit U aus, so erhöht sich dabei ihre Geschwindigkeit v um du, wobei aus dem Impulssatz folgt

$$M\,du = -U\,dM.$$

Division durch M ergibt $du = -U\,dM/M$, und Integration führt auf

$$u = \int du = -\int U\,\frac{dM}{M}.$$

Die konstante Auspuffgeschwindigkeit U können wir dabei vor das Integral ziehen, so daß wir für die Raketengeschwindigkeit u das Ergebnis

$$u = -U \int_{M_0}^{M_1} \frac{dM}{M} = -U \ln \frac{M_1}{M_0} = U \ln \frac{M_0}{M_1}$$

erhalten. Dabei sind M_0 und M_1 die Massen der Rakete vor dem Start bzw. nach dem Brennschluß der Rakete.

Wie ändern sich diese Überlegungen durch die Berücksichtigung der Relativitätstheorie? Die Geschwindigkeitszunahme du im Ruhsystem der Rakete hängt mit der von der Erde aus gemessenen Geschwindigkeitszunahme dv nach dv = du $(1-v^2/c^2)$ zusammen, wie wir in 15.1 gesehen haben. Der Impulssatz nimmt daher die Form

$$-U\,\mathrm{d}M = M\,\mathrm{d}u = M\,\mathrm{d}v\,(1-v^2/c^2)^{-1}$$

an. Dividieren wir durch M und gehen zum Integral über, so folgt

$$-U\int \frac{\mathrm{d}M}{M} = \int \frac{\mathrm{d}v}{1-v^2/c^2}.$$

Diese Gleichung unterscheidet sich nur durch das rechtsstehende Integral vom früheren Ergebnis. Mit Hilfe einer Integraltafel findet man nach kurzer Rechnung

$$v = c\,\frac{1-(M_1/M_0)^{2U/c}}{1+(M_1/M_0)^{2U/c}}.$$

Damit können wir uns die Höchstgeschwindigkeiten verschiedener Raketentypen ausrechnen. Diese Höchstgeschwindigkeit hängt vom Verhältnis der Endmasse M_1 zur Anfangsmasse M_0 der Rakete ab. Dieses Ergebnis ist unabhängig davon, ob die Beschleunigung der Rakete konstant ist oder nicht. Die Beschleunigung der Rakete kann durch geeignete Einstellung des Massenausstoßes des Raketenmotors stets geeignet geregelt werden, insbesondere auch so, daß konstante Beschleunigung erzielt wird. Wesentlich ist, daß die erreichte Höchstgeschwindigkeit nur von der insgesamt abgegebenen Masse abhängt.

Betrachten wir einige Beispiele. Nehmen wir zunächst an, daß die Rakete auf dem Prinzip eines Atomreaktors aufbaut. Durch Uranspaltung soll Energie frei werden, wobei etwa 1 % der Ruhmasse in Energie umgewandelt werden kann, wie wir gesehen haben. Diese Energie soll idealerweise völlig in kinetische Energie der Spaltprodukte übergeführt werden. Es gilt dann beim Ausstoß einer Masse ΔM

$$\frac{U^2}{2}\Delta M \quad = \quad 10^{-3}\,\Delta M c^2$$

kinetische Energie   in Energie umgewandelt.

Daraus folgt $U \simeq c/23 \simeq 13\,000$ km/s. Nehmen wir ferner an, daß 90 % der Rakete aus reinem Uran bestehen und nur 10 % für Technik und Nutzlast gebraucht werden. Dann ist das Massenverhältnis durch $M_1/M_0 = 1/10$ gegeben. Setzen wir dies in unser Ergebnis für die erreichbare Geschwindigkeit v der Rakete ein, so folgt $v \simeq c/10$. Ein fliegendes Atomkraftwerk kann also höchstens 1/10 der Lichtgeschwindigkeit erreichen. Die relativistischen Effekte der Zeitdilatation und Lorentz-Kontraktion sind bei dieser Geschwindigkeit völlig zu vernachlässigen, da sie nicht einmal 1 % betragen. Der Traum einer Reise durch das Universum läßt sich also auf diese Weise nicht verwirklichen. Innerhalb der Lebensdauer eines Menschen wäre es nicht einmal möglich, zu den nächsten Sternen zu fliegen, dort zu bremsen und wieder zur Erde zurückzukehren.

Etwas ermutigendere Zahlen ergeben sich bei der Betrachtung einer „fliegenden Wasserstoffbombe", also einer Rakete, die auf der Fusion von Wasserstoff zu Helium beruht. Die Rechnung zeigt in diesem Fall, daß das entstandene Helium mit der Geschwindigkeit $U = c/12$ ausgestoßen werden könnte. Besteht die Rakete zu 90 % aus Wasserstoff so läßt sich damit die Endgeschwindigkeit $v \approx c/5$ erreichen. Auch hier erreichen die relativistischen Effekte nur 2 %.

In den vorangehenden beiden Beispielen haben wir bereits sehr idealisierende Annahmen gemacht. Es ist kaum vorstellbar, daß jemals Raketen existieren werden, die auf dem Prinzip der Kernspaltung bzw. Kernfusion beruhen und zu 90 % aus reinem Treibstoff bestehen. Noch utopischer ist aber die Idee einer Rakete, die auf der Zerstrahlung von Materie und Antimaterie beruht. Hierbei müßte es gelingen, gleichgroße Mengen von Materie und Antimaterie in einer Rakete aufzubewahren. Im Raketenmotor tritt dann restlos Zerstrahlung auf, und die Rakete emittiert Lichtquanten, deren Rückstoß den Antrieb liefert. Wir haben es also hier mit einem „fliegenden Scheinwerfer" zu tun. In diesem Fall beträgt die Auspuffgeschwindigkeit $U = c$, so daß besonders günstige Verhältnisse vorliegen. Rechnen wir wieder mit dem Massenverhältnis $M_1/M_0 = 1/10$, so folgt aus dem früher hergeleiteten Ergebnis eine Endgeschwindigkeit

$$v = 0{,}98\,c$$

der Rakete. Mit einem derartigen Antrieb können wir die früher angenommene Beschleunigung $a = 10\,\text{m/s}^2$ tatsächlich 2,34 Jahre aufrechterhalten, während auf der Erde inzwischen 5 Jahre vergangen sind. Bei Brennschluß am Ende dieser Zeit wären dann 90 % der Rakete in Strahlung umgesetzt und der Rest würde sich fortan mit einem Zeitdilatationsfaktor $\sqrt{1 - v^2/c^2} = 0{,}2$ frei im Raum bewegen. Damit wäre es während der Lebenszeit der Besatzung möglich, die nächsten Fixsterne zu erreichen. Allerdings könnte man dort nicht bremsen, sondern müßte für alle Zeiten mit konstanter Geschwindigkeit durch das All rasen.

Es gibt kein Naturgesetz, das dem Bau einer derartigen Rakete eine prinzipielle Schranke entgegensetzen würde. In Gedanken könnten wir sogar noch weit höhere Massenverhältnisse für unsere Raketen ersinnen und so den im vorigen Abschnitt diskutierten Flug durch das Weltall beliebig weit annähern. Eine Technik, die die Erzeugung und Aufbewahrung von hunderten Tonnen von Antimaterie in einer Rakete ermöglichen würde, überschreitet jedoch die kühnsten Grenzen der Phantasie. Aber nicht nur die Probleme der Antimaterie erscheinen technisch unlösbar. Auch die geforderte Leistung der Rakete ist unfaßbar. Wollen wir nämlich etwa 10 Tonnen Nutzlast auf $v = 0{,}98\,c$ beschleunigen, so ist es notwendig, 90 Tonnen Materie innerhalb eines Zeitraumes von 2 Jahren völlig zu zerstrahlen. Man rechnet leicht nach, daß die entsprechende mittlere Leistung unseres „fliegenden Scheinwerfers" etwa 10^{14} W betragen müßte. Absorbiert der Spiegel, den man zur Bündelung des Scheinwerferstrahls in die Rückwärtsrichtung benötigt, auch nur einen Bruchteil eines Promilles dieser Leistung, so würde die Rakete augenblicklich schmelzen.

Ein Raketenflug ins All unter Ausnützung der Zeitdilatation und der Längenkontraktion wird somit vermutlich ein ewig unerfüllbarer Traum der Menschheit bleiben. Eine bemannte Erforschung des Alls wird vermutlich niemals die Grenzen des Sonnensystems verlassen und zu den nächsten Sternen vorstoßen können. Da die technischen Grenzen, die wir hier vorgefunden haben, nicht nur für unsere, sondern auch für jede andere Zivilisation gelten, ist ein direkter Kontakt mit Lebewesen aus anderen Sonnensystemen wohl für immer ausgeschlossen.

Dies ist einer der Gründe, warum die Wissenschaft Nachrichten von „fliegenden Untertassen" und anderen unbekannten Flugobjekten (UFO) skeptisch gegenübersteht. Ein weiterer Grund ist der, daß Bewohner anderer Sternsysteme wohl kaum ein derart unvernünftiges Verhalten nach so langer Weltraumreise an den Tag legen würden, wie dies meist für UFOS behauptet wird.

Falls es Leben und vor allem technische Zivilisationen im All gibt, werden direkte Kontakte damit wohl den Autoren von Zukunftsromanen vorbehalten bleiben. Die Suche nach Leben im All ist aber dennoch eine für das Selbstverständnis des Menschen wichtige wissenschaftliche Aufgabe, die man heute mit anderen Mitteln zu lösen versucht. Vor einigen Jahren hat man starke Radioteleskope auf einige der nächst gelegenen Sterne gerichtet und in der Strahlung dieser Sterne nach Signalen gesucht. Die Ergebnisse waren negativ.[2]

16 Die relativistische Elektrodynamik

Ausgangspunkt unserer Überlegungen zur Relativitätstheorie war die Frage nach Raum und Zeit. Daraus entwickelten wir die relativistische Mechanik mit all ihren Konsequenzen. Der historische Weg verlief jedoch anders. Nicht die Gedanken über Raum und Zeit standen am Anfang, sondern Probleme der Elektrodynamik, die in der zweiten Hälfte des vergangenen Jahrhunderts heftig diskutiert wurden.

16.1 Magnetismus als relativistischer Effekt

Einstein greift die erwähnte Diskussion in seiner grundlegenden Arbeit ‚Zur Elektrodynamik bewegter Körper' mit folgenden Worten auf:[1]

„Daß die Elektrodynamik Maxwells – wie dieselbe gegenwärtig aufgefaßt zu werden pflegt – in ihrer Anwendung auf bewegte Körper zu Asymmetrien führt, welche den Phänomenen nicht anzuhaften scheinen, ist bekannt."

Es handelt sich dabei im Prinzip um folgendes Problem: Bewegt man eine Leiterschaukel in einen Hufeisenmagneten hinein, so zeigt ein angeschlossenes Amperemeter kurzzeitig einen elektrischen Strom an (Bild 16.1). Dasselbe wird beobachtet, wenn stattdessen der Magnet auf die Leiterschaukel zu bewegt wird. Auch hier gilt also das Relativitätsprinzip.

Die Erklärung dieses Effekts erfolgt jedoch unterschiedlich, je nachdem ob man die Leiterschaukel oder den Magnet als bewegt ansieht. Wird die Leiterschaukel bewegt,

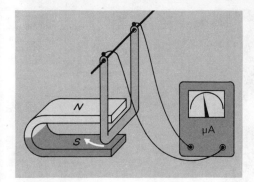

Bild 16.1 Eine Leiterschaukel wird in einen Hufeisenmagneten hineinbewegt. Ein angeschlossenes Amperemeter zeigt kurzzeitig einen Induktionsstrom an. Dasselbe wird beobachtet, wenn stattdessen der Magnet bewegt wird.

so wirkt auf die mitbewegten elektrischen Ladungen eine magnetische Kraft, die senkrecht zur Bewegungsrichtung und senkrecht zur Richtung des magnetischen Feldes gerichtet ist. Diese Kraft beschleunigt die Leitungselektronen in der Leiterschaukel und ruft so den elektrischen Strom hervor. Bewegt man hingegen den Magneten, so kann man die magnetische Kraft nicht mehr als Ursache für den elektrischen Strom ansehen, denn auf *ruhende* Ladungen wirkt *keine* magnetische Kraft. Auf ruhende Ladungen vermag nur ein elektrisches Feld eine Kraft auszuüben. Zur Erklärung nimmt man daher jetzt an, daß durch die Bewegung des Magneten ein elektrisches Feld erzeugt wird. Dieses Feld ist in unserem Beispiel parallel zum Leiter gerichtet und übt auf die Leitungselektronen eine elektrische Kraft aus.

Beide Erklärungen folgen aus dem Gleichungssystem, das J.C. Maxwell in der zweiten Hälfte des vergangenen Jahrhunderts aufgestellt hat. Die Auffindung dieses Gleichungssystems war wohl eine der größten Leistungen der theoretischen Physik, denn damit ist es möglich, alle elektrodynamischen Vorgänge einheitlich zu beschreiben. Es fällt jedoch auf, daß die Maxwellschen Gleichungen scheinbar dem Relativitätsprinzip nicht genügen. Denn sie erklären in unserem Beispiel das Auftreten eines Stroms in einem Fall mit einer magnetischen Kraft und im anderen Fall mit einer elektrischen Kraft. Die folgenden Ausführungen werden zeigen, daß das hier aufgeworfene Problem sich dadurch löst, daß magnetische und elektrische Kraft auf einen einzigen Wirkungsmechanismus zurückgeführt werden: Die relativistische Behandlung der elektrischen Kraft schließt automatisch die magnetische Kraft mit ein. Es gibt daher keine voneinander getrennten magnetischen und elektrischen Erscheinungen, sondern nur eine einheitliche **elektromagnetische** Kraftwirkung. An einem Beispiel soll dies zunächst qualitativ erläutert werden.

Wir betrachten einen Elektronenstrahl, der durch ein Magnetfeld abgelenkt wird. Diesen Effekt können Sie beobachten, wenn Sie einen möglichst starken Magneten vor den Schirm eines Schwarzweißfernsehgerätes halten. Durch die ablenkende Kraft des Magneten wird das Bild verzerrt. (Sie sollten diesen Versuch jedoch nicht mit einem Farbfernsehgerät ausführen, da dort die ‚magnetische Maske' zerstört werden kann.)

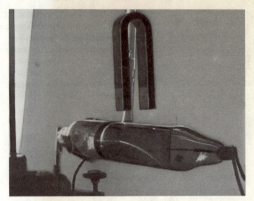

Bild 16.2 Ein Elektronenstrahl trifft streifend auf einen Leuchtschirm und wird dadurch sichtbar. Das Feld eines Hufeisenmagneten lenkt den Strahl nach unten ab.

Mit einer speziellen Röhre soll die Ablenkung genauer untersucht werden. In Bild 16.2 trifft ein Elektronenstrahl in einer Röhre streifend auf einen Leuchtschirm und wird dadurch sichtbar. Das magnetische Feld eines Hufeisenmagneten lenkt den Elektronenstrahl nach unten ab. Die Kraft auf die bewegten Elektronen wirkt senkrecht zu deren Flugrichtung und senkrecht zur Richtung des Magnetfeldes.

Man weiß heute, daß alle Magnetfelder durch elektrische Ströme erregt werden. In Spulen wird das Magnetfeld durch den elektrischen Strom erzeugt, der durch die Windungen der Spule fließt. In Permanentmagneten sind es gerichtete inneratomare Ströme, die das starke Magnetfeld außerhalb des Magneten hervorrufen. Der einfachste felderregende Strom ist der Strom durch einen langen geraden Leiter. In der Umgebung dieses Leiters bildet sich ein magnetisches Feld, dessen Feldlinien die Form von konzentrischen Kreisen haben.

Das Magnetfeld eines geraden stromdurchflossenen Leiters soll nun den Elektronenstrahl in der Röhre ablenken. Dazu wird der Leiter parallel zum Strahl verlegt und die Stromrichtung so gewählt, daß die Ablenkung zum Leiter hin erfolgt (Bild 16.3). Der Versuch zeigt, daß dann die Flugrichtung der Strahlenelektronen mit der Bewegungsrichtung der Leitungselektronen übereinstimmt.

Im Laborsystem können wir die Ablenkung der Strahlelektronen mit Hilfe der magnetischen Kraft erklären. Im Ruhsystem I' der Strahlelektronen ist diese Erklärung allerdings nicht mehr möglich, denn für den mitbewegten Beobachter ist die Geschwindigkeit der Elektronen Null. Damit ist auch die magnetische Kraft nicht mehr

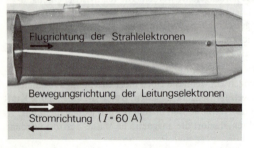

Bild 16.3 Das Magnetfeld eines stromdurchflossenen Leiters lenkt den Elektronenstrahl zum Leiter hin ab, wenn die Flugrichtung der Strahlelektronen mit der Bewegungsrichtung der Leitungselektronen übereinstimmt.

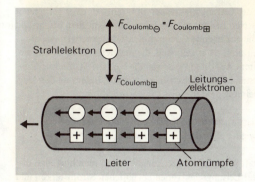

Bild 16.4 Im Ruhsystem I' des Strahlelektrons bewegt sich der Leiter. Bei stromlosen Leiter wird der Abstand der Leitungselektronen und der Atomrümpfe in gleichem Maße kontrahiert.

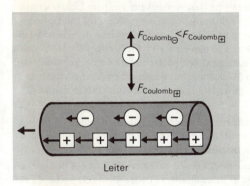

Bild 16.5 Fließt ein Strom durch den Leiter, so haben bei der gewählten Stromrichtung die Leitungselektronen in I' eine kleinere Geschwindigkeit als die Atomrümpfe und sind daher weniger stark kontrahiert.

vorhanden, denn diese Kraft wirkt nur auf *bewegte* elektrische Teilchen. Dennoch muß auch im Ruhsystem eine zum Leiter hin gerichtete Kraft auf die Elektronen wirken, denn auch dort wird die Annäherung an den Leiter beobachtet.

Eine Erklärung findet man in der Bewegung des Leiters. Im System I' bewegt sich der Leiter relativ zu dem ruhenden Strahlelektron. An dem Strahlelektron fliegen die negativen Leitungselektronen und die positiven Atomrümpfe des Leiters vorbei. Nehmen wir der Einfachheit halber an, die positiven und negativen Teilchen seien hintereinander angeordnet, so ist deren Abstand aufgrund der Bewegung Lorentz-kontrahiert. Bei stromlosem Leiter haben die Leitungselektronen und die positiven Atomrümpfe die gleiche Geschwindigkeit in I'. Ihre Abstände sind gleich stark kontrahiert. Die negativen Ladungen der Leitungselektronen üben auf das ruhende Strahlelektron eine abstoßende elektrische Kraft, die Coulomb-Kraft, aus. Die positiven Atomrümpfe wirken mit gleicher Kraft anziehend, so daß das Strahlelektron bei stromlosem Leiter keine resultierende Kraftwirkung erfährt (Bild 16.4). Wird der Strom im Kabel in der gewählten Richtung eingeschaltet, so haben im Ruhsystem des Strahlelektrons die Leitungselektronen eine kleinere Geschwindigkeit als die Atomrümpfe (die Leitungselektronen laufen in Bild 16.3 den Strahlelektronen sozusagen hinterher).

Die kleinere Geschwindigkeit der Leitungselektronen in I' führt zu einer geringeren Lorentz-Kontraktion der negativen Ladungen. Der Leiter erscheint dem Strahlelektron dadurch positiv geladen und die anziehende Coulomb-Kraft der positiven Atomrümpfe überwiegt (Bild 16.5). Damit ist es gelungen, die magnetische Kraft auf die elektrische Kraft zurückzuführen. Auf diese Weise gab die Relativitätstheorie den Anstoß zu einem tieferen Verständnis des Elektromagnetismus, indem sie den Magnetismus als elektrische Erscheinung deutet.

> Die Relativitätstheorie erklärt magnetische Kräfte durch die Lorentz-Kontraktion des Abstandes bewegter elektrischer Ladungen.

Die Erklärung der Lorentz-Kraft mag unglaublich klingen, wenn man hört, daß die Wanderungsgeschwindigkeit der Leitungselektronen bei üblichen Stromstärken und Leiterquerschnitten nur von der Größenordnung 1 mm/s ist. Bisher traten relativistische Effekte nur dann auf, wenn die Geschwindigkeiten mit der Lichtgeschwindigkeit vergleichbar wurden. Die Erklärung liegt in der großen Zahl von Leitungselektronen, die am Ladungstransport in einem Leiter teilnehmen. In einem Metallstück von einem Kubikzentimeter sind dies etwa 10^{23} Elektronen. Würde man diese Elektronen in einem Abstand von einem Zentimeter hintereinander anordnen, so stieße man bis ins Zentrum der Milchstraße vor. Wegen der großen Ladungsdichte in einem Leiter führt eine geringe Änderung der Lorentz-Kontraktion zu großen Coulomb-Kräften.

Wir können die soeben durchgeführten Überlegungen mit den bekannten Formeln der Elektrodynamik quantitativ untermauern. Es ist jedoch notwendig, dem noch eine wichtige Überlegung voranzustellen.

Es hat sich gezeigt, daß die Masse eines Körpers bei einem Wechsel des Bezugssystems nicht konstant bleibt; die Masse ist keine invariante Größe. Eine entsprechende Frage stellt sich nach der elektrischen Ladung eines Teilchens: Ändert sich die Ladung bei einem Wechsel des Bezugssystems, oder ist die elektrische Ladung invariant? — Die experimentelle Erfahrung zeigt, daß sich die Ladung nicht ändert. Sie ist unabhängig von ihrer Bewegung:

> Die elektrische Ladung ist invariant

Eine Bestätigung dieser Ladungsinvarianz sieht man in der Neutralität der Atome. Die Hülle eines Atoms enthält bekanntlich ebensoviele Elektronen, wie sich Protonen im Kern befinden. Die Hüllenelektronen bewegen sich aber auf den verschiedenen Bahnen des Atoms unterschiedlich schnell. Entsprechendes gilt für die Protonen im Kern. Die Ladung der Elektornen und der Protonen bleibt von dieser Bewegung aber offenbar unbeeinflußt, denn sonst könnten nicht die Atome aller Elemente neutral sein.[2]

Die folgende Rechnung soll nun auf elementarer Ebene die oben durchgeführten Überlegungen bestätigen. Da die folgenden Abschnitte die ausführliche relativistische Behandlung der Elektrodynamik mit Vierervektoren zum Inhalt haben, können wir uns hier kurz fassen.

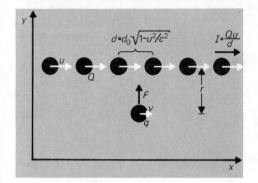

Bild 16.6 Eine unendlich ausgedehnte Linienladung Q/d bewegt sich im Inertialsystem I mit der Geschwindigkeit u. Parallel zur Linienladung fliegt eine einzelne Punktladung q mit der Geschwindigkeit v.

Wir betrachten im Inertialsystem I eine unendlich ausgedehnte Linienladung, die aus einzelnen Punktladungen Q im Abstand d besteht (Bild 16.6). Die Linienladung bewegt sich in ihrer Längsrichtung mit der Geschwindigkeit u. Parallel zur Linienladung fliegt eine Punktladung q mit der Geschwindigkeit v. Die Linienladung Q/d übt auf die Punktladung q eine Kraft aus, die sich aus einem elektrischen und einem magnetischen Anteil zusammensetzt:

f = q (**E** + **v** × **B**).

Man bezeichnet diese Kraft als Lorentz-Kraft. Für die Feldstärken **E** und **B** können wir folgendes aufschreiben: Das elektrische Feld ist von der Linienladung radial nach außen gerichtet und hat im Abstand r die Stärke

$$E = \frac{1}{\epsilon_0} \frac{Q/d}{2\pi r}.$$

$\epsilon_0 = 8{,}854 \cdot 10^{-12}$ As/Vm ist die elektrische Feldkonstante. Da wir relativistisch rechnen, berücksichtigen wir, daß der Abstand d Lorentz-kontrahiert ist. Mit dem Abstand d_0 im Ruhsystem der Linienladung gilt daher $d = d_0 \sqrt{1 - u^2/c^2}$. Das magnetische Feld der bewegten Linienladung hat die Form konzentrischer Kreise und im Abstand r die Stärke

$$B = \mu_0 \frac{u\,Q/d}{2\pi r}.$$

$\mu_0 = 4\pi \cdot 10^{-7}$ N/A^2 ist die magnetische Feldkonstante. (Zur Herleitung von B: Die bewegte Linienladung stellt den Strom I dar. Es ist $I = Q/t$, wobei Q in der Zeit t die Strecke d zurücklegt: $u = d/t$. Mit $B = \mu_0 I/(2\pi r)$ folgt obige Gleichung.)

Damit lautet die Lorentz-Kraft auf die Punktladung q:

$$f = q\left(\frac{1}{\epsilon_0}\frac{Q/d}{2\pi r} - v\mu_0 \frac{u\,Q/d}{2\pi r}\right) = q\frac{Q/d_0}{2\pi r}\left(\frac{1}{\epsilon_0} - \mu_0 u v\right)\frac{1}{\sqrt{1-u^2/c^2}}.$$

Das Minuszeichen berücksichtigt die in diesem Fall entgegengerichteten Kräfte.

Die Relativitätstheorie sagt nun, daß die Lorentz-Kraft f vollständig durch die relativistische Behandlung der elektrischen Kraft gegeben ist. Um dies zu zeigen, betrach-

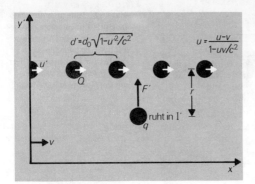

Bild 16.7 Im Ruhsystem I' der Punktladung q bewegt sich die Linienladung mit der Geschwindigkeit u'.

ten wir die Kraft auf die Ladung q in deren Ruhsystem I' (Bild 16.7). Dort tritt nur die elektrische Kraft f'_{el} auf. Diese Kraft transformieren wir im folgenden in das System I und zeigen, daß die transformierte Kraft mit der oben hergeleiteten Lorentz-Kraft identisch ist.

Im Inertialsystem I' lautet die elektrische Kraft

$$f'_{el} = q \, \frac{1}{\epsilon_0} \, \frac{Q/d'}{2\pi r} = q \, \frac{1}{\epsilon_0} \, \frac{Q/d_0}{2\pi r} \, \frac{1}{\sqrt{1-u'^2/c^2}} \; ;$$

$d' = d_0 \sqrt{1-u'^2/c^2}$ ist der Lorentz-kontrahierte Abstand der Linienladung im System I'. Die Geschwindigkeit u' der Linienladung folgt aus dem Additionstheorem: $u' = (u-v)/(1-uv/c^2)$. Damit gilt folgender Zusammenhang

$$1 - u'^2/c^2 = \frac{(1-u^2/c^2)(1-v^2/c^2)}{(1-uv/c^2)^2} \, ,$$

wie man leicht nachprüfen kann. Für f'_{el} ergibt sich damit

$$f'_{el} = q \, \frac{1}{\epsilon_0} \, \frac{Q/d_0}{2\pi r} \, \frac{1-uv/c^2}{\sqrt{1-u^2/c^2}\sqrt{1-v^2/c^2}} \, .$$

Bei der Transformation von f'_{el} nach I greifen wir auf die Definitionsgleichung der Kraft zurück

$$f'_{el} = \Delta p'/\Delta t'$$

und transformieren $\Delta p'$ und $\Delta t'$. In Abschnitt 13.1 haben wir gesehen, daß der Impuls in y-Richtung invariant gegenüber einem Wechsel des Bezugssystems ist. Daher ist $\Delta p' = \Delta p$. Bezeichnen wir die transformierte Kraft mit $f_{el \cdot mag}$, so folgt wegen der Zeitdilatation

$$f_{el \cdot mag} = \frac{\Delta p}{\Delta t} = \frac{\Delta p'}{\Delta t'} \sqrt{1-v^2/c^2} = f'_{el} \sqrt{1-v^2/c^2}$$

Mit obiger Gleichung für f'_{el} erhalten wir schließlich

$$f_{el \cdot mag} = q \, \frac{1}{\epsilon_0} \, \frac{Q/d_0}{2\pi r} \, \frac{1-uv/c^2}{\sqrt{1-u^2/c^2}} \, .$$

Schreiben wir die oben hergeleitete Lorentz-Kraft f und die relativistisch transformierte Kraft $f_{\text{el}\cdot\text{mag}}$ untereinander

$$f \quad = q\,\frac{Q/d_0}{2\pi r}\;\left(\frac{1}{\epsilon_0}-\mu_0 uv\right)\;\frac{1}{\sqrt{1-u^2/c^2}}$$

$$f_{\text{el}\cdot\text{mag}} = q\,\frac{Q/d_0}{2\pi r}\;\left(\frac{1}{\epsilon_0}-\frac{uv/c^2}{\epsilon_0}\right)\;\frac{1}{\sqrt{1-u^2/c^2}}\,,$$

so sehen wir, daß die beiden Gleichungen identisch sind, wenn die Beziehung $c = 1/\sqrt{\epsilon_0\mu_0}$ erfüllt ist. Diesen Zusammenhang hatten Wilhelm Weber und Rudolf Kohlrausch bereits 1856 gefunden. Sie bemerkten, daß man mit den experimentell ermittelten Feldkonstanten ϵ_0 und μ_0 eine Geschwindigkeit berechnen konnte, die dem Wert der Lichtgeschwindigkeit sehr nahe kam. Die von ihnen ermittelte 'Webersche Zahl' hatte den Wert $c = 3{,}107\;10^8$ m/s.

Die vorstehende langwierige Berechnung zeigt uns, daß der dabei verwendete Formalismus nicht optimal gewählt war. Mit Hilfe von Vierervektoren lassen sich dieselben Ergebnisse in wenigen Zeilen gewinnen (siehe S. 178), wobei die hier durch lange Formeln unübersichtliche Argumentation transparent und klar wird. Auch dabei zeigt sich wieder die Bedeutung der Wahl geeigneter formaler Hilfsmittel, welche die mathematische Umformung zurücktreten lassen und dadurch den physikalischen Gehalt der Überlegungen einsichtig machen! In den folgenden Abschnitten werden wir daher den Vierervektor-Formalismus auf die Elektrodynamik anwenden und damit nochmals das oben durchgerechnete Problem behandeln.

16.2 Beschleunigung, Kraft und Energie

Um zu einem tieferen Verständnis der relativistischen Formulierung der Elektrodynamik vorzudringen müssen wir zunächst das zweite Newtonsche Gesetz

$$\mathbf{f} = m\mathbf{a}$$

in Form einer Vierervektor-Gleichung

$$\mathbf{F} = m\mathbf{A}$$

schreiben. Dabei ist A die bereits diskutierte Viererbeschleunigung

$$\mathbf{A} = \frac{d\mathbf{V}}{ds} = \frac{d^2\mathbf{X}}{ds^2}$$

und m die Ruhmasse des betreffenden Körpers (die Ruhmasse m ist invariant). Über die **Viererkraft F** wissen wir zunächst nur, daß sie bei Lorentz-Transformationen

$$F'_0 = k\,\left(F_0 - \frac{v}{c}F_1\right)$$
$$F'_1 = k\,\left(F_1 - \frac{v}{c}F_0\right)$$
$$F'_2 = F_2$$
$$F'_3 = F_3$$

erfüllen muß, damit sie die Eigenschaften eines Vierervektors aufweist. In diesem Fall gilt dann $\mathbf{F} = m\mathbf{A}$ in jedem Inertialsystem in gleicher Form, so daß das Relativitätsprinzip erfüllt ist (Wir setzen voraus, daß sich $\mathbf{F}$ bei Drehungen des Inertialsystems geeignet transformiert).

Wir schreiben $\mathbf{F}$ in der Form

$$\mathbf{F} = k\,(P/c, \mathbf{f})$$

wobei $k = 1/\sqrt{1 - u^2/c^2}$ und $\mathbf{u}$ die Geschwindigkeit des betrachteten Teilchens ist. $\mathbf{F}$ wird sich als geeignete Verallgemeinerung des Kraftbegriffs erweisen. Die Zeit-Komponente $F_0 = kP/c$ wird noch zu deuten sein.

Das zweite Newtonsche Gesetz lautet nunmehr

$$\mathbf{F} = k\,(P/c, \mathbf{f}) = m\mathbf{A} = m\,\frac{d\mathbf{V}}{ds} = mk\,\frac{d\mathbf{V}}{dt},$$

da $k = dt/ds$ ist. Es folgt

$$(P/c, \mathbf{f}) = m\,\frac{d\mathbf{V}}{dt} = m\,\frac{d}{dt}\,(kc, k\mathbf{u}) = \frac{d}{dt}\,(kmc, km\mathbf{u}).$$

Wir führen die dynamische Masse $m_d = km$ ein und zerlegen die Gleichung in räumliche und zeitliche Komponenten:

$$P/c = \frac{d}{dt}\,(m_d c), \qquad \mathbf{f} = \frac{d}{dt}\,(m_d \mathbf{u})$$

Die zweite dieser Gleichungen

$$\mathbf{f} = \frac{d}{dt}\,\frac{m\mathbf{u}}{\sqrt{1 - u^2/c^2}} = \frac{d\mathbf{p}}{dt}$$

ist die gesuchte Verallgemeinerung des zweiten Newtonschen Gesetzes auf die Relativitätstheorie. Wir haben sie hier systematisch aus der Vierervektor-Formulierung erhalten, was die Erfüllung des Relativitätsprinzips garantiert. Wir hätten auch versuchen können, die obige Gleichung zu erraten, doch wäre dann z.B. auch $\mathbf{f} = m_d d\mathbf{u}/dt$ eine mögliche Formulierung gewesen.

Die Kraft $\mathbf{f}$, welche in die Bewegungsgleichungen einzusetzen ist, ergibt sich aus der speziellen physikalischen Problemstellung. In der Elektrodynamik ist

$$\mathbf{f} = Q\,(\mathbf{E} + \mathbf{u} \times \mathbf{B}).$$

Es verbleibt die Zeit-Komponente der Vierervektor-Gleichung $\mathbf{F} = m\mathbf{A}$ zu besprechen. Aus

$$\frac{P}{c} = \frac{d}{dt}\,(m_d c)$$

folgt nach Multiplikation mit c

$$P = \frac{d}{dt}\,(m_d c^2) = \frac{dE}{dt}$$

P ist also gleich der zeitlichen Änderung der Gesamtenergie E des Teilchens, also gleich der Leistung, welche die Kraft am Teilchen verrichtet. Dies gilt allerdings nur unter der Voraussetzung, daß E tatsächlich als Gesamtenergie des Teilchens betrachtet werden darf, die sich aus Ruhenergie mc^2 und kinetischer Energie E_k in der Form

$$E = mc^2 + mc^2 \left(\frac{1}{\sqrt{1-u^2/c^2}} - 1 \right)$$

zusammensetzt. Wir sind nunmehr in der Lage, aus den Bewegungsgleichungen abzuleiten, daß E_k gleich der Arbeit ist, welche die äußere Kraft **f** am Teilchen verrichtet. Dazu multiplizieren wir die Vierervektor-Gleichung **F** = m**A** mit **V**:

F · **V** = m**A** · **V** = 0

(da **A** · **V** = 0 ist, wie wir früher allgemein bewiesen haben). Führen wir das Skalarprodukt aus, so wird

F · **V** = $k^2 (P/c, \mathbf{f}) \cdot (c, \mathbf{u}) = k^2 (P - \mathbf{f} \cdot \mathbf{u}) = 0$

und daher

$$P = \mathbf{f} \cdot \mathbf{u} = \mathbf{f} \cdot \frac{d\mathbf{x}}{dt} = \frac{\mathbf{f} \cdot d\mathbf{x}}{dt} = \frac{dW}{dt} \ .$$

Dabei ist $dW = \mathbf{f} \cdot d\mathbf{x}$ die von der Kraft am Teilchen verrichtete Arbeit. Setzen wir unsere beiden Ergebnisse $P = dW/dt$ und $P = dE/dt$ gleich, so folgt

$dW = dE = dE_k$.

Die Veränderung der Energie ist also gleich der Arbeit, welche die äußeren Kräfte verrichten. Beschleunigen wir z.B. ein Elektron durch elektrische Kräfte, so finden wir die aufgewendete elektrische Energie in Form kinetischer Energie des Teilchens wieder. Das zeigt, daß die Definition der kinetischen Energie E_k auch von diesem Standpunkt sinnvoll ist.

16.3 Das elektromagnetische Feld

Die Überlegungen des Abschnitts 16.1 haben die enge Verbindung elektrischer und magnetischer Felder deutlich gemacht und gezeigt, daß Magnetismus ein relativistischer Effekt der Elektrizität ist. Wir werden diese Überlegungen nun auch formal ausbauen und das Transformationsverhalten elektrischer und magnetischer Felder herleiten.

Wir gehen dazu von der Lorentz-Kraft

f = Q (**E** + **u** × **B**)

aus. Mit $k = 1/\sqrt{1 - u^2/c^2}$ multipliziert bildet sie die räumlichen Komponenten des Vierervektors **F**, dessen Zeitkomponente F_0 durch

$F_0 = kP/c = k\mathbf{f} \cdot \mathbf{u}/c = kQ\, \mathbf{E} \cdot \mathbf{u}/c$

gegeben ist. Die Viererkraft ist daher insgesamt

F = kQ (**u** · **E**/c, **E** + **u** × **B**).

Da wir sowohl das Transformationsverhalten von **F**, als auch von **u** beim Übergang zu einem bewegten Inertialsystem kennen, können wir daraus das Verhalten der Feldstärken bestimmen.

Wir betrachten dazu wieder ein Inertialsystem I′, welches sich mit der Geschwindigkeit v in die x-Richtung relativ zu I bewegt. Eine Testladung $Q = 1$ *ruhe* in diesem System, so daß die Viererkraft **F**′ durch

$$\mathbf{F}' = (0, \mathbf{E}')$$

gegeben ist (Wegen $u' = 0$ ist hier $k = 1$). Im System I hat diese Testladung dann die Geschwindigkeit $u = v$ in x-Richtung, so daß die Viererkraft hier lautet

$$\mathbf{F} = k\,(vE_x/c, E_x, E_y - vB_z, E_z + vB_y).$$

Die Transformationsformeln für die Viererkraft **F** führen uns nunmehr auf

$$F'_0 = 0 \quad = k\,(F_0 - vF_1/c) = k^2\,(vE_x/c - vE_x/c) = 0$$
$$F'_1 = E'_x = k\,(F_1 - vF_0/c) = k^2\,(E_x - v^2 E_x/c^2) = E_x$$
$$F'_2 = E'_y = F_2 \qquad\quad = k\,(E_y - vB_z)$$
$$F'_3 = E'_z = F_3 \qquad\quad = k\,(E_z + vB_y)$$

Daraus erhalten wir die Transformationsformeln für das elektrische Feld

$$E'_x = E_x$$
$$E'_y = k\,(E_y - vB_z)$$
$$E'_z = k\,(E_z + vB_y)$$

Betrachtet man in ähnlicher Weise auch eine Ladung, welche eine infinitesimale Geschwindigkeit u'_y in I′ aufweist, so folgen die Transformationsformeln für **B**:

$$B'_x = B_x$$
$$B'_y = k\,(B_y + vE_z/c^2)$$
$$B'_z = k\,(B_z - vE_y/c^2)$$

Beim Übergang zu einem Inertialsystem I′, welches sich mit der Geschwindigkeit v in x-Richtung relativ zu I bewegt, transformieren **E** und **B** gemäß:

$$E'_x = E_x \qquad\qquad B'_x = B_x$$
$$E'_y = k\,(E_y - vB_z) \qquad B'_y = k\,(B_y + vE_z/c^2)$$
$$E'_z = k\,(E_z + vB_y) \qquad B'_z = k\,(B_z - vE_y/c^2)$$

Besonders einfach werden diese Formeln für $v \ll c$, so daß wir $k = 1$ nähern dürfen. In diesem Fall können wir die Transformation der elektrischen und der magnetischen Feldstärke in Vektorform zusammenfassen:

$$\mathbf{E}' = \mathbf{E} + \mathbf{v} \times \mathbf{B} \qquad \mathbf{B}' = \mathbf{B} - \mathbf{v} \times \mathbf{E}/c^2.$$

Es gibt zahlreiche Anwendungen der Transformationsformeln, die in der Elektrodynamik von Bedeutung sind. Wir können hier nur wenige charakteristische Beispiele herausgreifen.

a) Zwei parallel zueinander bewegte Ladungen

Wir betrachten zwei geladene Teilchen, die sich parallel zueinander im Laborsystem I mit der Geschwindigkeit **v** bewegen (Bild 16.8). Wie groß ist die Kraft zwischen diesen Ladungen?

Bei der Behandlung dieses Problems vom Standpunkt des Laborsystems I aus tritt außer dem Coulombfeld **E** auch ein Magnetfeld **B** auf, da die bewegten Ladungen einen Strom darstellen. Dieses Magnetfeld können wir auf elegante Art mit Hilfe der Transformationsformeln für die Felder berechnen. Wir legen der Rechnung zunächst das Ruhsystem I′ der beiden Ladungen zugrunde und transformieren dann in das Laborsystem I zurück. Da die ruhenden Ladungen nur ein Coulombfeld aufweisen, ist die Feldstärke am Ort von Teilchen B (siehe Bild 16.8) durch

$$E'_x = 0, \qquad E'_y = \frac{1}{4\pi\epsilon_0}\frac{Q}{r^2} \qquad E'_z = 0$$

$$B'_x = 0 \qquad B'_y = 0 \qquad B'_z = 0$$

gegeben. Daraus können wir **E** und **B** berechnen, indem wir in den Transformationsformeln v durch $-v$ ersetzen, und **E**, **B** mit **E**′, **B**′ vertauschen:

$$E_x = E'_x = 0 \qquad\qquad B_x = B'_x = 0$$
$$E_y = k(E'_y + vB'_z) = kE'_y \qquad B_y = k(B'_y - vE'_z/c^2) = 0$$
$$E_z = k(E'_z - vB'_y) = 0 \qquad B_z = k(B'_z + vE'_y/c^2) = kvE'_y/c^2$$

Auf das bewegte Teilchen wirkt daher das elektrische Feld $E_y = kE'_y$ und das Magnetfeld $B_z = kvE'_y/c^2$ (Bild 16.8). Wieder erweist sich das Magnetfeld als relativistischer Effekt des Coulombfeldes. Die Gesamtkraft auf Teilchen B

$$\mathbf{f} = Q(\mathbf{E} + \mathbf{v} \times \mathbf{B})$$

hat nur eine y-Komponente

$$f_y = Q(E_y - vB_z) = Qk(1 - v^2/c^2)E'_y$$

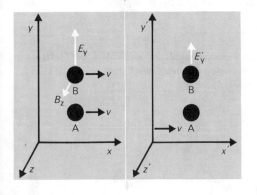

Bild 16.8 Zwei geladene Teilchen bewegen sich parallel zueinander im Inertialsystem I mit der Geschwindigkeit v. Im Inertialsystem I′ ruhen beide Teilchen.

und daher

$$f_y = Q\sqrt{1 - v^2/c^2}\, E'_y.$$

Diese Kraft ist um den Faktor $\sqrt{1 - v^2/c^2}$ *kleiner* als die Kraft im Ruhsystem der Ladungen. Unter dem Einfluß der Kraft werden sich die Ladungen also langsamer auseinanderbewegen als dies in I der Fall wäre. Dies entspricht genau dem Effekt der Zeitdilatation.

b) Die Lorentz-Kontraktion des Coulombfeldes

Wir können nun auch die in Abschnitt 8.2 erwähnte Lorentz-Kontraktion des Coulombfeldes (siehe Bild 8.6) einfach herleiten. Dazu ist keine neue Rechnung erforderlich. Ruht das Teilchen B des vorigen Beispiels nämlich im System I, so wirkt auf seine Ladung nur das elektrische Feld

$$E_y = kE'_y = \frac{1}{4\pi\epsilon_0}\, \frac{1}{\sqrt{1-v^2/c^2}}\, \frac{Q}{r^2}.$$

Die Feldstärke E im Abstand r ist also um den Faktor $1/\sqrt{1-v^2/c^2}$ im Vergleich zum Feld einer ruhenden Ladung vergrößert. Dies entspricht der in Bild 8.6 gezeigten Zusammendrängung der Feldlinien in Richtung normal zur Bewegungsrichtung.

c) Die Feinstruktur der Spektrallinien

Wir betrachten nun eine Anwendung der Transformationsformeln in der Atomphysik. Bewegt sich ein Elektron mit der Geschwindigkeit v um den Atomkern, so tritt im Ruhsystem des Elektrons außer dem Coulombfeld auch noch ein Magnetfeld auf, das wir aus den genäherten Transformationsformeln

$$\mathbf{E}' = \mathbf{E} + \mathbf{v} \times \mathbf{B} = \mathbf{E} \qquad \mathbf{B}' = \mathbf{B} - \mathbf{v} \times \mathbf{E}/c^2 = -\mathbf{v} \times \mathbf{E}/c^2$$

berechnen können. In diesem Magnetfeld hat das magnetische Moment μ des Elektrons die potentielle Energie

$$E = \mu \cdot \mathbf{B} = (\mathbf{E} \times \mathbf{v})\,\mu/c^2.$$

Setzen wir den Ausdruck für das Coulombfeld ein, so folgt

$$E = \frac{1}{4\pi\epsilon_0}\, \frac{Q}{r^3 c^2}\, (\mathbf{x} \times \mathbf{v}) \cdot \mu.$$

Dabei ist $\mathbf{x} \times \mathbf{v} = \mathbf{L}/m$, wo $\mathbf{L}$ der Bahndrehimpuls und m die Masse des Elektrons ist. Ferner hängt das magnetische Moment μ mit dem Spin (Eigendrehimpuls) $\mathbf{s}$ des Elektrons gemäß (e ist die Elementarladung)

$$\mu = \frac{e}{mc}\, \mathbf{s}$$

zusammen.[3] Daher erhalten wir schließlich

$$E = \frac{1}{4\pi\epsilon_0}\, \frac{Q}{r^3 c^2}\, \frac{e}{mc}\, \mathbf{L} \cdot \mathbf{s}$$

Diese Energie der **Spin-Bahn**(drehimpuls)-**Kopplung** hängt von den Richtungen von
L und s relativ zueinander ab. Dies führt zu einer Aufspaltung der Energieeigenwerte
der Atome, die zur Feinstruktur der Spektrallinien beiträgt.[4]

Diese Beispiele sollen andeuten, wieviele Probleme sich mit dem oben entwickelten
Formalismus behandeln und vereinfachen lassen. Weitere Beispiele dazu finden Sie
in den Lehrbüchern der Elektrodynamik.[5]

Die systematische Weiterführung des hier eingeschlagenen Weges würde uns nun auch
zur relativistischen Formulierung der Grundgleichungen des Elektromagnetismus,
also der Maxwell-Gleichungen führen. Die dazu notwendigen Begriffe finden Sie in
ausführlicheren Lehrbüchern der Relativitätstheorie.[6]

Aufgaben

16.1 Wie hängt die Beschleunigung a mit den räumlichen Komponenten von A in beliebigen Inertialsystemen zusammen?

16.2 Wie hängen Kraft f und Beschleunigung a in beliebigen Inertialsystemen zusammen? Haben Kraft und Beschleunigung die gleiche Richtung? Können Sie Gründe für die Unterscheidung einer „longitudinalen Masse", die für Beschleunigungen in Bewegungsrichtung charakteristisch ist, und einer „transversalen Masse", für Beschleunigungen senkrecht dazu, angeben? Wie groß sind die beiden Massen?

16.3 Ein Teilchen wird durch eine Schnur beschleunigt, deren Masse vernachlässigbar sei. Hat die Kraft f oder die Beschleunigung a in einem beliebigen Inertialsystem die gleiche Richtung wie die Schnur?

16.4 Beweisen Sie das angegebene Transformationsverhalten der magnetischen Feldstärke.

16.5 Berechnen Sie das Verhalten von E^2, B^2 und $E \cdot B$ bei Lorentz-Transformationen. Ist eine dieser Größen invariant? Können Sie eine weitere Invariante aus den obigen Größen bilden?

16.6 Diskutieren Sie die Möglichkeit, elektrische oder magnetische Felder durch Wahl geeigneter Bezugssysteme wegzutransformieren.

16.7 Welche Werte haben die in Aufgabe 16.5 berechneten Invarianten bei elektromagnetischen Wellen? Ist der Poynting-Vektor ebenfalls invariant? Welche Bedeutung hat sein Transformationsverhalten? Wie verhält sich die Energiedichte des Feldes?

16.8 In Abschnitt 16.3 haben wir zwei Ladungen betrachtet, welche sich parallel zueinander bewegen. Mit den dort angegebenen Methoden berechnen Sie nun auch die Kraft, die zwischen den Ladungen wirkt, wenn eine der Ladungen etwas vor der anderen fliegt. Hat die Kraft die Richtung der Verbindungslinie? Hat der Beschleunigung die Richtung der Verbindungslinie?

Epilog

Albert Einstein und das 20. Jahrhundert

Wir haben in den vorangegangenen Kapiteln einige der wichtigsten Aspekte der speziellen Relativitätstheorie kennengelent, die Albert Einstein im Jahre 1905 schuf. Es bleibt zu überlegen, welche Bedeutung diese Theorie heute für uns hat. Wissenschaftliche Theorien stehen ja nicht für sich alleine da, sondern im gesamten kulturellen, gesellschaftlichen und geistigen Zusammenhang ihrer Zeit. Wenn wir diesen Aspekt in der Folge diskutieren, so müssen wir drei Auswirkungen der Relativitätstheorie unterscheiden: ihre physikalischen, ihre philosophischen und ihre politischen Konsequenzen.

1 Relativitätstheorie und Physik

Um 1900 schien die Physik in vielen Aspekten vollendet, und niemand erwartete große Überraschungen. Die Newtonschen Konzepte hatten sich bewährt, und in jahrhundertelanger Arbeit war es gelungen, ein imposantes Lehrgebäude darauf zu errichten. Klassische Mechanik, Elektrodynamik, Optik und Wärmelehre waren grundlegende Gebiete der Physik. Nur einige Details blieben zu klären, wie z.B. die Bewegung der Erde durch den Äther, das Problem der Wärmestrahlung und die Existenz sowie der Aufbau der Atome.

Teillösungen bahnten sich an. Der holländische Physiker Henrik Anton Lorentz zeigte in der „Elektronentheorie", daß man bei vielen Versuchen zur Bestimmung der Erdbewegung im Äther gar keinen positiven Effekt erwarten durfte. Vielleicht war diese Aufgabe sogar unlösbar, so vermutete er.[1]

Max Planck hatte durch eine geschickte Interpolation eine Strahlungsformel gefunden, welche die Rätsel der Wärmestrahlung zufriedenstellend löste. Dabei mußte er annehmen, daß Strahlung in „Energiepaketen" der Größe $E = hf$ ausgesandt wurde. Dies schien jedoch mehr ein Rechentrick als physikalische Realität zu sein.[2]

Schließlich wiesen auch immer mehr Experimente auf die Existenz von Atomen hin, denen man in der Physik bis dahin nur wenig Vertrauen geschenkt hatte.[3]

Zu jedem dieser drei fundamentalen Problemkreise erschienen im Jahre 1905 wichtige Beiträge aus der Feder Albert Einsteins. In Band 17 der Zeitschrift „Annalen der Physik" findet man seine Ideen zur Theorie der Brownschen Bewegung, zur Quantentheorie und zur Relativitätstheorie.[4]

In dem ersten Artikel zeigte Einstein einen besonders einfachen und direkten Versuch auf, mit dem man die Existenz von Atomen und Molekülen überprüfen kann. Ein kleines Staubteilchen wird in einer Flüssigkeit oder einem Gas ständig von Molekülen hin- und hergestoßen und führt dadurch eine unregelmäßige „Brownsche Bewegung" aus. Einstein, und unabhängig von ihm Smoluchowski, ermittelten die Gesetze dieser Bewegung. Ihre Ergebnisse wurden von dem französischen Physiker Jean Perrin experimentell überprüft. Für diese Untersuchung erhielt Perrin 1926 den Nobelpreis.

Der zweite Artikel „Über einen die Erzeugung und Verwandlung des Lichtes betreffenden heuristischen Gesichtspunkt" enthält Einsteins wichtigsten Beitrag zur Quantenphysik. Er zeigt, daß die von Max Planck eingeführten „Energiepakete", die Lichtquanten, nicht nur formale Bedeutung haben, sondern experimentell nachweisbare Effekte hervorrufen. Diese Idee war so neuartig, daß selbst Planck ihre Bedeutung nicht erkannte und noch 1913 in dem Antrag, Einstein zum Mitglied der Akademie der Wissenschaften zu Berlin zu machen, schrieb:[5]

„Daß Einstein in seinen Spekulationen gelegentlich auch einmal über das Ziel hinausgeschossen haben mag, wie z.B. in seiner Hypothese der Lichtquanten, wird man ihm nicht allzusehr anrechnen dürfen. Denn ohne einmal ein Risiko zu wagen, läßt sich auch in der exaktesten Wissenschaft keine wirkliche Neuerung einführen".

Es war gerade die Hypothese der Lichtquanten, für die Albert Einstein im Jahre 1921 der Nobelpreis verliehen wurde, da die Relativitätstheorie dem Nobelkomitee noch als zu ungesichert für eine Preiszuteilung galt.

Während viele seiner Fachkollegen begannen, Folgerungen der Quantentheorie und der speziellen Relativitätstheorie auszuarbeiten, studierte Einstein ein neues, fundamentales Problem. Er versuchte, das Relativitätsprinzip auf beliebige Bezugssysteme auszudehnen. Die Einschränkung auf Inertialsysteme sollte fallen. Nach etwa zehnjähriger Arbeit führte dies zur „Allgemeinen Relativitätstheorie",[6] einer neuen Theorie des Gravitationsfeldes. Eine der Konsequenzen dieser Theorie war, daß Uhren in einem Gravitationsfeld umso schneller gehen, je höher sie angebracht sind, wie wir in Kapitel 14 gesehen haben. Einstein zeigte aber auch, daß Lichtstrahlen im Schwerefeld der Sonne abgelenkt werden. Da diese „Lichtablenkung" nur 1,75" beträgt, ist ihre Messung überaus schwierig. Dennoch wagte sich im Jahre 1919 eine Expedition unter der Leitung des englischen Physikers Sir Arthur Stanley Eddington an das Experiment heran. Dazu mußte man zunächst eine Sonnenfinsternis abwarten, da Sterne in der Sonnenumgebung unter anderen Bedingungen nicht sichtbar sind. Nur an diesen Sternen läßt sich aber die Lichtablenkung beobachten.

Die Ergebnisse von Eddingtons Expedition wurden im November 1919 bekannt und bestätigten die Vorhersagen der allgemeinen Relativitätstheorie. Mit einem Schlag war Einstein berühmt. Die Berliner Illustrierte Zeitung brachte auf der Titelseite ein großes Foto Einsteins mit der Unterschrift:[7]

Eine neue Größe der Weltgeschichte: Albert Einstein, dessen Forschung eine völlige Umwälzung unserer Naturbetrachtung bedeuten und den Erkenntnissen eines Kopernikus, Kepler und Newton gleichkommen.

So brilliant die Grundideen der allgemeinen Relativitätstheorie waren, so schwierig erwies es sich, die Theorie in weiteren Experimenten zu überprüfen. Außer der Ablenkung von Lichtstrahlen am Sonnenrand und dem Einfluß der Schwerkraft auf den Uhrengang erklärte die Theorie nur eine geringfügige Abweichung der Bahn des Planeten Merkur von der Ellipsenform. Zu weiteren Experimenten reichten damals die Meßmöglichkeiten nicht aus.

Die „Spezielle Relativitätstheorie" die Sie hier kennengelernt haben, bewährte sich dagegen in der Folge in zahlreichen Anwendungen. Insbesondere erlaubte es die Relation $E = mc^2$, den Energiehaushalt der Sterne zu verstehen und die Sonne sowie die anderen Fixsterne als riesige Kernfusionsanlagen zu deuten. Die Entwicklung der Beschleuniger, wie Zyklotron und Synchrotron, ermöglichten ab 1932 viele neuartige Experimente auf den Gebieten der Kernphysik und der Elementarteilchenphysik. Wegen der dabei auftretenden hohen Geschwindigkeiten der Teilchen war die Relativitätstheorie zur Erklärung der Beobachtungen unentbehrlich. Manche Experimente mit Elektronen und Myonen konnten mit Hilfe der „Quantenelektrodynamik" – die auf Relativitätstheorie und Quantentheorie aufbaut – sogar mit einer Genauigkeit von 1 : 100 Millionen ausgeführt und erklärt werden. Sie zählen damit zu den genauesten Experimenten der gesamten Physik.[8]

Während die spezielle Relativitätstheorie in den Jahren 1930–1950 zu einer der wichtigsten Grundlagen der Physik wurde, wendete sich Einstein neuen Problemen zu. Er versuchte, eine „vereinheitlichte Feldtheorie" aufzustellen, in der Gravitation und Elektromagnetismus genauso als verschiedene Aspekte ein und derselben Kraft erscheinen sollten, wie Raum und Zeit nur Aspekte der Raum-Zeit sind oder wie Elektrizität und Magnetismus sich als Aspekte einer einzigen Kraft erwiesen. Dieses Problem beschäftigte Einstein und viele seiner Zeitgenossen unaufhörlich. Viele Wege und Irrwege wurden gegangen, doch der gewünschte Erfolg stellte sich nicht ein, und die Suche nach einer vereinheitlichten Feldtheorie ist heute zwar nicht aufgegeben, doch in den Hintergrund getreten. Vielleicht ist es derzeit noch verfrüht, ein solch kompliziertes Projekt zu wagen.[9]

Als Einstein am 18. April 1955 in seiner neuen Wahlheimat Princeton in den USA starb, war die vereinheitlichte Feldtheorie die unerfüllte Sehnsucht seiner letzten 30 Lebensjahre geblieben.

Genau zu dieser Zeit begann mit einem wissenschaftlichen Kongress in Bern die Wiederbelebung der allgemeinen Relativitätstheorie.[10] Durch neue Meßmethoden und durch die in der Folge entwickelte Weltraumforschung wurde sie in den folgenden 20 Jahren eines der aktivsten Forschungsgebiete der Physik. Zahlreiche neue experimentelle und theoretische Ergebnisse wurden gefunden. Raketen und Satelliten ermöglichten es, Präzisionsmessungen oberhalb der Atmosphäre vorzunehmen. In all diesen Messungen hat sich die Einsteinsche Theorie in jeder ihrer Einzelheiten völlig bewährt. So bilden heute spezielle und allgemeine Relativitätstheorie zusammen die Grundlagen unseres Verständnisses des Raumes und der Zeit.

2 Physik und Philosophie

„Die philosophische Bedeutung der Relativitätstheorie ist zum Gegenstand widersprechender Meinungen geworden. Während viele Autoren den philosophischen Gehalt der Theorie betont und sogar versucht haben, sie als eine Art philosophisches System zu interpretieren, haben andere das Vorhandensein einer philosophischen Problematik geleugnet und die Ansicht vertreten, daß Einsteins Theorie eine rein physikalische, nur für den mathematischen Physiker interessante Angelegenheit ist. Diese Kritiker glauben, daß philosophische Ansichten mit anderen Mitteln gebildet werden als durch die Methoden der Wissenschaftler, und daß sie von den Ergebnissen der Physik unabhängig sind."

Die einleitenden Worte Hans Reichenbachs zu seinem Artikel über „*Die philosophische Bedeutung der Relativitätstheorie*"[11] zeigen das Spektrum der Meinungen auf, das im Bereich des Zusammenhangs von Physik und Philosophie existiert. So wurde die Relativitätstheorie manchmal zu einer der universellsten philosophischen Theorien unseres Jahrhunderts verallgemeinert. Man glaubte aus ihr „alles ist relativ" herauszulesen und diese Erkenntnis auf Gebiete wie die Ethik ausdehnen zu dürfen, wobei sich z.B. die Relativität der Begriffe des Guten und der Moral ergeben sollten.

Andererseits war die Relativitätstheorie oft heftig umstritten und wurde abgelehnt. Dem nationalsozialistischen Deutschland galt sie als „jüdische Theorie", der eine „deutsche Physik" entgegenzusetzen war. Auch dem dialektischen Materialismus, der Wissenschaftstheorie des Marxismus, war die Relativitätstheorie bis etwa 1953 wegen der Betonung der Rolle des Beobachters verdächtig. In einer Reihe von Aufsätzen, wie z.B. „*Das reaktionäre Einsteinianertum in der Physik*" von A.A. Maximov,[12] wurde heftige Kritik an den physikalischen Ansichten über Raum und Zeit geübt. Heute wird die Relativitätstheorie jedoch auch vom dialektischen Materialismus anerkannt.

Dabei werden freilich die Akzente etwas anders gesetzt als in der westlichen Diskussion. Vor allem werden die absoluten Eigenschaften der Raum-Zeit hervorgehoben, die unabhängig vom Beobachter sind, wie wir in Kapitel 12 gesehen haben. Die Relativität von Raum und Zeit wird dagegen etwas weniger betont.

Vor allem war es aber die Einsicht, daß die durch Jahrhunderte ausgebaute und in zahllosen Fällen bestätigte Physik Newtons in ihren Grundlagen erschüttert war, die zu weitreichenden Ausstrahlungen der Relativitätstheorie auf andere Gebiete des Geisteslebens führte. So schreibt z.B. der Philosoph Sir Karl Popper über die Rolle der Newtonschen Physik im 18. und 19. Jahrhundert:[13]

„*Newton hatte das langgesuchte Geheimnis entdeckt ... kein qualifizierter Beobachter der Lage konnte länger daran zweifeln, daß Newtons Theorie richtig war ... ein einzigartiges Ereignis war in der Geistesgeschichte eingetreten, das sich niemals wiederholen konnte: die erste und endgültige Entdeckung der absoluten Wahrheit über das Universum.*"

Diese Wahrheit hat sich als trügerisch erwiesen. Die Relativitätstheorie zeigte, daß Raum und Zeit eine grundlegend andere Struktur aufweisen, als es in der Newtonschen Physik angenommen worden war. Wie konnte man überhaupt noch hoffen, in der Naturwissenschaft zu gesicherten Ergebnissen zu kommen? Das alte Problem der Möglichkeiten und der Grenzen menschlicher Erkenntnis mußte neu durchdacht werden. Über einen der einflußreichsten Versuche auf diesem Gebiet, den Wiener Kreis, schreibt der österreichische Philosoph Viktor Kraft:[14]

„*Der Wiener Kreis war mit dem Problem der Grenze zwischen Wissenschaft und Metaphysik beschäftigt. Popper fand die Lösung unter dem Einfluß der sensationellen Bestätigung der Einsteinschen Vorhersagen durch Eddington im Jahre 1919.*"

Aus den vielen Ansätzen, Relativitätstheorie und Philosophie in Verbindung zu bringen, soll hier exemplarisch ein Problem herausgegriffen werden. Wir haben in Kapitel 4 bereits festgestellt, wie schwierig die Frage nach der Natur der Zeit zu beantworten ist, und daß sich die Physik zunächst einfach auf eine genaue Messung der

Zeit beschränkt hatte. Aus der Relativitätstheorie ging dann ein neuer Aspekt der Zeit hervor, nämlich ihre Vereinigung mit dem Raum zur „Raum-Zeit". Können wir daraus mehr über Zeit lernen? Darüber ist auch heute eine heftige Diskussion im Gange. Manche Philosophen und Wissenschaftstheoretiker versuchen nämlich zu zeigen, daß aus der Relativitätstheorie eine Bestätigung der Ansichten des griechischen Philosophen Parmenides folge, wonach Zeit eine Illusion und Veränderung nur Schein sei. Um die Gründe für diese Auffassung kennenzulernen, die unserem Alltagsverständnis völlig widerspricht, lassen wir wieder Sir Karl Popper zu Worte kommen, der in seiner Autobiographie schreibt:[15]

„Ich traf [Albert Einstein im Jahre 1950] insgesamt dreimal. Ich versuchte ihn dazu zu überreden, seinen Determinismus aufzugeben, der auf die Ansicht hinauslief, das Universum sei ein vier-dimensionales parmenidisches Blockuniversum, in dem Veränderungen zumindest näherungsweise eine menschliche Illusion sind (Einstein stimmte zu, daß dies seine Ansicht war und in der Diskussion nannte ich ihn „Parmenides") ... Die Realität von Zeit und Änderung schien mir die Crux des Realismus ... als ich Einstein besuchte, war aber gerade Schilpp's Einstein-Band in der „Bibliothek lebender Philosophen" erschienen. Dieser Band enthielt einen nunmehr berühmten Beitrag von Kurt Gödel, der Argumente aus Einsteins Relativitätstheorie gegen die Realität von Zeit und Veränderung ins Treffen führte."

Wir sehen hier, daß auch um 1950 der Streit um die Realität der Zeit und der Veränderung noch immer die gleiche Aktualität beibehielt, die er mehr als 2000 Jahre zuvor hatte. Während Popper der Meinung ist, daß Veränderungen eine reale Eigenschaft der Natur seien, argumentieren Einstein und der berühmte Mathematiker Kurt Gödel dafür, daß Veränderungen nur auf Schein und Illusion beruhen. Gödel gibt folgende Argumente dafür an.[16]

„Es scheint, kurz gesagt, daß man [aus der Relativitätstheorie] einen eindeutigen Beweis für die Ansicht jener Philosophen erhält, die, wie Parmenides, Kant und die modernen Idealisten, die Objektivität des Wechsels leugnen und diesen als eine Illusion oder als eine Erscheinung betrachten, die wir unserer besonderen Art der Wahrnehmung verdanken. Die Argumentation ist folgende: Veränderung wird nur durch das Vergehen der Zeit möglich. Die Existenz eines objektiven Zeitverlaufes aber bedeutet (oder ist zumindest äquivalent damit), daß die Realität aus unendlich vielen Schichten des „jetzt vorhandenen" besteht, die nacheinander zur Existenz gelangen. Wenn aber die Gleichzeitigkeit in dem oben geschilderten Sinne etwas relatives ist, kann die Realität auf eine objektiv bestimmte Weise nicht in solche Schichten aufgespalten werden. Jeder Beobachter hat seine eigene Reihe von solchen Schichten des „jetzt vorhandenen", und keines dieser verschiedenen Schichtensysteme kann das Vorrecht beanspruchen, den objektiven Zeitverlauf darzustellen."

Gödel kommt also aus der Relativität der Gleichzeitigkeit zum Schluß, daß Zeit eine Illusion ist! Es wäre müßig, die vielen pro- und kontra-Argumente anzuführen, die sich in der Folge um diese Problematik entsponnen haben. Die Andeutungen, die wir hier geben konnten, sollen nur zeigen, in welch vielfältiger Weise die Theorien der modernen Physik in das Geistesleben unserer Zeit verwoben sind.[17]

3 Einstein und die Politik

Mit den Ergebnissen der Expedition Eddingtons war 1919 der ungeheure öffentliche Ruf Albert Einsteins begründet, den die Verleihung des Nobelpreises im Jahre 1921 nur untermauerte. Mit einem Schlage war Einsteins Name in der ganzen Welt bekannt.[18]

Als Einstein im Jahre 1921 erstmals die USA besuchte, wurde er bei der Landung am 2. April von Reportern belagert. Der Bürgermeister von New York begrüßte ihn offiziell und Präsident Harding lud ihn ins Weiße Haus ein. Eine gelegentliche Bemerkung Einsteins *„Raffiniert ist der Herrgott, aber boshaft ist er nicht"* wurde an der Princeton University auf einer Marmortafel angebracht. Die Reise hatte aber nicht nur wissenschaftliche Zwecke. Einstein war in der Begleitung von Chaim Weizmann, dem späteren Präsidenten Israels nach USA gekommen. Gemeinsam sammelten sie einige Millionen Dollar für den jüdischen Nationalfonds. Dies war eine Reaktion auf den damals schon spürbaren Antisemitismus in Deutschland. Einstein mußte beispielsweise im Jahre 1922 eine Reihe von Vorträgen auf der Jahrhundertfeier des Kongresses deutscher Naturwissenschaftler und Ärzte absagen, da Demonstrationen befürchtet wurden. Zu ähnlichen Situationen kam es in den nächsten

Jahren immer wieder, und als im Jahre 1933 Hitler zur Macht kam, zog Einstein die Konsequenzen und wanderte aus.

Am 17. Oktober 1933 kam Einstein in Amerika an und fand am neugegründeten „Institute for Advanced Study" in Princeton seine neue Wirkungsstätte.

Der Kampf gegen den Nationalsozialismus beschäftigte Einstein damals immer mehr. Einstein befürchtete, daß in Deutschland Atombomben hergestellt würden. Auf diese Möglichkeit hatte ihn der ungarische Physiker Leo Szilard aufmerksam gemacht. Gemeinsam mit Szilard verfaßte Einstein auch am 2. August 1939 jenen schicksalsschweren Brief an Präsident Roosevelt, der das Atomzeitalter einleitete.

Nach einigem Zögern ernannte der Präsident ein Beratungskomitee für Uranprobleme. Untersuchungen der Kettenreaktion, die sowohl die Grundlage des Reaktors als auch der Atombombe bildet, wurden bereits 1940 in New York begonnen und zeigten, daß sich ^{235}U als Grundlage der Kettenreaktion eignete.[19]

Als die USA im Dezember 1941 in den zweiten Weltkrieg eintraten, wurden die Forschungen beschleunigt fortgeführt, und im Mai 1942 kam es zur historischen Entscheidung, alle nur möglichen Erzeugungsmethoden für das Uranisotop ^{235}U zu verfolgen. Der General Lesley Groves wurde Leiter des Gesamtprojektes, Enrico Fermi war für die Reaktorversuche verantwortlich, die am 2. Dezember 1942 zur ersten kontrollierten Kettenreaktion in der Geschichte der Menschheit führten.

Im Juni 1942 wurde Robert Oppenheimer der Direktor des Projektes Y, in dem die Bombe hergestellt werden sollte. Als Labor wurde Los Alamos in Neu Mexico gewählt. In den nächsten Jahren entstanden riesige Fabriken zur Anreicherung des benötigten Uranisotops ^{235}U. Auch mit der Entwicklung einer Plutoniumbombe wurde begonnen. Die Kosten betrugen bereits damals mehr als 1 Milliarde Dollar jährlich.

Am 6. August 1945 wurde Hiroshima mit einer Uranbombe zerstört, am 9. August fiel eine Plutoniumbombe über Nagasaki.

Die Donnerschläge von Hiroshima und Nagasaki beendeten den zweiten Weltkrieg. Zugleich stellten sie die Weichen der Nachkriegsentwicklung. „Atomphysik" war das Schlagwort, das Tür und Tor öffnete und Milliarden flüssig machte. Wissenschafter wurden zu einflußreichen Beratern der Politiker in Ost und West. Atomphysik, Kernphysik und Elementarteilchenphysik wurden mit großen finanziellen Mitteln unterstützt. Die Atomenergie schien die Energiequelle der Zukunft zu sein, und bedeutende Forschungsmittel wurden zu ihrem Studium zur Verfügung gestellt. Die heutige Situation ist die Konsequenz dieser Entwicklung, da die Faszination der Atomenergie die systematische Erforschung anderer Energieträger vergessen ließ. Dadurch ist heute die Atomenergie die einzige Alternative zu fossilen Brennstoffen und Wasserkraft, die reif für technische Anwendungen ist.

Relativitätstheorie, Atomphysik und Kernphysik erweckten größte Hoffnungen für die menschliche Zukunft. Schien doch die Naturwissenschaft damit die Schlüssel sowohl zu intellektuellen Einsichten, als auch zu fast unbegrenzten materiellen Reichtümern geliefert zu haben. Die stürmische technische Entwicklung in der Zeit seit 1945 hat die Lebensbedingungen der Menschheit tatsächlich in einem Maße geändert wie noch nie in einem ähnlichen Zeitraum zuvor. Doch allmählich zeigten sich auch die Schattenseiten dieser Entwicklung: Energiekrise, Umweltkrise und

Rohstoffkrise lassen die Grenzen der Erde erkennen. Sie zeigen aber auch, daß eine neureiche Menschheit die Möglichkeiten des wissenschaftlichen Fortschrittes keinesfalls optimal benützt hat, sondern die ihr gegebenen Mittel oft sinnlos verschwendet. Heute beginnt man zu erkennen, daß nicht Verbrauch allein den Lebensstandard eines Volkes bestimmt. Die sinnvolle Nutzung der Möglichkeiten, welche uns Wissenschaft und Technik eröffnen, ist ein verantwortungsvolles und schwieriges politisches Problem, das uns alle betrifft. Denn jede neue Möglichkeit birgt Chancen und Gefahren gleichermaßen in sich. So ist es heute eine unserer Hauptaufgaben, die technischen und wissenschaftlichen Mittel unserer Zeit in einer Weise zu nutzen, die den Weiterbestand der Menschheit auch in künftigen Jahrhunderten und Jahrtausenden sichert.

Anmerkungen

Kapitel 0

[1] Zitiert nach Alexander Moszkowski, Einstein – Einblicke in seine Gedankenwelt, Berlin 1922, S. 17.

[2] Zitiert nach Armin Hermann, Planck, Rowohlt 1973, S. 9.

[3] Zitiert nach Moszkowski, l.c., S. 37.

[4] Dieser Brief ist z.B. bei R. Clark, Einstein, Heyne 1976 abgedruckt.

Kapitel 1

[1] Der hier angegebene Radius des Universums wurde auf Grund des Aristotelischen Systems im Mittelalter berechnet. Siehe dazu Thomas Kuhn, The Copernican Revolution, Harvard University Press 1967.

[2] Mit geringen Änderungen zitiert nach "Les Philosophes", Norman L. Torrey Ed., New York 1960, S. 22.

[3] Voltaire, Lettres Philosophique, 14. Brief (Ü.d.A.).

[4] Siehe dazu "Newton and Descartes" in Alexander Koyré, Newtonian Studies, Chicago 1965, S. 53.

[5] Isaac Newton, Mathematische Prinzipien der Naturlehre, herausgegeben von J. Wolfers, Darmstadt 1963.

[6] Zitiert nach S. Sambursky, Der Weg der Physik, Zürich 1975, S. 410.

[7] Ein ausgezeichneter Überblick über die Entwicklung der Äthertheorie im 19. Jahrhundert findet sich bei E. Whittacker, A History of the Theories of Aether and Electricity, New York 1960 und bei K.F. Schaffner, Nineteenth Century Aether Theories, N.Y. 1972.

[8] Einen Überblick über diese Experimente gibt Whittacker, l.c.

[9] Die Geschichte des Michelson-Morley-Experiments ist ausführlich bei Lloyd S. Swenson, The Etherical Problem: A History of the Michelson-Morley-Miller Aether Drift Experiments, 1880–1930 (University of Texas: Austin and London) zu finden. Die Bedeutung des Experimentes für die Entwicklung der Relativitätstheorie wurde von G. Holton, Thematic Origins of Scientific Thought, Kepler to Einstein, Harvard 1974 analysiert. Hier wurde nur eine didaktisch stark vereinfachte Beschreibung des Michelson-Morley Experimentes gegeben, die üblicherweise unerwähnte experimentelle Problematik ist ebenfalls bei Holton zu finden.

[10] Die wichtigsten Arbeiten zur Relativitätstheorie sind in Lorentz, Einstein, Minkowski, Das Relativitätsprinzip, Darmstadt 1958 abgedruckt.

Kapitel 2

[1] Siehe Anmerkung 1.10

[2] Die genauesten Messungen der Lichtgeschwindigkeit wurden 1974 und 1975 in England und USA durchgeführt. Siehe dazu den Überblicksartikel von W. Rowley et al. Opt and Quantum Electr. 8, 1 (1976)

[3] Zitiert nach A. Einstein, Mein Weltbild, A. Seelig Herausgeber, Frankfurt 1965, S. 109.

Kapitel 3

[1] Augustinus, Bekenntnisse, IX, 14.

[2] Thomas Mann, Der Zauberberg, Kap. 6.

[3] Siehe z.B. W. Capelle, Die Vorsokratiker, Stuttgart 1968.

[4] Die Tagungsberichte dieser Gesellschaft sind in zwei Bänden erschienen. Siehe "The Study of Time", J.T. Fraser, F. Haber, G. Müller Ed., Berlin 1972, 1975.

[5] Zitiert nach G. Whitrow, Von nun an bis zur Ewigkeit, Düsseldorf 1973, S. 29.

6 Streitschriften zwischen Leibnitz und Clark, in G.W. Leibnitz, Hauptschriften zur Grundlegung der Philosophie, Hamburg 1973.

7 Viele Hinweise darauf finden sich in den in Anmerkung 3.4 erwähnten Bänden und bei P.C.W. Davies, The Physics of Time Asymmetry (University of California, Berkeley 1974).

8 Es gibt viele Studien zur Entwicklungsgeschichte der Uhr. Siehe z.B. Anm. 3.4.

9 Zitiert nach S. Sambursky, Anm. 1.6, S. 454.

Kapitel 4

1 Die entsprechenden Definitionen sind z.B. in H. Ebert, Physikalisches Taschenbuch, Vieweg, 5. Aufl. 1976 zu finden.

2 Einen Überblick über die Entwicklung der Zeiteinheit gibt G. Becker, PTB-Mitteilungen, 85, 14 (1975).

3 Siehe dazu Anm. 4.2, S. 22 f.

4 Siehe G. Becker, PTB-Mitteilungen, Heft 4, 315, Heft 5, 415 (1966)

5 G. Becker, B. Fischer, D. Hetzel, Kleinheuerbacher Berichte 16, 5 (1973) enthält eine auausführliche Literaturliste zu diesem Thema.

Kapitel 5

1 Siehe z.B. L. Marder, Time and the Space Traveler, London 1971.

2 H.E. Ives, G.R. Stilwell, Journ. Opt. Soc. Am. 28, 215 (1938)

3 Wir danken Prof. C. Alley für die Überlassung unpublizierter Daten.

4 J. Hafele, R. Keating, Science 177, 166 (1972).

5 B. Rossi, D. Hall, Phys. Rev. 59, 223 (1941).

6 F.M. Farley et al. Nature 217, 17 (1968).

7 Dieses Zitat findet sich bei L. Marder, Anm. 5.1.

8 Siehe Anmerkung 2.3, S. 122.

9 R. Pound, J.L. Snider, Phys. Rev. B140, 788 (1965)

Kapitel 6

1 Siehe Anm. 1.5.

2 Siehe Anm. 1.10.

Kapitel 7

1 Die andere Vorzeichenwahl entspricht wieder einer Spiegelung der Koordinaten.

Kapitel 8

1 Lorentz hat seine wesentlichsten Ideen in dem Buch "The Theory of Electrons" niedergelegt. In diesem 1909 erschienenen Lehrbuch lehnt er die Relativitätstheorie ab.

2 H.A. Lorentz in Anm. 1.10.

3 Siehe J. Terrell, Phys. Rev. 116, 1041 (1959)

4 A. Wood, G. Tomlinson, L. Essen, Proc. Roy. Soc. A 158, 606 (1937)

Kapitel 9

1 Z. Guiragossian et al., Phys. Rev. Lett. 34, 335 (1975)

Kapitel 11

1 T. Alväger, F. Farley, J. Kjellman, I. Wallin, Phys. Lett. 12, 260 (1964)

2 Siehe dazu E. Whittacker, Anm. 1.7.

3 Siehe z.B. K. Codling, Rep. Prog. Phys. 36, 541 (1973)

Kapitel 12

[1] Siehe Anm. 1.10.

[2] Wir verstehen hier unter Lorentztransformationen nur reine Geschwindigkeitstransformationen, keine Drehungen.

Kapitel 13

[1] A. Einstein, Mein Weltbild, Berlin 1956, p. 129.

[2] Siehe Anm. 9.1.

[3] V. Meyer et al., Helv. Phys. Acta **36**, 981 (1963)

[4] W. Braunschweig et al., Phys. Lett. **53 B**, 393 (1974)

Kapitel 14

[1] Zitiert nach S. Hermann, Einstein anekdotisch, Stuttgart 1970.

[2] Zitiert bei A. Sambursky (Anmerkung 1.6), S. 586.

Kapitel 15

[1] Die Bewegung mit konstanter Beschleunigung heißt daher auch hyperbolische Bewegung.

[2] Siehe Icarus, International Journal of the Solar System **19**, (1973).

Kapitel 16

[1] Siehe Anmerkung 1.10, S. 26.

[2] Die Unabhängigkeit der Ladung von der Geschwindigkeit wurde von R. Fleischmann und R. Kollath, Zeitschr. f. Physik **134**, 526, 530 (1953) durch direkte Messungen bestätigt.

[3] Der Betrag des magnetischen Momentes ist das Bohrsche Magneton $\mu = 9{,}274 \cdot 10^{-24}$ Am^2.

[4] Siehe z.B. W. Finkelnburg, Einführung in die Atomphysik, Springer.

[5] Siehe z.B. J. D. Jackson, Classical Electrodynamics, Wiley 1976^2.

[6] Siehe z.B. R. U. Sexl, H. Urbantke, Relativität, Gruppen, Teilchen, Springer 1976.

Epilog

[1] Siehe dazu Anmerkung 8.1.

[2] Siehe Anmerkung 0.2.

[3] Dabei waren die Experimente von J. Perrin wesentlich, die in seinem Buch 'Die Atome', Paris 1910 zusammenfassend dargestellt sind.

[4] Den historischen Zusammenhang dieser Arbeiten analysiert A. Miller, Amer. Journ. Phys. **44**, 912 (1976).

[5] Zitiert nach A. Hermann, Lexikon der Geschichte der Naturwissenschaften, Köln 1972, S. 79.

[6] Die grundlegende Arbeit ist in (Anmerkung 1.10) abgedruckt.

[7] Siehe Titelbild.

[8] Siehe z.B. B. E. Lautrup, A. Peterman, E. de Rafael, Phys. Rep. **3C**, 4 (1972).

[9] Siehe z.B. A. Hermann, Die Jahrhundertwissenschaft, Stuttgart 1977, bezüglich Heisenbergs Ansätzen in dieser Richtung.

[10] Der Kongreßbericht ist in Helvetica Physica Acta, Supplement 1955 erschienen.

[11] H. Reichenbach, Die philosophische Bedeutung der Relativitätstheorie, in Albert Einstein als Philosoph und Naturwissenschaftler, P. A. Schilpp (Hrsg.), Stuttgart 1954. Reprint Braunschweig 1979.

[12] Siehe z.B. G. A. Wetter, Der dialektische Materialismus, Wien 1952 oder S. Müller-Markus, Einstein und die Sowjetphilosophie, Bern 1965.

[13] K. Popper, Conjectures and Refutations, London 1972^4, S. 93.

[14] V. Kraft, Popper and the Vienna Circle, in The Philosophy of Karl Popper, P. A. Schilpp (Hrsg.) Illinois 1974.

[15] K. Popper, Intellectual Autobiography, in (Anmerkung 17.14)

[16] K. Gödel, Eine Bemerkung über die Beziehungen zwischen der Relativitätstheorie und der idealistischen Philosophie, in (Anmerkung 17.11).

[17] Siehe dazu besonders das in Anmerkung 17.11 zitierte Buch.

[18] Siehe z.B. die Biographie Einsteins von R. Clark, Anmerkung 0.4.

[19] Zur Geschichte der Atombombe siehe z.B. R. Jungk, Heller als Tausend Sonnen, Frankfurt 1968^5, J. Herbig, Kettenreaktion, München 1976.

Lösungen der Aufgaben

1.1 v = 29,89 km/s.

1.2 Ein Bezugssystem, das sich mit dem Erdmittelpunkt bewegt und dessen eine Achse stets zur Sonne zeigt, können wir für einige Tage als Inertialsystem ansehen. In dieser Zeit ist die Bewegung der Erde um die Sonne angenähert geradlinig. Jeden Punkt der Erde können wir für die Dauer von etwa einer Stunde als Ursprung eines Inertialsystems ansehen. Wir berücksichtigen dabei nicht die Erddrehung. Ein fahrender Autobus stellt annähernd ein unbeschleunigtes Bezugssystem dar, solange die Straße nicht allzu uneben ist, der Bus nicht um die Kurve fährt und nicht schneller oder langsamer wird.

1.3 $\Delta t = 3 \cdot 10^{-17}$ s; 3/100 der Schwingungsdauer einer Lichtwelle.

2.1 Derartige Beispiele sind in allen Lehrbüchern der Mechanik zu finden; wird z.B. eine frei fallende und eine gleichzeitig horizontal geworfene Kugel betrachtet, so vertauschen für einen horizontal mitbewegten Beobachter die beiden Kugeln gerade ihre Rollen.

2.2 Die Lichtgeschwindigkeit ist in einem Inertialsystem unabhängig von der Bewegung der Lichtquelle und des Empfängers und in allen Raumrichtungen gleich. Werden zwei Lichtsignale von zwei gleichweit entfernten Spiegeln reflektiert, so treffen sie nach gleichen Zeiten wieder am Ausgangsort ein.

2.3 In der klassischen Physik transformieren sich Geschwindigkeiten, indem beim Übergang zu einem anderen Inertialsystem dessen Geschwindigkeit vektoriell von allen Geschwindigkeiten des ersten System subtrahiert wird. Daraus folgt, daß die Differenz zweier Geschwindigkeiten in allen Inertialsystemen gleich ist, wie es die ballistische Lichttheorie für die Lichtgeschwindigkeit fordert.

3.1 Alle Vorgänge, die Veränderungen hinterlassen, laufen nur in einer Richtung ab und weisen damit auf einen Ablauf der Zeit hin: Ein Mensch wird älter; heißes Wasser schmilzt Eis und kühlt sich dabei ab; ein rohes Ei fällt auf den Boden und zerfließt zu einem Brei.

3.2 Derartige Argumente finden Sie in Kapitel 9.

3.3 Die Wiederkehr der Tageszeiten, der Jahreszeiten und vieler astronomischer Ereignisse, wie z.B. das Erscheinen des Halleyschen Kometen nach jeweils 76 Jahren, könnten einen zyklischen Ablauf des Weltgeschehens nahelegen. Die Zunahme der Entropie, die Evolutionslehren der Biologie und die entsprechenden Ergebnisse der Geologie widersprechen einer zyklischen Zeitauffassung. Vor allem in der 2. Hälfte des 19. Jahrhunderts fand man viele Hinweise auf diesen einsinnigen Ablauf der Zeit.

3.4 $\Delta T/T$ = 10/1440 = 7 Promille.

3.5 Die Tonfrequenz und damit die Tonhöhe sind unabhängig von der Stärke, mit der die Saite angeschlagen wird.

4.1 Mit Atomuhren läßt sich die Sekunde an jedem Ort der Erde, unabhängig von anderen Beobachtungen realisieren. Die Standardabweichung einer Atomuhrengruppe ist sehr viel kleiner als die mit Atomuhren gemessene Abweichung der Erde von einer konstanten Drehfrequenz. Atome altern im Gegensatz zur Erde nicht.

4.2 $\Delta t = \Delta s/c_{\text{Licht}}$ = 0,3 ms; $\Delta t' = \Delta s'/c_{\text{Schall}}$ = 6 ms.

4.3 v = 280 km/s.

4.4 Für den Fehler in der Positionsbestimmung Δs gilt $\Delta s/s = \Delta c/c$; daraus folgt Δs = 670 m.

5.1 Ein Widerspruch tritt nicht auf, da man in einem System mindestens zwei sychronisierte Uhren braucht. Dieses System ist vor dem anderen, in dem man nur eine Uhr benötigt, ausgezeichnet.

5.2 Es tritt eine Zeitdifferenz von 0,1 ns auf.

5.3 Gemessen in der Erdzeit würde der Flug 9 Jahre dauern, für die Astronauten vergingen jedoch nur 7,8 Jahre. Sollte der Flug für die Astronauten nur ein Jahr dauern, so müßte die Geschwindigkeit 0,9762 c betragen.

5.4 Es ist $(t - t_R) = -v\Delta s/(2c^2)$; bei einer Entfernung von rund 10 000 km darf die Uhr daher nur mit höchstens 650 km/h transportiert werden.

5.5 Der Zeitunterschied wäre gerade noch meßbar.

5.6 Im Vergleich zu Uhren, die im Sonnensystem ruhen, ist der Gang von Uhren auf der Erde um $5 \cdot 10^{-7}$ Prozent verlangsamt.

5.7 Die mittlere Geschwindigkeit beträgt 2,2 km/s, woraus sich nach 4 Tagen eine Zeitdifferenz von 9,5 µs ergibt. Hat man eine Uhr wie in Aufgabe 5.5 zur Verfügung, so beträgt die Unsicherheit in der Zeitmessung 3 ns. Der erwartete Effekt ist also 3000 mal größer.

5.8 Die Lebensdauer der schnell bewegten Myonen beträgt 28 µs im Vergleich zu 2,2 µs von ruhenden Myonen. Daraus erhält man eine Geschwindigkeit von $0,997\,c$.

5.9 Von ruhenden Beobachtern aus gesehen wären sie unsterblich!

5.10 Der Astronaut sieht gerade seinem 42. Geburtstag entgegen.

5.11 Auf der Erde vergehen 35, im Raumschiff nur 25 Jahre.

5.12 Man erhält Flughöhen von 7600 m, 9300 m, 11 000 m und eine Fluggeschwindigkeit von 496 km/h.

5.13

5.14 Während des Fluges, der etwa zwei Tage dauert, kann man die Bewegung der Uhren auf der Erde auch nicht mehr näherungsweise als geradlinig ansehen (s. auch Aufgabe 1.2).

5.15 Berücksichtigt man alle Effekte, so erhält man eine Zeitdifferenz von 0,201 ms, um die die Satellitenuhr nach einer Woche nachgeht. Einen Ost-West-Effekt gibt es hier nicht.

5.16 $\Delta t = 5{,}4$ µs.

6.1

6.2 Das Raumschiff, das im Äther ruht, kann für seine Uhren absolute Gleichzeitigkeit beanspruchen.

6.3 Während man im Flugzeug glaubt, die beiden Signale seien gleichzeitig ausgesandt, ist für den Führer der Rakete das von vorn kommende Signal früher ausgelöst worden.

7.1 Der Bootsfahrer hat die Flasche 20 Sekunden nach der Abfahrt, 66 m oberhalb der Ablesestelle, verloren.

7.2

7.3 Die neuen Koordinaten lauten $P_1(3/2)$, $P_2(3/-3)$, $P_3(-3{,}73/1)$; die Winkelhalbierenden haben in beiden Systemen die Geschwindigkeit 1 bzw. -1.

7.4 Aus $u' = u - v$ folgt $c' = c - v$, d.h. $c' \ne c$.

7.5 Die Neigung der t'-Achse bedeutet, daß ein bewegter Körper nach der Zeit t bzw. t' in den beiden Systemen verschiedene x-Koordinaten hat ($x \ne x'$).

7.6 Gleichzeitige Ereignisse liegen auf einer Parallen zur x- bzw. x'-Achse; sind x- und x'-Achse identisch, so gibt es eine absolute Gleichzeitigkeit.

7.7

7.8 Nein, siehe Aufgabe 7.5.

7.9 Gleichzeitige Ereignisse in I liegen auf einer Parallelen zur x-Achse, die nun nicht mehr parallel zur x'Achse ist: In I' sind diese Ereignisse daher nicht gleichzeitig.

7.10

7.11 Entscheidend ist, ob die Ereignisse auf einer Parallelen zur x- bzw. x'-Achse liegen oder nicht.

7.12

7.13 Die Neigung der x- bzw. x'-Achse drückt die relative Gleichzeitigkeit aus.

7.14 In I' vergeht die Zeitspanne $\Delta t' = t'_2 - t'_1$. Die Ablesung der Zeitpunkte t'_2 und t'_1 erfolgt an einer Uhr, also ist $x'_2 = x'_1$. Mit $t = k(t' + v/c^2 \cdot x')$ folgt daraus $t_2 - t_1 = k(t'_2 - t'_1)$ oder $\Delta t' = \Delta t \sqrt{1 - v^2/c^2}$. Die Uhrenablesung in I erfolgt an zwei Uhren, da $x_2 \ne x_1$ ist.

7.15 Zwei Ereignisse $E_1(x_1, t_1)$ und $E_2(x_2, t_2)$, die den Abstand $\Delta x = x_2 - x_1$ haben, finden in I gleichzeitig statt: $t_2 = t_1$. Mit $t' = k(t - vx/c^2)$ folgt $t'_1 - t'_2 = kv\,\Delta x/c^2$. In I' findet E_1 also vor E_2 statt. Zeichnen Sie dazu ein Minkowski-Diagramm.

7.16 Aus $\Delta t = t'_1 - t'_2 = kv\,\Delta x/c^2$ folgt mit $\Delta x = l$, der Raketenlänge, und $v = c^2$ die Zeitdifferenz $\Delta t' = 0,58\ l/c$.

7.17 Wird zur Zeit $t = t' = 0$ im Ursprung ein Lichtsignal ausgesandt, so legt es in I den Weg $x = ct$ und in I' den Weg $x' = ct'$ zurück. Aus der angegebenen Beziehung erhält man damit die richtige Gleichung $0 = 0$.

7.18 Aus $c^2 t^2 = c^2 + x^2$ folgt $t = \pm\sqrt{1 + x^2/c^2}$. Dies ist die Gleichung einer Hyperbel, die mit horizontaler Tangente durch die Punkte $(0/1)$ und $(0/-1)$ geht und sich für große Werte von x asymptotisch den Winkelhalbierenden nähert.

7.19 $E_1(5/5)$, $E_2(8/0)$, $E_3(11/-5)$.

8.1

8.2 Das in I ruhende Fahrzeug bewegt sich in I' rückwärts. Für den Beobachter in I wird das Fahrzeug in I' zu kurz gemessen, weil das hintere Ende früher markiert wird als das vordere Ende.

8.3 Die Höhe ist auf 400 m kontrahiert.

8.4 $5 \cdot 10^{-8}$ s; $4 \cdot 10^{-8}$ s; 7,2 m.

8.5 Nach der Lorentzschen Theorie hätte man einen Effekt erwarten können, da sich der Stab abwechselnd längs und quer mit der Erde durch den Äther bewegt. Nach Lorentz sollten dabei unterschiedliche Kräfte zwischen den Molekülen auftreten. Diese hätten den Stab in seiner Längsrichtung zu Eigenschwingungen anregen können. Relativistisch gesehen mußte der Versuch fehlschlagen: Im Ruhsystem des Stabes ist keine Richtung vor einer anderen ausgezeichnet. Damit gibt es keinen Grund dafür, daß der Stab in Schwingungen gerät. Was im Ruhsystem nicht auftritt, kann auch nicht aus der Sicht eines anderen Inertialsystems beobachtet werden.

8.6 Der Panzer fällt in den Graben hinein. Dies obwohl der Panzer aus der Sicht der Panzerfahrer 26 m lang und der Graben nur 5 m breit ist. Sobald sich die Spitze über dem Graben befindet, wird sie hineingezogen. Dabei wird der Panzer verbogen. Die elastischen Kopplungskräfte im Panzer müßten sich nämlich mit Überlichtgeschwindigkeit ausbreiten, um dies zu verhindern. Kapitel 9 wird zeigen, daß dies nicht möglich ist.

9.1

9.2 A und B sind raumartig, ebenso A und C. B und C sind zeitartig. A und B können gleichzeitig gemacht werden, dann ist C später. Werden A und C gleichzeitig gemacht, so ist B früher. B und C können nicht gleichzeitig gemacht werden.

9.3 In I' befände sich der Körper beispielsweise zur Zeit $t' = 0$ an drei verschiedenen Stellen der x'-Achse. Daraus ergäbe sich, daß in I' die Zeit rückwärts ablaufen könnte.

10.1

10.2 Solange man die Zeitdilatation nicht berücksichtigt, bezieht man sich auf ein System, in dem Ruhe bzw. Bewegung absolut gelten. Diese Annahme trifft für die Schallausbreitung zu, nicht aber für die Lichtausbreitung.

10.3 Die Sendung würde 5 Stunden dauern.

10.4 $v = 0,1848\ c$.

10.5 Das Raumschiff kehrt 1993 zur Erde zurück. Dort sind inzwischen 13,67 Jahre vergangen, während im Raumschiff nur 10,33 Jahre vergangen sind.

11.1 Klassisch erhält man 2000 km/h, relativistisch eine um 22 m/h kleinere Geschwindigkeit. Bei einer Meßstrecke von 1 km müßte man bei einer Laufzeit von 1,8 s einen Laufzeitunterschied von 20 µs feststellen.

11.2 $v = 0,96\ c$.

11.3 a) $0,85\ c$, b) $0,72\ c$, c) $-0,14\ c$.

11.4 $0,96\ c$ bzw. $0,51\ c$.

11.6 Wegen der Relativgeschwindigkeit zwischen Stern und Erde fällt das Licht nicht senkrecht auf der Erde ein, sondern hat die horizontale Geschwindigkeitskomponente $v = 30$ km/s. Gegen die Vertikale hat das Licht daher den Winkel α, für den gilt $\tan\alpha = v/(c\sqrt{1-v^2/c^2}) \approx v/c$. Daraus folgt $\alpha = 20{,}75''$.

11.7 Von einem mit v bewegten Objekt soll Licht normal zur Bewegungsrichtung in das Auge eines Beobachters fallen. Dieses Licht wird im Ruhsystem des Objekts nicht in Normalenrichtung ausgestrahlt, sondern schräg nach hinten. Hat es in x'-Richtung gerade die Geschwindigkeitskomponente $-v$, so ist im Ruhsystem des Beobachters die Geschwindigkeitskomponente des Lichts in x-Richtung gerade Null.

12.1 Die invarianten Längen der Weltlinien stimmen nicht mit den geometrischen Längen in der Zeichnung überein, da Raum und Zeit gemäß $ds^2 = dt^2 - dx^2/c^2$ zusammenzufügen sind.

12.4 Für die Viererbeschleunigung $\mathbf{A}$ gilt mit $\mathbf{A} = (0, a_x, a_y, a_z)$

$$A'_0 = k(A_0 - \frac{v}{c} A_1) = -k \frac{v}{c} a_x$$

$$A'_1 = k(A_1 - \frac{v}{c} A_0) = k a_x$$

$$A'_2 = A_2 \quad\quad = a_y$$

$$A'_3 = A_3 \quad\quad = a_z$$

Da die Viererbeschleunigung als zweiter Differentialquotient von $\mathbf{X}$ nach der Eigenzeit s definiert ist, ändert sich an y- und z-Komponenten von $\mathbf{A}$ bei der Transformation nichts. Dagegen wird A_1 durch die Lorentzkontraktion verändert. Beachten Sie, daß die Raumkomponenten von $\mathbf{A}'$ nicht die im neuen Inertialsystem gemessene Beschleunigung des Teilchens angeben.

12.5 Die physikalische Bedeutung von $\mathbf{V}_A \cdot \mathbf{V}_B/c^2$ erhalten wir am einfachsten, indem wir uns auf das Ruhsystem einer der beiden Uhren beziehen. Es ist dann

$$\mathbf{V}_A = (c, 0), \quad\quad \mathbf{V}_B = k(c, v)$$

und daher das Skalarprodukt $\mathbf{V}_A \cdot \mathbf{V}_B/c^2 = k$. Dies ist der Zeitdilatationsfaktor der Uhr A in bezug auf B oder umgekehrt. Da das Skalarprodukt invariant ist, hängt er nicht vom zugrundegelegten Inertialsystem ab.

13.2 Nur die Ruhmassen sind den Anzahlen der Atome proportional.

13.3 $v = 0{,}866\, c$.

13.4 Bei einer Ruhmasse von 75 kg hätten Sie eine dynamische Masse von 2165 kg, ohne dabei an Leibesfülle zuzunehmen.

13.9 Die dynamische Masse beträgt etwa das 15 000-fache der Ruhmasse. Die Geschwindigkeit ist $v = 0{,}999\,999\,998\, c$.

13.10 $M = 6\, m$.

13.11 Aus dem Impulserhaltungssatz folgt $v = 2/3\, c$. Durch die Absorption des Photons erhöht sich die Ruhmasse des Teilchens auf das 2,236fache des ursprünglichen Wertes.

13.12 2500 Kalorien entsprechen einer Masse von $1{,}16 \cdot 10^{-7}$ g. Von dieser äquivalenten Masse wird man nicht dick, sondern von dem aus der zugeführten Nahrung aufgebautem Fettgewebe.

13.13 Bei einem Preis von 0,10 DM/kWh kostet 1 g elektrischer Energie 2,5 Millionen DM.

13.15 Wegen der Erhaltung der Leptonenzahl muß noch ein Antineutrino auftreten.

13.16 Im Schwerpunktsystem von Elektron und Positron ist der Gesamtimpuls Null, während das Photon zuvor einen Impuls hat. Die Impulserhaltung fordert daher, daß bei der Paarerzeugung ein weiterer Stoßpartner zugegen sein muß.

13.18 Da das Skalarprodukt invariant ist, können wir es im Ruhsystem des Beobachters bilden. Dort gilt $U = (c, 0)$ und $P = km(c, u)$. Damit wird $UP = kmc^2$, das ist gleich der Gesamtenergie des Teilchens im Ruhsystem des Beobachters.

13.19 Analog zu 13.18 folgt aus $U = (c, 0)$ und $P = (E/c, p)$ für $UP = E$. Das Skalarprodukt ist gleich der Energie des Photons im Ruhsystem des Beobachters.

14.1 Einer atomphysikalischen Masseneinheit entspricht eine Energie von $(1 \text{ g/L}) c^2$ = 931 MeV.

14.2 Der Bindungsenergie von 8 MeV entspricht ein Massendefekt von 0,008 593 atomphysikalischen Masseneinheiten. Freie Nukleonen besitzen etwa 1,008 Masseneinheiten, so daß ein gebundenes Nukleon nahezu die Masseneinheit 1 hat. Das erklärt die Ganzzahligkeit der relativen Atommassen isotopenreiner Elemente.

14.3 Die Differenz der relativen Atommassen beträgt 0,0287 Masseneinheiten; dies entspricht einer Energie von 26,7 MeV. Dabei hat man allerdings die Masse der Elektronen in den H- bzw. He-Atomen mitgezählt, während man die Masse der entstehenden Positronen außer acht gelassen hat. Berücksichtigt man aber, daß die beiden Positronen mit zwei Elektronen zerstrahlen, so erhält man den obigen Wert.

14.4 92,1 MeV.

14.5 Die Massenzunahme beträgt nur $4 \cdot 10^{-13}$ %.

16.1 Die räumlichen Komponenten der Viererbeschleunigung A folgen aus

$$\frac{d^2 x}{ds^2} = k \frac{d}{dt}\left(k \frac{dx}{dt}\right) = k^2 [a + k^2 v(a \cdot v)/c^2].$$

Sie stimmen also nicht mit den Komponenten des gewöhnlichen Beschleunigungsvektors überein und sind auch nicht dazu proportional. Die Konsequenzen dieser Tatsache werden in den Übungen 16.2, 16.3 und 16.8 diskutiert. Für Beschleunigungen a normal zur Richtung der Geschwindigkeit v ist $A = k^2 a$, für parallele Richtungen $A = k^4 a$.

16.2 Wir setzen wieder $F = k(P/c, f)$ und erhalten aus $F = mA$ und dem Ergebnis der vorigen Aufgabe

$$k f = m [k^2 a + k^4 v(a \cdot v)/c^2]$$

Kraft f und Beschleunigung a sind daher im allgemeinen nicht parallel zueinander. Für Beschleunigungen normal zur Richtung der Geschwindigkeit ist $f = mka$, so daß km oft als transversale Masse bezeichnet wird. Für Beschleunigungen parallel zu v ist $f = mk^3 a$. Daher heißt mk^3 auch longitudinale Masse.

16.3 Im momentanen Ruhsystem des Teilchens ist $A = (0, a)$ und die Richtung der Schnur kann durch einen Vierervektor $S = (0, n)$ angegeben werden, wobei n ein Einheitsvektor in Schnurrichtung ist. Da in diesem Ruhsystem die Beschleunigung des Teilchens nur in Richtung der Schnur erfolgen kann (andere Vektoren kommen nicht vor) müssen die Vektoren A und S zueinander proportional sein. Diese Beziehung bleibt auch unter Lorentztransformation aufrecht, so daß die Beschleunigung stets die Richtung der Schnur aufweisen wird. Die Kraft wird dagegen eine andere Richtung haben, da der Vierervektor der Kraft auch eine Nullkomponente aufweist.

16.4 Wählen Sie dazu eine Ladung, die sich mit sehr kleiner Geschwindigkeit in die y-Richtung bewegt und benützen Sie die Tatsache, daß die z-Komponente des Vierervektors F bei Lorentztransformationen in Richtung der x-Achse unverändert bleibt.

16.5 Bei Lorentztransformationen sind die Größen $E \cdot B$ und $E^2 - c^2 B^2$ invariant.

16.6 Beachten Sie bei der Lösung dieser Aufgabe die Ergebnisse von Aufgabe 16.5.

16.7 Die in Aufgabe 16.5 berechneten Invarianten sind für elektromagnetische Wellen beide gleich Null. Der Pointingvektor ist nicht invariant, da sich die Energieströmung beim Übergang auf ein neues Inertialsystem verändert. Auch die Energiedichte des Feldes ist keine Invariante.

16.8 Die Beschleunigung der beiden Ladungen liegt in Richtung der Verbindungslinie, nicht aber die Kraft. Vor der Aufstellung der Relativitätstheorie war nicht bekannt, daß Kraft und Beschleunigung nicht notwendig parallel zueinander sein müssen. Aus der Tatsache, daß die Kraft zwischen den beiden Ladungen nicht in Richtung der Verbindungslinie wirkt, schloß man, daß sich zwei parallel zueinander bewegte Ladungen umeinander zu drehen beginnen würden. Trouton und Noble versuchten vergeblich, das auf einen geladenen Kondensator wirkende Drehmoment experimentell zu bestimmen, welches infolge der Bewegung des Kondensators durch den „Äther" zustandekommen sollte.

Kurzbiographie der Autoren und Veröffentlichungen

Prof. Dr. Roman Sexl

1939	in Wien geboren
1957–1961	Studium der Physik und Mathematik an der Universität Wien
1961	Promotion an der Universität Wien
1967	Dozent an der Universität Wien
Positionen:	Assistent, Wien 1961/62
	Institute for Advanced Study, Princeton 1962/63
	Assistant Professor, Seattle 1963
	Research Associate, NYU 1963/64
	Assistent, Wien 1964–66
	Assistant Professor, Maryland 1967
	Center for Theoretical Studies, 1967
	Associate Professor, Georgia 1968
	Professor und Vorstand für Theoretische Physik, Wien 1969–
	Abteilungsleiter am Institut für Weltraumforschung der Österreichischen Akademie der Wissenschaften 1972–1975
	Mitglied des internationalen Komitees für allgemeine Relativitätstheorie und Gravitation 1974–
Forschungsaufenthalte:	CERN, Genf, 1973, 1975, 1977
Publikationen:	*Relativitätstheorie,* Ueberreuter, Wien 1972
	Relativitätstheorie in der Kollegstufe, Vieweg, Braunschweig 1973
	Gravitation und Kosmologie, Bibliographisches Institut, Mannheim 1975 (mit H. Urbantke)
	Weiße Zwerge–schwarze Löcher, Rowoht, Reinbek bei Hamburg 1975 (rororo vieweg Bd. 14; zusammen mit H. Sexl)
	Relativität, Gruppen, Teilchen, Springer, Wien–New York 1976 (mit H. Urbantke)
	Physik 1–6, Überreuter, Wien 1976–78 (zusammen mit I. Raab und E. Streeruwitz)
	Relativitätstheorie, Vieweg Schulverlag, Düsseldorf 1978 (mit H.K. Schmidt)
	Zahlreiche Aufsätze

Prof. Dr. Herbert Kurt Schmidt

1940	in Wiesbaden geboren
1960–1966	Studium der Physik an der Technischen Hochschule Darmstadt
1966–1971	Assistent am II. Physikalischen Institut der TH Darmstadt
1971	Promotion an der TH Darmstadt
1972–1973	Referendar und Studienrat an Gymnasien
1973:	Professor an der Pädagogischen Hochschule Flensburg
Publikationen:	Arbeiten über Elektronenspinresonanz an Metallen
	Relativitätstheorie, Vieweg Schulverlag, Düsseldorf 1978 (mit R.U. Sexl)

Personenregister

Alväger 103
Aristoteles 1
Augustinus 15

Codling 107
Compton 147
Crocco 46

Descartes 4, 11
Dirac 140
Dingle 46
Doppler 93

Eddington 48
Einstein X, 11, 81, 126, 168, 182, 186

Faraday 6
Farley 103
Fizeau 8, 103
Fontenelle 3
Fresnel 105
Frisch 157

Galilei 186
Gödel 186
Groves 188

Hafele 39
Hahn 157
Hall 43
Harrison 17
Heraklit 15
Hertz 6
Hess 136

Ives 36

Keating 39
Kepler 4
Kjellmann 103
Kopernikus 2
Kraft 185

Laplace 18
Leibniz 16
Lorentz 80, 81, 182

Madden 107
Mann 15
Mascart 8, 168
Maxwell 6, 169
Meitner 157
Mendelejew 155
Michelson 8
Millican 11
Minkowski 68, 110
Morley 10
Mößbauer 51

Newton 4
Nobel 8

Oppenheimer 188

Parmenides 15, 186
Perrin 182
Planck 182
Popper 185
Pound 51

Rayleigh 8
Rebka 51
Reichenbach 184
Roosevelt 187
Rossi 43

Sänger 46
Snider 51
Stillwell 36
Straßmann 157
Szilard 187

Trouton 8

Usher 16

van de Graaf 128

Wallin 103
Wideroe 128

Yukawa 136

Zeno 15

Sachregister

Absolutbewegung 12
absoluter Raum 5
absolute Zeit 54
absolut starrer Körper 88
Absorptionslinien 96
Abwärme 159
Addition von Geschwindigkeiten 100
Allgemeine Relativitätstheorie 48, 183
Alpha-Teilchen 136
Andromedanebel 161, 164
Äther 1 ff., 6, 7
Atombombe 157
Atomkern 133, 151
atomphysikalische Masseneinheit 152
Atomuhr 16, 21 ff., 26, 35, 39
Atomzeit 27
Ausbreitungsgeschwindigkeit 103

Bahndrehimpuls 180
Baryon 134, 139
Baryonenzahl 134
Beobachter 61
Beschleuniger 127
Beschleunigung 175 ff.
Bezugssystem 5, 65 ff.
Bindungsenergie der Nukleonen 154
biologische Uhren 34
Blasenkammer 82, 132 ff.
Brechungsindex 103
Brennelemente 158
Brownsche Bewegung 182
Brüter 157

Caesium 21
CERN 43, 44, 103, 131, 132 ff.
Compton-Effekt 146
Coulomb-Feld 82, 179, 180
Coulomb-Kraft 171
Corona Borealis 96

DCF 77, 27
DESY 107, 137
Determinismus 186
Deuteron 155
D-förmige Elektroden 129
Diagramm 61
Doppler-Effekt 92, 97

DORIS 137
Drehung 112, 121, 143
Dynamik 110 ff.
dynamische Masse 125, 143, 176

Eigendrehimpuls 180
Eigenlänge 77, 79
Einheitsstrecke 71 ff.
elektrische Kraft 169
elektromagnetische Kraft 169
elektromagnetisches Feld 177
Elektron 43, 82, 107, 121, 127, 134
Elektrodynamik 168
Elektronenvolt 128
Elementarteilchen 43, 83, 128, 134 ff.
Energie 123 ff., 175
Energieerhaltung 142, 144
Energiesatz 13
Energieumwandlung 145
Erddrehung 28, 41
Erhaltungssätze 141 ff.
Experiment 14

Feinstruktur 180
Feld 6
Feldkonstanten 175
Feldstärken 178
Fizeau-Experiment 103
fliegender Scheinwerfer 167
Fluchtbewegung 96
Forschungsreaktor 157
Frequenz 50

Galilei-Transformation 63, 67 ff., 121
Gegenwart 89
Gesamtenergie 144
Geschwindigkeitsadditionstheorem 100 ff.
Gleichzeitigkeit 23, 54, 70
Gravitationseffekt 36, 48
Gravitationsfeld 51, 183

Halbwertzeit 44, 151
Himmelskugel 1
Hochenergiephysik 127 ff.
Höhenstrahlung 136
Hyperon 134
Hyperradiowelle 86
Hypothese 14

Ionisierungsvermögen 82
Impuls 124
Impulserhaltung 142, 144
Inertialsystem 5, 47, 56 ff., 61, 89, 112, 123, 162, 178
Interferenz 105
Interferenzprinzip 6
Interferometer 9
Internationale Atomzeitskala 24
Intuition 14
Isotop 151, 158
invariante Raum-Zeit 110 ff.
Invarianz 110, 113, 172

Joule 128

Kernbindungsenergie 154
Kernfusion 155
Kernkraftwerk 158, 159
Kernspaltung 156
Kernspaltungsbombe 157
Kettenreaktion 157, 188
kinetische Energie 126, 127 ff., 144
Konstanz der Lichtgeschwindigkeit 13, 31, 73
Koordinaten 65 ff.
Korallenuhr 28
Korrekturfaktor 73
kosmische Strahlung 43, 83 ff., 136
Kraft 175 ff.
kritische Masse 157

Laborsystem 67, 104
Ladungsinvarianz 172
Ladungszahl 134, 139
Lambda-Teilchen 134
Längenmessung 78
Laser 37, 88
Laufzeit 24
Leichtwasserreaktor 158
Leistungsreaktor 157
Leptonen 134, 139
Leptonenzahl 134
Licht 6
Lichtablenkung 183
Lichtgeschwindigkeit 9, 86
Lichtjahr 161, 163
Lichtkegel 86, 90
Lichtquant 148
Lichtsekunde 69
Lichtsignal 55, 60, 70, 90
Lichtuhr 31 ff.

Linearbeschleuniger 129, 131
Linienelement 110, 113
LORAN-C Netzwerk 29
Lorentz-Kontraktion 77, 82, 84, 110, 165, 180
Lorentz-Kraft 173, 177
Lorentz-Transformation 60, 73, 75, 121, 143, 175

Magnetfeld 129, 170, 179
magnetische Kraft 169
magnetisches Moment 180
Magnetismus 6
Maryland-Experiment 37
Masse 123 ff.
Massendefekt 157 ff.
Massenerhaltung 142
Massenzahl 151
Massenzunahme 123, 130
Materie 139
Mesonen 103, 133, 134, 139
Mesonen-Zerfall 103
Milchstraße 164
Minkowski-Diagramm 68, 97
Minkowski-Raum 119
Mitführungskoeffizient 105
Moderator 159
momentanes Ruhsystem 112
Myon 43, 83, 134

Nanosekunde 31
Nebelkammer 82
Neutrino 44, 134, 155
Neutron 134, 151, 157
Neutronenstern 51
Nukleon 151

Ordnungszahl 151

Photonen 49, 134, 146 ff.
Physikalisch-Technische Bundesanstalt 24
Positron 155
Produktionsreaktor 157
Proton 127, 130, 133, 134, 151, 155
Psi-Teilchen 137, 145

Quadrat eines Vektors 118
Quantenelektrodynamik 184
Quantentheorie 6, 148, 182
Quantenzahlen 134
Quarzuhr 19

Radioaktiver Zerfall 34
Raum 1
raumartiges Intervall 90, 91
Raumkoordinate 65
Raum-Zeit 110, 117, 185
Raum-Zeit-Diagramm 61
raum-zeitlicher Abstand 90, 114
Reaktor 158
relative Atommasse 152
relative Gleichzeitigkeit 54, 56 ff.
relativistische Rakete 165
Relativitätsprinzip 12, 31, 74, 143, 169
Röntgenstrahlung 108, 147
Rotverschiebung 93, 96
Ruhenergie 144, 145
Ruhmasse 125, 145
Ruhsystem 67, 79, 162, 171

Schall 6
Schauer 137
Schwarzes Loch 51
Schwerefeld 48
Schwerkraft 4
Schwingkreis 49
Sekunde 23
Skalarprodukt 118, 121
Sonnenuhr 16
Speicherring 44, 137
Spektrallinien 180
Spezielle Relativitätstheorie 183
Spin 180
Spin-Bahn-Kopplung 181
Stanford-Linearbeschleuniger 123, 131 ff.
Strömungsgeschwindigkeit 104
Superprotonensynchrotron 44, 131 ff.
Synchronisation 24
Synchrotron 108
Synchrotronstrahlung 107
Synchrozyklotron 130

TAI 27
Target 128, 146
Teilchenenergie 129
Theorie und Experiment 14
Transurane 157

Überlichtgeschwindigkeit 87, 123
Uhr 15 ff.
Uhrentransport 56
Ultra-Mikrowaage 153
Universum 2
Uran 157
UTC 27

vereinheitlichte Feldtheorie 184
Vergangenheit 89
Vernichtungsstrahlung 141
verzögerte Neutronen 158
Viererbeschleunigung 119 ff., 175
Vierergeschwindigkeit 119
Viererimpuls 143, 145, 148
Viererkraft 175, 178
Vierervektor 115 ff., 143
Virgo Haufen 164
Vorwärtsstrahlung 106

Wärmetauscher 159
Wega 164
Wellenlänge 148
Wellennatur 6
Weltlinie 61, 67, 112
Weltlinienmesser 112
Weltraumfahrt 161
Weltzeit 21, 27
Wirkungsquantum 49, 146

Zeit 1, 15 ff.
zeitartiges Intervall 90, 91
Zeitdilatation 31 ff., 83, 95, 110, 136
Zeitkoordinate 65
Zentripetalkraft 62
Zerfallgesetz 44
Zirkularbeschleuniger 131
Zukunft 89
Zwillingsparadoxon 45 ff., 97
Zyklotron 129

Bildquellenverzeichnis

Associated Press GmbH, Frankfurt/M. (5.5)

Apianus, Petrus. Petri Apiani Cosmographia, Antverpiae: Berckmann 1540.
Herzog August Bibliothek, Wolfenbüttel (1.1)

William Cahn: Einstein – A Pictorial Biography –, S. 41, Citadel Press, New York (1.9)

CERN, Public Information Office, Genf (13.4, 13.6, 13.10, 13.11, 13.12)

Copernicus N.: De revolutionibus orbium coelestium 1543.
Niedersächsische Landesbibliothek, Hannover (1.2)

DESY, Hamburg (13.7, 13.9)

Globus Kartendienst, Hamburg (14.3)

Gruner & Jahr (Zeichnung G. Radtke), Hamburg (14.2)

Otto Nathan, S Trustee of Estate of Albert Einstein, New York (Seite 187)

National Maritime Museum Greenwich, London (3.2)

Newton I.: Philosophiae naturalis principia mathematica 1687.
Niedersächsische Landesbibliothek, Hannover (1.3)

Science Museum, London (3.1)

Roman Sexl, Wien (4.1, 4.3, 4.6, 5.3, 5.4)

H. K. Schmidt, Flensburg (6.1, 16.2., 16.3)

Schulverlag Vieweg, Düsseldorf
Zeichnung: Atelier Marowski (8.1)

Ullstein GmbH, Berlin (Seite B)

Friedr. Vieweg & Sohn, Wiesbaden (10.4)

Peter C. Aichelburg und Roman U. Sexl (Hrsg.)

Albert Einstein —
Sein Einfluß auf Physik, Philosophie und Politik

Mit 2 Abb. 1979. XV, 231 S. DIN C 5. Gbd.

Englische Ausgabe: 1979. XV, 220 S. DIN C 5. Gbd.

Inhalt: Beiträge von P. G. Bergmann, H. Ezawa, B. T. Feld, W. Gerlach, B. Hoffmann, G. Holton, B. Kanitscheider, A. Mercier, A. I. Miller, R. Penrose, N. Rosen, D. W. Sciama, J. Weber, C. F. von Weizsäcker, J. A. Wheeler, W. Yourgrau.

Im Jahre 1979 feierte die Welt den 100.ten Geburtstag Albert Einsteins. Dies gab Anlaß zu einem Rückblick auf sein Leben und wissenschaftliches Werk, zu einem Überblick seiner Bedeutung für unsere Zeit und zu einer Vorschau auf kommende Jahre naturwissenschaftlicher Entwicklung. An Hand von Beiträgen namhafter Wissenschaftler zeigt dieses Buch Einsteins Einfluß auf das Denken des 20.ten Jahrhunderts. Unter den Autoren, die zu diesem Band beigetragen haben, befinden sich drei ehemalige Mitarbeiter Einsteins, sowie mehrere, die ihn persönlich kannten. Die Beiträge zu diesem Band sind alle weitgehend in allgemeinverständlicher Form gehalten. Sie machen die vielen Facetten von Einsteins Werk nicht nur dem Spezialisten zugänglich, sondern auch jedem, der am Geistesleben der Gegenwart teilhaben will.

L. Marder

Reisen durch die Raum-Zeit

Das Zwillingsparadoxon — Geschichte einer Kontroverse. (Time and the Space-Traveller, dt.) (Aus dem. Engl. übers. von Johanna Aichelburg). Mit 41 Abb. 1979. 190 S. DIN A 5. Kart.

Das Buch ist eine zusammenfassende Darstellung der Kontroverse über die Zeitdilatation und das Uhrenparadoxon. Der Leser erhält einen sofort verständlichen und gut illustrierten Überblick über die Problematik, wobei ihm die zahlreichen und z.T. schwer zugänglichen Originalveröffentlichungen erschlossen werden.

vieweg studium

Grundkurs Physik

Roman und Hannelore Sexl

Weiße Zwerge — schwarze Löcher

Einführung in die relativistische Astrophysik
3. Auflage 1981. VIII, 149 Seiten. 11 × 18 cm. Paperback

Die relativistische Astrophysik ist eines der aktuellsten und interessantesten Forschungsgebiete der Physik. Die Weiterentwicklung der Meßtechnik und vor allem die Weltraumforschung haben zahlreiche neue Experimente im Zusammenhang mit der allgemeinen Relativitätstheorie möglich gemacht. Zu erwähnen ist dabei vor allem die Entdeckung der Pulsare, ferner die zufällige Auffindung der kosmischen Hintergrundstrahlung, die vermutlich auf die Entstehung des Universums im Urknall zurückgeht. Aber auch die Messung des Einflusses der Schwerkraft und der Geschwindigkeit auf den Gang von Atomuhren, die Vermessung des Sonnensystems auf wenige Kilometer genau und die daraus folgende Raumkrümmung, die Suche nach Gravitationswellen und schließlich die erst 1973 erfolgte Entdeckung eines schwarzen Lochs im Sternbild des Schwans sind Forschungsthemen höchster Aktualität.

Diese und andere Probleme der relativistischen Astrophysik können auch ohne großen mathematischen Aufwand quantitativ verstanden werden.